5. Borkheider Seminar zur
Ökophysiologie des Wurzelraumes

W. Merbach (Hrsg.)

Mikroökologische Prozesse im
System Pflanze–Boden

Borkheider Seminare zur Ökophysiologie des Wurzelraumes

Der Pflanzenbewuchs, das dazugehörige Wurzelsystem und der durchwurzelte Bodenraum nehmen eine Schlüsselstellung in terrestrischen Ökosystemen ein. Hier vollziehen sich komplizierte Wechselwirkungen zwischen Pflanzenstoffwechsel und Umweltfaktoren einerseits und (angetrieben durch die C-Lieferung der Pflanzen) zwischen Pflanzenwurzeln, Mikroben, Bodentieren, organischen C- und N-Verbindungen sowie mineralischen Bodenbestandteilen andererseits. Diese haben entscheidende Bedeutung für die Pflanzen- und Bodenentwicklung, die Nettostoff- und Nettoenergieflüsse sowie für die Belastungstoleranz von Pflanzen und Ökosystemen. Ihr Verständnis ist daher eine Voraussetzung für die Prognose, Abpufferung und Indikation von Umweltbelastungen, die Berechnung von Stoffflüssen sowie für ökologisch ausgerichtete Regulationsinstrumentarien. Trotz vieler Einzelkenntnisse sind aber derzeit Wirkungsgefüge und Regulationsmechanismen im Pflanze–Boden–Kontaktraum nur ungenügend bekannt, da in den meisten bisherigen Forschungsansätzen der Mikrobereich als „Nebeneinander" von Einzelelementen (z. B. von Strukturelementen, Nettostoffflüssen zwischen Grenzflächen, Biozönosepartnern) betrachtet wurde und kaum als Netzwerk funktionaler Kompartimente wechselnder Zusammensetzung. Abhilfe kann hier nur eine systemare Betrachtungsweise der Pflanze–Boden–Wechselbeziehungen auf der Basis einer *langfristig und interdisziplinär angelegten ökophysiologischen Forschung schaffen*, die auf die Aufklärung der mikrobiologischen, physiologischen, (bio)chemischen und genetischen Interaktionen im System Pflanze–Wurzel–Boden in Abhängigkeit von natürlichen und anthropogenen Einflußfaktoren ausgerichtet ist.

Die 1990 von der Deutschen Landakademie Borkheide (Krs. Potsdam-Mittelmark) und dem heutigen Institut für Ökophysiologie der Primärproduktion des Zentrums für Agrarlandschafts- und Landnutzungsforschung (ZALF) Müncheberg ins Leben gerufenen *Borkheider Seminare zur Ökophysiologie des Wurzelraumes* wollen daher Wissenschaftler unterschiedlicher Fachgebiete mit dem Ziel zusammenführen, experimentelle Ergebnisse ohne Zeitdruck zu diskutieren und die Forschung enger zu verflechten. Das jährlich zunehmende Interesse an der Tagungsreihe – sie hat 1994 bereits zum 5. Mal stattgefunden – spricht für sich. Nachdem die ersten vier Tagungsbände (1990 bis 1993) im Selbstverlag herausgegeben wurden, hat nun für den 5. Band die B. G. Teubner Verlagsgesellschaft diese Aufgabe übernommen. Dafür gebührt ihr der Dank des Herausgebers.

Wolfgang Merbach

Mikroökologische Prozesse im System Pflanze–Boden

5. Borkheider Seminar zur Ökophysiologie des Wurzelraumes

Wissenschaftliche Arbeitstagung in Schmerwitz/Brandenburg vom 26. bis 28. September 1994

Herausgegeben von

Prof. Dr. Wolfgang Merbach

Leiter des Instituts für Ökophysiologie der Primärproduktion
und stellv. Direktor des ZALF Müncheberg
2. Vorsitzender der Deutschen Gesellschaft für Pflanzenernährung

B. G. Teubner Verlagsgesellschaft
Stuttgart · Leipzig 1995

Gedruckt auf chlorfrei gebleichtem Papier.

Die Deutsche Bibliothek – CIP-Einheitsaufnahme

Mikroökologische Prozesse im System Pflanze – Boden :
wissenschaftliche Arbeitstagung in Schmerwitz/Brandenburg
vom 26. bis 28. September 1994 / 5. Borkheider Seminar zur
Ökophysiologie des Wurzelraumes.
Hrsg. von Wolfgang Merbach. –
Stuttgart ; Leipzig : Teubner, 1995

ISBN-13: 978-3-8154-3516-8 e-ISBN-13: 978-3-322-83428-7
DOI: 10.1007/978-3-322-83428-7

NE: Merbach, Wolfgang [Hrsg.]; Borkheider Seminar zur Okophysiologie
des Wurzelraumes <5, 1994>

Umschlaggestaltung: E. Kretschmer, Leipzig

Vorwort

Der vorliegende Band enthält die Kurzfassungen von 37 Vorträgen, die auf dem **5. Borkheider Seminar zur Ökophysiologie des Wurzelraumes** gehalten wurden, das vom 26. bis 28. September **1994** in Schmerwitz (Krs. Potsdam-Mittelmark, Land Brandenburg) stattfand. Inhaltlich widmen sich die Beiträge im wesentlichen drei Schwerpunkten, nämlich

1. den Wechselwirkungen zwischen Bakterien bzw. Mykorrhizapilzen und Pflanzen(wurzeln), wobei vornehmlich Besiedlungsverhalten, Schadstoffeinfluß, Energieeffektivität und methodische Fragen behandelt werden (10 Beiträge),
2. der Wurzelentwicklung und -leistung, insbesondere der Wasser- und Stoffaufnahme und der dabei wirkenden Mechanismen, der Nährstoffverfügbarkeit und der Schadstoffeffekte (14 Beiträge), sowie schließlich
3. dem Stoffumsatz in der Rhizosphäre unter besonderer Berücksichtigung wurzelbürtiger organischer Verbindungen und deren ökophysiologischen Effekte (13 Beiträge).

Erfreulicherweise nahmen auch 1994 - wie schon in den Vorjahren - viele junge Wissenschaftler an der Tagung teil und trugen experimentelle Ergebnisse aus der Sicht unterschiedlicher Fachdisziplinen vor. So wurden u. a. pflanzenbauliche, mikrobiologische, bodenkundliche, physiologische, biochemische und molekulargenetische Arbeiten dargeboten. Dies ermöglichte die interdisziplinäre Diskussion im Sinne der Verknüpfung der Einzelergebnisse und damit eines besseren Verständnisses des mikroökosystemaren Wirkungsgefüges im Pflanze-Wurzel-Boden-Kontaktraum.
Eine derartige Betrachtungsweise läßt Impulse für die Aufklärung und Quantifizierung von pflanzenvermittelten Stoffbilanzgrößen, die Prognose der Streßtoleranz von Böden und Pflanzen bzw. Pflanzengesellschaften, die ökophysiologische Indikation von Standorten und Bewirtschaftungsformen sowie die Entwicklung standort- und umweltgerechter Landnutzungssysteme erwarten (Abb. 1). Sie könnte somit dazu beitragen, die in Ökosystemen ablaufenden Vorgänge besser zu verstehen und für eine nachhaltige, umweltverträgliche Gestaltung unserer Kulturlandschaften nutzbar zu machen.

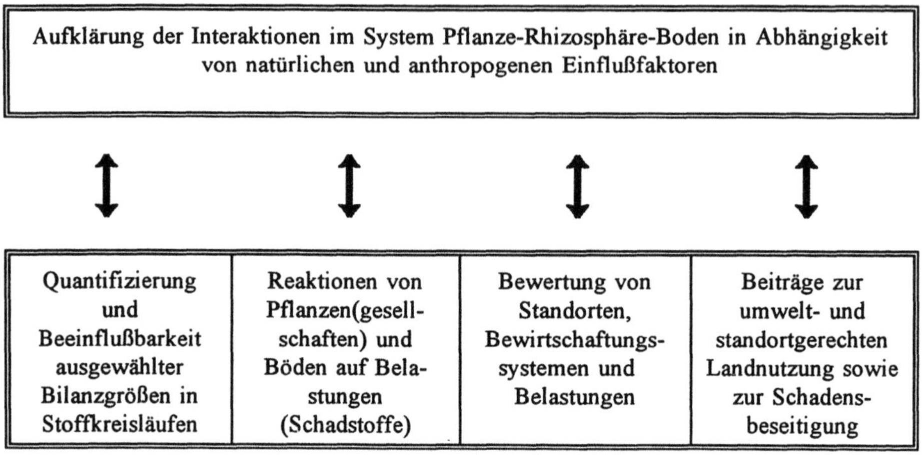

Abb. 1: Mögliche Nutzanwendungen der Untersuchungen ökophysiologischer Wechselwirkungen im Wurzelraum

An der Organisierung der Tagung, die vom 26. bis 28. September 1994 in Schmerwitz (Krs. Potsdam-Mittelmark, Brandenburg) stattfand, waren außer der Deutschen Landakademie "Thomas Müntzer" in Borkheide (Krs. Potsdam-Mittelmark) und dem Institut für Ökophysiologie der Primärproduktion im Zentrum für Agrarlandschafts- und Landnutzungsforschung (ZALF) in Müncheberg (Krs. Märkisch-Oderland, Brandenburg) auch die Deutsche Gesellschaft für Pflanzenernährung und die Kommission IV der Deutschen Bodenkundlichen Gesellschaft beteiligt. Dabei gilt unser Dank zunächst dem Gastgeber, dem Seminar- und Tagungszentrum in Schmerwitz, das die Tagungsräume, Unterbringung und Verpflegung absicherte. Ferner sind wir Frau Dr. C. Latus und Herrn Dr. J. Augustin für ihren organisatorischen Einsatz sowie Frau S. Schmidt, Frau E. Mirus, Frau C. Voigt und Herrn Blasinski (alle Müncheberg) für die Übernahme von Schreib- und Korrekturarbeiten zu Dank verpflichtet.

Müncheberg/Borkheide/Bad Lauchstädt, Januar 1995

W. Merbach
S. Gerlach
M. Körschens

Inhalt

1 Pflanzen-Mikroben-Boden-Interaktionen

MÜNZENBERGER, B.
Die Bedeutung phenolischer Hemmstoffe von Ektomykorrhizen bei der Pilz-Pflanze-Interaktion 13

SCHMINCKE, B.; STRUBELT, F.; MÜNZENBERGER, B.; HÜTTL, R.F.
Auswirkungen unterschiedlicher Schadstoffkonzentrationen in Kiefernökosystemen auf Mykorrhizaformen, Mykorrhizavitalität und Mykorrhizahäufigkeit 17

RICKEN, B.; FISAHN, J.; HÖFNER, W.
Wirkung einer VA-Mykorrhiza-Beimpfung auf Wachstum und Nährstoffaufnahme von Kaffee (Coffea arabica L.) bei unterschiedlicher P-Versorgung 21

WIEHE, W.; HÖFLICH, G.
Etablierung und Überlebensfähigkeit inokulierter pflanzenwachstumsstimulierender Bakterien in der Rhizosphäre von Leguminosen, Mais und Wildpflanzen unter Freilandbedingungen 25

MÜLLER, Th.; BEHRENDT, U.
Zur Herkunft von Milchsäurebakterien auf Futtergräsern 29

RUPPEL, S.; MAKSWITAT, E.
Einfluß von Bewässerung, Stickstoffdüngung, Mulchfolie und Pflanzenbestand auf die Keimzahl denitrifizierender Mikroorganismen am Beispiel der Einlegegurke (Cucumis sativus L.) 33

NEUMANN, G.; AZAIZEH, H.; MARSCHNER, H.
Effekte von Saatgutbehandlungen mit Vitamin B1 auf Keimung, Jugendwachstum und die Rhizosphärenmikroflora bei Phaseolus vulgaris L. 38

DOMEY, S.; DÖRING, G.
Einfluß von Chlorphenolen auf die Bakterienbesiedlung der Rhizosphäre und Besiedlungsverhalten chlorphenolabbauender Bakterien in situ nach Inokulation 42

ULRICH, A.; LENTZSCH, P.
Monitoring der nodulierenden R.leguminosarum-Population über Stammcharakterisierung mittels PCR direkt im Knöllchen 47

SCHULZE, J.; ADGO, E.; KUPIETZ, A.; SCHILLING, G.
C-Bedarf der N_2-Fixierung bei Erbsen in Abhängigkeit von Mikro- und Makrosymbionten und vom Alter der Pflanzen 51

2 Wurzelwachstum und Wurzelleistung - Mechanismen und Beeinflußbarkeit

LEHFELDT, J.; STRUBELT, F.; MÜNZENBERGER, B.; HÜTTL, R.F.
Auswirkungen unterschiedlicher Schadstoffkonzentrationen in Kiefernökosystemen auf die Bio- und Nekromassen und die Längendichten von Feinwurzeln 61

KRAKAU, U.
Einfluß von N-Belastung auf die Feinwurzelentwicklung und die bodenbiologische Aktivität bei der Kiefer 65

OBENAUF, S.
Erste Untersuchungen zum Einfluß klimarelevanter Spurengase auf das Wurzelwachstum von Sommergetreide 69

KLOKE, A.
Sortenabhängigkeit der pflanzlichen Schwermetallaufnahme 74

SCHWARZ, D.; SCHRÖDER, F.-G.; KUCHENBUCH, R.
Leistung der Tomatenwurzel bei der Wasser- und Nährstoffaufnahme in zwei geschlossenen hydroponischen Systemen 77

FINDENEGG, G.R.
Verfügbarkeit von Bodenphosphaten für Pflanzenwurzeln: Laboratoriumsversuche und Computer-Simulationen 81

SCHUBERT, S.; YAN, F.; HOWIND, H.S.; FEUERLE, R.
Veränderungen der H^+-ATPase-Aktivität im Plasmalemma von Maiswurzelzellen unter Säurestreß 85

HECHT-BUCHHOLZ, Ch.
Effekt von Aluminiumtoxizität auf Wurzelhaare von Sojabohnen 89

STEUDLE, E.
Ein neues Modell des Wassertransportes in Wurzeln 93

MELCHIOR, W.
Computersimulation der Wasseraufnahme in Wurzeln 97

MURRMANN, M.; STEUDLE, E.
Hydraulische und osmotische Eigenschaften junger Walnußwurzeln 101

FRENSCH, J.; HSIAO, Th. C.
Turgor regulation and expansion growth of maize roots during adjustment to water stress 102

RÜDINGER, M.; HALLGREN, S.W.; STEUDLE, E.
Hydraulische und osmotische Eigenschaften der Fichtenwurzeln 103

LÜTTGER, A.B.; MANSKE, G.G.B.; BEHL, R.K.; VLEK, P.L.G.
Felduntersuchungen in Nordindien zur Charakterisierung von "low-input" Weizengenotypen mit Hilfe von Sproß- und Wurzelparametern 104

3 Wurzelbürtige organische Verbindungen und Stoffumsatz in der Rhizosphäre

REINING, E.; MERBACH, W.; KNOF, G.
^{15}N-Freisetzung von Weizenwurzeln unter Bodenbedingungen 111

TOUSSAINT, V.; MERBACH, W.; REINING, E.
Räumliche Verteilung von wurzelbürtigem ^{15}N in verschiedenen Bodenzonen 115

WETZEL, A.; SCHEIDEMANN, P.; WERNER, D.
Flavonoide im Wurzelraum von Robinia pseudoacacia - Isolierung, Identifikation, Interaktion 119

LIPPMANN, B.; BERGMANN, H.
Einfluß einer Vorbehandlung von Mais mit Aminoalkoholen auf Wurzelwachstum und Wurzelexsudation unter Trocken-Streß 123

SCHERER, H.W.; AHRENS, G.
Untersuchungen zum Stickstoffumsatz in der Rhizosphäre 127

OLFS, H.-W.; SCHERER, H.W.
Erfassung von mikrobiell gebundenem Stickstoff in bepflanzten Böden 132

MEYER, U.; GERKE, J.; RÖMER, W.
Einfluß von Citrat auf die Mobilisierung und Aufnahme von Zn und Cu bei Weidelgras und Weißer Lupine 137

SCHULZE, J.; GRANSEE, A.; WITTENMAYER, L.; PÖSCHEL, G.; SCHILLING, G.
Der Einfluß von Wachstumssubstrat und Mikrobenbesatz der Wurzel auf die Ausscheidung und Umsetzung organischer Verbindungen in der Rhizosphäre von Maispflanzen 144

PETERS, K.-Ch.; STEUDLE, E.
Circadiane Rhythmen des Wurzeldrucks und der Exsudationsrate in Wurzelsystemen von Phaseolus coccineus L. 151

AUGUSTIN, J.; BLASINSKI, F.; STEFFENS, L.; MERBACH, W.
Gaswechselmeßsystem zur Ermittlung der Wirkung pflanzlicher Wurzelsysteme auf die Spurengasemission aus Böden 155

ROSCHE, I.
Einfluß von Stoffwechselprodukten der Luzerne auf die Keimung von Weizen, Erbsen und Raps 161

GÖTTLEIN, A.; MATZNER, E.
Mikrolysimetrie und Kapillarelektrophorese - eine instrumentelle Kombination zur Erfassung mikroskaliger Variabilitäten der Bodenlösungschemie 165

NIETFELD, H.
Modelling of ion dynamics in the rhizosphere of forest tree roots 169

Verzeichnis der Teilnehmer 174

Autorenverzeichnis 178

Sachregister 179

1

Pflanzen-Mikroben-Boden-Interaktionen

Ökophysiologie des Wurzelraumes Nr. 5 (1994)

DIE BEDEUTUNG PHENOLISCHER HEMMSTOFFE VON EKTOMYKORRHIZEN BEI DER PILZ-PFLANZE-INTERAKTION

MÜNZENBERGER, B.

Zentrum für Agrarlandschafts- und Landnutzungsforschung (ZALF)
Institut für Wald- und Forstökologie, Eberswalde
Dr.-Zinn-Weg
16225 Eberswalde

Einleitung

Niedermolekulare phenolische Verbindungen sind in zahlreichen Pflanze-Pilz-Interaktionen regulatorisch wirksam. Als phenolische Hemmstoffe können sie bereits vor einer Infektion konstitutiv vorliegen oder postinfektional durch de novo-Synthese gebildet werden (Phytoalexine). Bei einem Angriff durch pathogene Pilze reagieren Waldbäume mit einer Erhöhung der Konzentration konstitutiver phenolischer Hemmstoffe und/oder durch die Bildung phytoalexinähnlicher phenolischer Abwehrstoffe. Neben den löslichen Phenolen sind in den primären Zellwänden vieler Höherer Pflanzen Zimtsäurederivate wie die Ferulasäure von großer Bedeutung. Durch die Verknüpfung der Zellwandpolymere durch Feruloylbrücken wird die Dehnbarkeit der Zellwand eingeschränkt und erhält die Zellwandmatrix hydrophobe Eigenschaften. Desweiteren werden die Polysaccharide vor enzymatischer Verdauung geschützt, wodurch den zellwandgebundenen Hydroxyzimtsäuren auch eine Funktion in der Abwehrreaktion von Pathogenen zukommt.

Die Feinwurzeln Ektomykorrhiza bildender Coniferen enthalten im löslichen Pool konstitutive Phenole wie Hydroxybenzoesäuren, Flavonoide, Acetophenone, Stilbene und als zellwandgebundene Hydroxyzimtsäure v.a. Ferulasäure. Bislang ist allerdings wenig über die Reaktion des Abwehrsystems von Feinwurzeln auf symbiontische Pilze bekannt.

Zur Klärung der Frage, welche Bedeutung phenolischen Hemmstoffen bei der Interaktion von Ektomykorrhizapilzen mit Feinwurzeln verschiedener Baumarten zukommt, wurden in mykorrhizierten und nicht mykorrhizierten Feinwurzeln der Fichte (Picea abies [L.] Karst.), der Kiefer (Pinus sylvestris L.) und der Lärche (Larix decidua L.) lösliche und zellwandgebundene Phenole HPLC-chromatographisch analysiert. Hierzu wurden Sämlinge der jeweiligen Baumart unter Sterilbedingungen kultiviert und mit den Mykorrhizapilzen Laccaria amethystea (Bull.) Murr. und Lactarius deterrimus Gröger inokuliert.

Um die fungistatische Wirkung der phenolischen Hemmstoffe abschätzen zu können, wurde mit Laccaria amethystea ein Biotest durchgeführt. Hierbei wurden die einzelnen Phenole dem Agar-Nährmedium zugefügt und das Pilzwachstum mit einem MOP-Videoplan Analysesystem vermessen.

Material und Methoden

Mykorrhizasynthese: Sämlinge von Picea abies (L.) Karst., Pinus sylvestris L. und Larix decidua L. wurden unter axenischen Bedingungen in Erlenmeyer Kolben kultiviert. Zur Mykorrhizasynthese wurden die Sämlinge mit Laccaria amethystea (Bull.) Murr. bzw. mit Lactarius deterrimus Gröger inokuliert. Zur näheren Beschreibung siehe Münzenberger et al. (1990).

Extraktion der löslichen Phenole: Gefriergetrocknete Proben von mykorrhizierten und nicht mykorrhizierten Feinwurzeln (20-40 mg) wurden in einem Mörser mit flüssigem Stickstoff homogenisiert. Das Pulver wurde jeweils in 4 ml 80%-igem wässrigem Methanol suspendiert und 1 Std. lang unter Rühren extrahiert. Danach wurde die Probe zentrifugiert und das Pellet zweimal 10 Minuten lang in 80%-igem wässrigem Methanol re-extrahiert. Die vereinten Extrakte wurden bis zur Trockne unter Vakuum bei 40°C eingeengt. Die Substanzen wurden dann in 0.5 ml 50%-igem wässrigem Methanol aufgenommen, zentrifugiert und für die HPLC-Analyse verwendet.

Extraktion der unlöslichen Phenole: Die Pellets aus der Präparation der löslichen Phenole wurden sukzessiv mit folgenden Lösungsmitteln jeweils 15 Minuten lang unter Rühren extrahiert und dann zentrifugiert: x 1 Wasser (5 ml), x 2 Methanol (5 ml), x 1 Aceton (1 ml). Das zurückgebliebene unlösliche Material wurde bei 60°C ca. 2 Stunden lang getrocknet, in 1 ml heißer (80°C) Natronlauge suspendiert und unter Rühren ca. 16 Stunden lang bei Raumtemperatur inkubiert. Die Hydrolysate wurden zentrifugiert und Aliquots (500 μl) der Überstände wurden mit 50 μl Phosphorsäure angesäuert. Die angesäuerten Überstände wurden zentrifugiert und 20 μl des klaren Überstandes wurden mittels HPLC analysiert.

Identifizierung der Phenole: Die Identifizierung der Phenole der Fichte und der Kiefer wurde nach Münzenberger et al. (1990) durchgeführt. Die Identifizierung der Phenole der Lärche erfolgte nach Münzenberger et al. (in Druck).

Biotest: Der Mykorrhizapilz Laccaria amethystea wurde in Petri-Schalen auf MMN-Agar (Rezept siehe Kottke et al. 1987) kultiviert. Dem sterilisierten und abgekühlten MMN-Agar wurden die jeweils in Ethanol gelösten Phenole in unterschiedlichen Mengen (10, 50, 100 μg/ml) zugegeben. Die Kontrollen enthielten reinen Alkohol (0,1%). Von jeder Substanz und jeder Konzentration wurden 9 Agarplatten untersucht. Folgende Phenole wurden getestet: Ferulasäure, p-Cumarsäure, p-Hydroxybenzoesäure, Picein, p-Hydroxyacetophenon, Isorhapontin (nach UV-Bestrahlung, 254 nm, 90 min.) und Catechin. Die Agarplatten wurden in einer Klimakammer (20°C) im Dunkeln fünf Wochen lang inkubiert. Das Myzelwachstum wurde mit einem MOP-Videoplan Analysesystem (Zeiss-Kontron) vermessen.

Ergebnisse und Diskussion

Die mykorrhizierten und nicht mykorrhizierten Feinwurzeln der Fichte enthielten die konstitutiven löslichen Phenole p-Hydroxybenzoesäureglucosid, Picein, Catechin, Piceatannol und sein Glucosid, Isorhapontin sowie die zellwandgebundene Ferulasäure. Die Konzentrationen des p-Hydroxybenzoesäureglucosids, des Picein, des Catechin sowie der zellwandgebundenen Ferulasäure waren in den Mykorrhizen deutlich geringer als in den nicht mykorrhizierten Feinwurzeln. Die Hydroxystilbene Piceatannol, sein Glucosid und Isorhapontin waren dagegen nicht signifikant reduziert. Das in Fichtennadeln auftretende antifungische Aglykon des Picein (Osswald et al. 1987), p-Hydroxyacetophenon, war weder in den mykorrhizierten noch in den nicht mykorrhizierten Feinwurzeln der Fichte vorhanden. Die beiden Mykorrhizapilze enthielten keine der identifizierten Phenole. In den Mykorrhizen Picea abies-Laccaria amethystea und Picea abies-Lactarius deterrimus waren die phenolischen Verbindungen gleichermaßen abgesenkt. Es war demnach unerheblich, ob an der Symbiose ein fakultativer oder ein obligater Mykorrhizapilz beteiligt war.

Auch in den Mykorrhizen der Kiefer (Pinus sylvestris-Laccaria amethystea) war das lösliche Catechin sowie die zellwandgebundene Ferulasäure gegenüber nicht mykorrhizierten Feinwurzeln deutlich reduziert.

In den mykorrhizierten und nicht mykorrhizierten Feinwurzeln der Lärche wurden die löslichen Phenole p-Hydroxybenzoesäureglucosid, p-Hydroxybenzoylglucose, Picein, Catechin und Epicatechin identifiziert. Auch bei dieser Baumart enthielten die mykorrhizierten und die nicht mykorrhizierten Feinwurzeln die gleichen phenolischen Verbindungen. Allerdings waren auch bei dieser Baumart in den Mykorrhizen (Larix decidua-Laccaria amethystea) die Konzentrationen der Phenole deutlich geringer als in den nicht mykorrhizierten Feinwurzeln. Im Unterschied zu den Feinwurzeln der Fichte traten in den Feinwurzeln der Lärche keine stilbenoiden Verbindungen auf. Die zellwandgebundene Ferulasäure trat in den Feinwurzeln der Lärche in geringeren Konzentrationen als in den Feinwurzeln der Fichte und Kiefer auf und war in den Mykorrhizen in nur sehr geringen Konzentrationen vorhanden.

Im Biotest zeigten die meisten der untersuchten Phenole eine starke antifungische Aktivität gegenüber dem Mykorrhizapilz L. amethystea. Das Wachstum wurde besonders stark durch die Ferulasäure und durch das Isorhapontin beeinträchtigt. p-Hydroxybenzoesäure allerdings zeigte nur eine geringe Wachstumshemmung.

Während der Mykorrhizierung traten bei der Fichte, der Kiefer und der Lärche keine phenolischen Phytoalexine auf. L. amethystea induzierte eine stärkere Abnahme der löslichen und zellwandgebundenen Phenole in Feinwurzeln der Lärche als in Feinwurzeln der Fichte und Kiefer. Diese Tatsache erklärt zumindest teilweise die schnellere Mykorrhizierung der Lärchenfeinwurzeln. Durch die geringen Konzentrationen an Ferulasäure in den Mykorrhizen aller drei untersuchten Baumarten bleibt die Dehnbarkeit der Zellwand erhalten, wodurch die mechanische Penetration des Mykorrhizapilzes erleichtert wird (Münzenberger et al. 1990). Da phenolische Verbindungen eine fungistatische Wirkung auf das Wachstum der

Mykorrhizapilze ausüben, erscheint die Reduktion der phenolischen Hemmstoffe auch hinsichtlich des Ausbreitens des Pilzmyzels sowohl auf der Wurzeloberfläche als auch innerhalb des Wurzelgewebes als sinnvoll.

Ektomykorrhizen unterscheiden sich somit von pathogenen Pilz-Pflanze-Interaktionen. Die bekannten Reaktionen von Wurzeln gegen den Angriff pathogener Pilzarten wie die Akkumulation phenolischer Hemmstoffe, die Bildung von Phytoalexinen, die enzymatische Freisetzung phenolischer Aglyka sowie die Erhöhung zellwandgebundener Phenole treten in diesem symbiontischen System nicht auf. Offensichtlich stellt die Reduktion der Phenole eine Voraussetzung für die Mykorrhizierung dar. Erst die Reduktion der Phenole scheint es dem Mykorrhizapilz zu ermöglichen, im Wurzelgewebe vorzudringen und die Mykorrhiza zu etablieren.

Literatur

Kottke, I., Guttenberger, M., Hampp, R., Oberwinkler, F. (1987) An in vitro method for establishing mycorrhizae on coniferous tree seedlings. Trees 1, 191-194

Münzenberger, B., Heilemann, J., Strack, D., Kottke, I., Oberwinkler, F. (1990) Phenolics of mycorrhizae and non-mycorrhizal roots of Norway spruce. Planta 182, 142-148

Münzenberger, B., Kottke, I., Oberwinkler, F. (in press) Reduction of phenolics in mycorrhizas of Larix decidua Mill. Tree Physiology

Osswald, W.F., Zieboll, S., Schütz, W., Firl, J., Elstner, E.F. (1987) p-Hydroxyacetophenone a fungitoxic compound in spruce needles. Z. Pflanzenkr. Pflanzenschutz 94, 572-577

AUSWIRKUNGEN UNTERSCHIEDLICHER SCHADSTOFFKONZENTRATIONEN IN KIEFERNÖKOSYSTEMEN AUF MYKORRHIZAFORMEN, MYKORRHIZAVITALITÄT UND MYKORRHIZAHÄUFIGKEIT

SCHMINCKE, B.[1], STRUBELT, F.[1], MÜNZENBERGER, B.[1], HÜTTL, R.F.[1,2]

[1] Zentrum für Agrarlandschafts- und Landnutzungsforschung (ZALF), Institut für Wald- und Forstökologie, Eberswalde, Dr.-Zinn-Weg, 16225 Eberswalde
[2] Technische Universität Cottbus, Lehrstuhl für Bodenschutz und Rekultivierung, Postfach 101344, 03055 Cottbus

1. Einleitung

Auswirkungen von Luftschadstoffen auf das Ökosystem Wald werden zunächst durch Veränderungen der oberirdischen Bereiche wahrgenommen. Daß Schadstoffe auch auf unterirdische Bereiche wirken, ist weniger deutlich erkennbar. Die Studie soll einen Beitrag zur Klärung der Auswirkung von Stickoxiden, Schwefeldioxid und basischen Flugaschen auf die Vitalität von Ektomykorrhizen der Kiefer (*Pinus sylvestris* L.) leisten.

2. Methode

Die Fluoresceindiacetat (FDA)-Vitalfärbung erlaubt die Unterscheidung vitaler und nicht vitaler Zellen. Der Fluoreszenzfarbstoff FDA, dessen Moleküle nicht fluoreszieren, wird von vitalen Zellen aktiv aufgenommen und von unspezifisch wirkenden Esterasen und Proteasen des Cytoplasmas in Acetat und Fluorescein gespalten. Erst das Fluorescein-Molekül fluoresziert in typischem Hellgrün. Zur Anfärbung der Mykorrhizazellen müssen mediane Längsschnitte frischer Mykorrhizen angefertigt werden. Die Eigenschaft der selektiven Vitalfluoreszenz ermöglicht die Charakterisierung der Mykorrhizen entlang einer Skala abnehmender Vitalität in fünf Vitalitätsklassen (Tab. 1, nach RITTER, 1990).

Während des Probenahmezeitraumes Juli 1993 bis Mai 1994 wurden über 2000 Handschnitte ausgewertet. Die Interpretation der Ergebnisse aus den Vitalitätsuntersuchungen erfolgte unter

Berücksichtigung der Bodenfeuchte, des pH-Wertes und der Nähr- bzw. Schadstoffkonzentrationen (Tab. 2) sowie der Mineralisierungsbedingungen, insbesondere der Nitrifikation, in den untersuchten Beständen.

Die Mykorrhizavitalität eines sehr stark (Rösa) bzw. eines stark belasteten Kiefernökosystems (Taura) im ehemaligen Industrieballungsraum Halle/Bitterfeld/Leipzig wurde mit der Mykorrhizavitalität eines gering belasteten Kontrollbestandes im nördlichen Brandenburg (Neuglobsow) verglichen.

Tab. 1. Fünf Vitalitätsklassen der Mykorrhizen. Skala abnehmender Vitalität nach RITTER (1990)

VITALITÄTSKLASSE		ZZ	M	HN	HM
1	*Voll vital*	+	+	+	+
2	*Weitgehend vital*	+	+	+	-
3	*Eingeschränkt vital*	+	+	-	-
4	*Absterbend*	+	-	-	-
5	*Tot*	-	-	-	-

ZZ Zentralzylinder, **M** Meristem, **HN** Hartig-Netz, **HM** Hyphenmantel
+ fluoreszierend, - nicht fluoreszierend

Tab. 2. pH-Werte der Humusauflage sowie Analyse der Bodenlösung des A-Horizontes nach WEISDORFER *et al.* (1994): pH-Werte und Mittelwerte [mg/l] einiger ausgewählter Elemente der Bodenlösung (Juli-Nov. 1993).

	Rösa	Taura	Neuglobsow
pH ($CaCl_2$) Of-Horizont	4,2	3,3	3,0
pH Ah-Horizont	5,2	4,6	4,8
Ca^{2+}	55,3	12,2	3,5
NH_4^+	0,5	2,0	0,3
NO_3^-	67,4	18,8	1,4

3. Ergebnisse und Diskussion

Bei dem Vergleich der beiden belasteten Kiefernbestände mit dem Kontrollbestand wurden von Juli 1993 bis Mai 1994 charakteristische Unterschiede in der Häufigkeitsverteilung einzelner Vitalitätsstadien festgestellt. Auf den beiden belasteten Flächen kamen hohe Anteile vermindert vitaler (Vitalitätsklassen 3 und 4), d. h. eingeschränkt funktionsfähiger Mykorrhizen vor. Im Gegensatz dazu waren die Anteile vitaler, d. h. funktionsfähiger Mykorrhizen (Vitalitätsklassen 1 und 2) und auch die Anteile *toter* Mykorrhizen auf der Kontrollfläche höher.

Die Artendiversität und die Mykorrhizamassen erwiesen sich auf den beiden belasteten Standorten als gering im Vergleich zu der Kontrollfläche.

Auf allen Flächen konnte ein saisonaler Rhythmus in Form hoher Anteile *toter* Mykorrhizen (z.T. > 90 %) im trockenen Sommer und zunehmender Anteile vitaler Mykorrhizen im feuchteren Herbst und Frühjahr beobachtet werden (vgl. HAUG *et al.*, 1992).

Die Nitrifikationsrate ist auf dem am stärksten belasteten Standort (Rösa) am höchsten, wogegen auf der Kontrollfläche (Neuglobsow) kaum Nitrat gebildet wird (BERGMANN *et al.*, 1994). Neben den höchsten Nitratkonzentrationen war auch der Calciumgehalt im Kiefernbestand Rösa am höchsten (Tab. 2).

Die Verteilung der Vitalitätsstadien in den Beständen gibt Hinweise über die Lebensdauer der Mykorrhizen. Die hohen Anteile der Zwischenstadien (Vitalitätsklassen 3 und 4) auf den nährstoffreichen, belasteten Flächen deuten wegen des langsamen Übergangs vom vitalen in den abgestorbenen Zustand auf eine längere Lebensdauer der Mykorrhizen hin. Ferner weisen geringere Mykorrhizahäufigkeiten auf diesen Flächen auf geringe Produktionsraten hin. KOTTKE *et al.* (1993) kamen bei Untersuchungen von Mykorrhizen der Fichte zu dem Schluß, daß sich Mykorrhizasysteme an aktuelle Nährstoffbedingungen anpassen können. Nach Meinung der Autoren bilden Bäume auf nährstoffreichen Böden weniger Wurzeln, die allerdings eine längere Lebensdauer als Wurzeln nährstoffarmer Böden besitzen. Daraus schließt RITTER (1990), daß auch den weniger effektiven Vitalitätsstadien (Vitalitätsklassen 3 und 4) bei einem hohen Nährstoffangebot eine Bedeutung für die Stoffaufnahme zukommt.

Im Unterschied zu den beiden nährstoffreichen Beständen deuten hohe Anteile vitaler Stadien (Vitalitätsklassen 1 und 2), geringe Anteile der Zwischenstadien (Vitalitätsklassen 3 und 4) sowie hohe Anteile *toter* Mykorrhizen in dem nährstoffärmeren Kontrollbestand auf eine Verkürzung der Lebensdauer hin. Gleichzeitig ist die Mykorrhizabildungsrate gesteigert, da bei einem geringeren Nährstoffangebot die Stoffversorgung der Bäume mit einer ausreichenden

Wurzelmenge kompensiert werden muß. In nährstoffärmeren Beständen sind vor allem die vitalen, funktionsfähigen Mykorrhizen (Vitalitätsklassen 1 und 2) für die Stoffaufnahme relevant (KOTTKE *et al.* 1993). Dies wird durch die vorliegende Untersuchung in den Kiefernbeständen bestätigt.

4. Literatur

Bergmann C, Fischer T, Hüttl R F (1994) Auswirkungen sich zeitlich ändernder Schadstoffdepositionen auf Prozesse des Kohlenstoff- und Stickstoffumsatzes im Boden. Posterbeitrag zum SANA Statusseminar (Abstractband), Dresden.

Haug I, Pritsch K, Oberwinkler F (1992) Der Einfluß von Düngung auf Feinwurzeln und Mykorrhizen im Kulturversuch und im Freiland. Kernforschungszentrum Karlsruhe, Forschungsbericht KfK-PEF 97.

Kottke I, Weber R, Ritter T, Oberwinkler F (1993) Vitality of mycorrhizas and health status of trees in diverse forest stands in West Germany. In: Hüttl R F, Mueller-Dombois D. (Eds.) Forest Decline in the Atlantic and Pacific Region. Springer-Verlag Berlin, Heidelberg.

Ritter T (1990) Fluoreszenzmikroskopische Untersuchungen zur Vitalität der Mykorrhizen von Fichten (*Picea abies* (L.) Karst.) und Tannen (*Abies alba* Mill.) unterschiedlich geschädigter Bestände im Schwarzwald. Dissertation, Universität Tübingen.

Weisdorfer M, Schaaf W, Hüttl R F (1994) Auswirkungen sich zeitlich ändernder Schadstoffdepositionen auf Stofftransport und -umsetzung im Boden. Posterbeitrag zum SANA Statusseminar (Abstractband), Dresden.

Ökophysiologie des Wurzelraumes Nr. 5 (1994)

WIRKUNG EINER VA-MYKORRHIZA-BEIMPFUNG AUF WACHSTUM UND NÄHRSTOFFAUFNAHME VON KAFFEE (COFFEA ARABICA L.) BEI UNTERSCHIEDLICHER P-VERSORGUNG

RICKEN, B., J. FISAHN, W. HÖFNER
Justus-Liebig-Universität Giessen, Institut für Pflanzenernährung, Südanlage 6, 35390 Giessen

Einleitung

Kaffee wird in über 50 Ländern der tropischen und subtropischen Klimate angebaut und ist nach Öl die zweitwichtigste Deviseneinnahmequelle der Entwicklungsländer *(Op de Laak 1992)*. Die Senkung der Produktionskosten bei Steigerung der Erträge ist deshalb eine wichtige Forderung der Kaffeeanbauer. Von der vesikulär-arbuskulären Mykorrhiza (VAM) weiß man, daß sie die Nährstoffaufnahme ihrer Wirtspflanze verbessern kann *(Powell und Bagyaraj 1984)*. Durch die Bildung eines externen Mycels, das die Länge des Wurzelsystems um ein vielfaches übersteigt, und durch die Abgabe von Exsudaten in den Wurzelraum, ist die VAM in der Lage, auch schwerlösliche Nährstoffe für die Pflanze verfügbar zu machen *(Sieverding 1991)*. Dies ist besonders auf den sauren Böden der Tropen und Subtropen von großer Bedeutung, in denen Phosphor als Fe- und Al-Phosphat vorliegt und Rohphosphat der billigste P-Dünger ist.
Der hier vorgestellte Versuch sollte den Einfluß einer Mykorrhiza-Beimpfung auf Wachstum und Nährstoffaufnahme von Kaffeepflanzen bei unterschiedlicher P-Versorgung klären.

Material und Methoden

Versuchspflanze war Kaffee (Coffea arabica L., cult. Catimor 1669-31 F5, Herkunft: Nord-Thailand). Die Aussaat der Kaffeebohnen erfolgte am 07.04.92. Als Anzuchtsubstrat diente ein Torfkultursubstrat (TKS I)/Sand-Gemisch. Die Pflanzen wurden unter kontrollierten Bedingungen in einer Klimakammer kultiviert und mittels Warmton-, Weißton- und Groluxlampen (50µmol m^{-2} s^{-1}) 14 h bei konstant 28° C Tagestemperatur belichtet. Während der Dunkelphase von 10 h betrug die Temperatur 18° C. Die relative Luftfeuchte lag bei 45-50%. Am 12.05.92 wurden die Pflanzen (ES: 2 voll ausgebildete Laubblätter) in Plastiktöpfe (ø 8 cm) mit 50 g TKS I als Bodensubstrat pikiert. Am 22.07.92 wurde ein 2-faktorieller Versuch in 8 Varianten, 3-facher Gefäßwiederholung und 3 Pflanzen/Gefäß (ø 9,5 cm) nach dem Versuchsplan in Tabelle 1 angelegt. Der P-Dünger wurde in 4 Stufen als Hyperphosphat (30% P_2O_5) beim Ansetzen des Versuchs mit dem Boden vermischt. Die Beimpfung mit dem VAM-Pilz Glomus sp., Isolat T6 (Herkunft: Hannover) erfolgte mit 70 ml infiziertem Blähton als Sporenträgersubstrat, der direkt an die Wurzel gegeben wurde. Den VAM-Varianten wurde die gleiche Menge sterilen Blähtons zugegeben. Als P-armes Bodensubstrat diente ein sterilisierter lehmiger Sand (1,5 kg). Am 03.06.93 erfolgte ein nochmaliges Umtopfen der

Pflanzen, verbunden mit einer Zugabe von 1 kg TKS I pro Gefäß (ø 18 cm). Während der Monate Juni bis September der Jahre 1992/93 standen die Kaffeepflanzen auf der Freilandversuchsstation des Instituts für Pflanzenernährung. Die Ernte der Pflanzen erfolgte am 04.11.93.

Tabelle 1: Versuchsplan

	Kontrolle	P I	P II	P III
- VAM	0 g P	0,4 g P	0,6 g P	0,8 g P
+VAM	0 g P	0,4 g P	0,6 g P	0,8 g P

Eine mehrmalige Nachdüngung erfolgte mit NH_4NO_3, KNO_3 und einer modifizierten Hoagland-lösung Nr.2 (ohne P). Über die gesamte Versuchsdauer wurde den Pflanzen folgende Gesamt-Nährstoffmenge pro Gefäß zugeführt (Tabelle 2):

Tabelle 2: Nährstoffzufuhr

	Substrat	Düngung
pH	6,3-6,7	
N	1,29 g	0,20 g
P	0,36 g	je nach Variante
K	0,91 g	0,36 g
Cu	1,59 mg	4,00 µg
Zn	6,05 mg	9,10 µg
Mn	13,80 mg	98,60 µg
Fe	51,70 mg	-

Ergebnisse und Diskussion

Die Beimpfung mit dem VAM-Pilz-Isolat T6 führte bei Kaffee zu einer deutlichen Verbesserung der P-Aufnahme und damit zu hochsignifikanten Wachstumssteigerungen (Tabellen 3 u. 4). Auch die Gehalte von P, Zn und Fe in Wurzel und Blatt wurden durch eine Mykorrhizierung hochsignifikant erhöht. Durch die VAM waren die Mn-Gehalte des Blattes, nicht aber die der Wurzel signifikant gesteigert. Die Cu-Aufnahme wurde nicht beeinflußt. Signifikante Effekte der P-Düngung traten nicht auf (Tabellen 3 u. 4). Es wird vermutet, daß das zugegebene Hyperphosphat trotz der langen Versuchsdauer von 16 Monaten bei einem pH des Bodensubstrates von 6,3-6,7 nicht pflanzenverfügbar war. Die bereits hochsignifikante Steigerung der P-Aufnahme in der VAM-Variante ohne P-Düngung deutet auf eine verbesserte P-Aufnahme aus dem Torfkultursubstrat durch die VAM hin, die in allen P-Stufen zu beobachten war. Aus den vorliegenden Ergebnissen kann nicht eindeutig abgeleitet werden, ob die Mykorrhiza-Beimpfung eine Erhöhung der Phosphat-verfügbarkeit im Boden bewirkte.

Die Steigerung der Wurzeltrockenmasse hatte auch eine Zunahme der Gesamtwurzellänge zur Folge (Tabelle 5). Die spezielle Wurzellänge (bezogen auf 1 g TM) hingegen wurde in den VAM-Varianten verringert. Generell wird eine Steigerung der Wurzellänge mykorrhizierter Pflanzen auf eine bessere P-Versorgung zurückgeführt *(Fitter 1991, Hetrick 1991)*. Die dadurch induzierte Lateralwurzelbildung kann aber auch zu einer verminderten Gesamtwurzellänge führen, wenn vermehrt kurze Wurzeln gebildet werden *(Berta et al. 1993)*. Dies konnte in eigenen Untersuchungen bestätigt werden *(Ricken 1994)*. Weiterhin ist bei verringerten Wurzellängen die verstärkte Bildung eines externen Mycels denkbar, welches die Nährstoffaufnahme übernimmt.

Tabelle 3: Trockenmasse und Nährstoffgehalte der Wurzel

		TM Wurzel in g	P-Gehalt mg/g TM	Zn-Gehalt µg/g TM	Fe-Gehalt µg/g TM	Mn-Gehalt µg/g TM	Cu-Gehalt µg/g TM
-VAM	Kontrolle	3,14	0,57	34,58	198,64	91,88	12,01
	P I	3,59	0,64	20,19	177,13	67,40	11,09
	P II	4,72	0,64	23,58	161,37	63,61	11,02
	P III	4,19	0,66	21,94	144,65	55,51	11,37
+VAM	Kontrolle	18,55	1,18	39,14	657,03	57,08	11,77
	P I	22,24	1,28	38,83	1145,79	59,67	10,96
	P II	23,96	1,10	33,68	886,43	52,31	11,45
	P III	29,13	1,32	39,57	1032,83	61,68	10,96
GV	5%	2,84	0,10	9,45	156,44	-	-
über VAM	1%	4,14	0,15	-	227,67	-	-
	0,1%	6,23	0,24	-	342,04	-	-

Tabelle 4: Trockenmasse und Nährstoffgehalte des Blattes

		TM Blatt in g	P-Gehalt mg/g TM	Zn-Gehalt µg/g TM	Fe-Gehalt µg/g TM	Mn-Gehalt µg/g TM	Cu-Gehalt µg/g TM
-VAM	Kontrolle	0,85	0,61	23,73	53,31	76,46	5,16
	P I	0,84	0,61	16,10	45,56	44,74	3,80
	P II	1,66	0,62	28,00	50,25	60,25	3,25
	P III	1,45	0,64	24,25	54,50	58,50	3,50
+VAM	Kontrolle	13,64	1,04	35,88	94,13	107,88	4,50
	P I	13,71	1,16	40,25	86,88	106,00	3,13
	P II	13,79	0,99	35,88	89,63	110,50	3,50
	P III	16,09	1,10	42,50	91,25	124,25	3,13
GV	5%	1,53	0,13	5,16	10,85	20,94	-
über VAM	1%	2,23	0,19	7,51	15,79	30,48	-
	0,1%	3,35	0,29	11,29	23,73	45,80	-

Tabelle 5: Wurzellänge

spez. Wurzellänge in m/g TM	Kontrolle	P I	P II	P III
-VAM	29,35	38,11	55,12	31,04
+VAM	29,26	34,00	37,03	27,31
GV über VAM	5%: 3,24	1%: -	0,1%: -	
Gesamtwurzellänge in m/Gefäß				
-VAM	67,08	100,79	194,31	96,06
+VAM	434,68	573,15	667,03	601,04
GV über VAM	5%: 290,13	1%: 422,26	0,1%: -	

Die Tatsache, daß keine bonitierbare VAM-Infektion der Wurzeln zu finden war, läßt sich nicht zufriedenstellend erklären. Denkbar wäre, daß die Bildung intraradiculärer Pilzstrukturen zugunsten des externen Mycels unterblieben ist, wie es auch *Müller (1994)* bei perennierenden tropischen Pflanzen feststellen konnte. In derzeit durchgeführten Untersuchungen wird daher der Frage nachgegangen, welches Ausmaß das externe Mycel mykorrhizierter Kaffeepflanzen hat und ob diese Rohphosphat als P-Quelle nutzen können.

Die vorliegenden Ergebnisse bestätigen den Vorteil mykorrhizierter Pflanzen auf nährstoffarmen Böden und unterstreichen die praktische Bedeutung der VA-Mykorrhiza für die low-input-Produktion der Entwicklungsländer. Weitere Versuche unter den natürlichen Standortbedingungen im Kaffeeanbaugebiet Nord-Thailands sind geplant.

Literatur

Azcon-Aquilar C. and M. Barea (1981): Field inoculation of Medicago sativa with vesicular-arbuscular mycorrhiza and Rhizobium meliloti in phosphate fixing agricultural soils. Soil Biol. Biochem. 13, 19-22.

Berta G., A. Fusconi and A. Trotta (1993): VA-Mycorrhizal infection and the root morphology and function of root systems. Environ. Experiment. Bot. 33, 159-173.

Fitter A. H. (1991): in: Waisel Y., A. Eshel and U. Kafkafi (eds.): Plant roots-the hidden half. Marcel Dekker, New York.

Hetrick B.A. D. (1991): Mycorrhizas and root architecture. Experientia 47, 355-361.

Müller I. (1994, im Druck): Untersuchungen über die Wirkung verschiedener VA-Mykorrhizapopulationen auf Wachstum und Ertrag tropischer Nutzpflanzen. Diss. Uni Gießen.

Op de Laak J. H. M. (1992): Arabica Coffee Cultivation and Extension Manual for the Highlands of northern Thailand, HCRDC, Chiang Mai University, Thailand.

Powell C. Ll. and Bagyaraj (eds) (1984): VA-Mykorrhiza, CRC Press, Boca Raton Florida.

Ricken B. (1994): Bedeutung der VA-Mykorrhiza für die Schwermetallaufnahme und -toleranz verschiedener landwirtschaftlicher Kulturpflanzen. Diss. Uni Gießen.

Sieverding E. (1991): Vesicular-arbuscular mycorrhiza management in tropical agrosystems. Schriftenreihe der GTZ, No. 224.

Ökophysiologie des Wurzelraumes Nr. 5 (1994)

Etablierung und Überlebensfähigkeit inokulierter pflanzenwachstums-stimulierender Bakterien in der Rhizosphäre von Leguminosen, Mais und Wildpflanzen unter Freilandbedingungen

Wolfgang Wiehe, Gisela Höflich

Zentrum für Agrarlandschafts- und Landnutzungsforschung e.V. (ZALF)

Institut für Ökophysiologie der Primärproduktion
Eberswalder Str. 84
15374 Müncheberg

Die Etablierung von inokulierten, potentiell wachstumsfördernden Bakterien im sich entwickelnden Wurzelsystem ist eine Grundvoraussetzung für die Wachstumsförderung der Pflanzen *in situ*. Als mögliche Wirkprinzipien für mikrobielle Pflanzenwachstumsförderung werden diskutiert: Erschließung von Nährstoffen (Luftstickstoff, Phosphat), Phytohormonwirkungen und Produktion antagonistisch wirkender Substanzen gegen andere (pathogene) Mikroorganismen (Kloepper et al. 1989, Jagnow et al. 1991). Alle diese Mechanismen können nur durch einen intensiven Kontakt zwischen Bakterien und Wurzeln zum Tragen kommen (Wiehe et al. 1994). Die Interaktionen zwischen den Partnern können mikroorganismen- und pflanzenspezifisch differieren.

Wachstumsfördernde Organismen werden vor allem (1) aufgrund ihres potentiellen physiologischen Leistungsspektrums *in vitro* und (2) über Inokulationsexperimente zur Pflanzenbiomasseproduktion in Labor-, Gefäß- und Feldversuchen selektiert. Was - insbesondere bei assoziativen Bakterien - häufig fehlt, ist der Nachweis, daß die Bakterien auf den Pflanzenwurzeln überleben und fähig sind, sich im Wurzelraum in Konkurrenz zur Wildpopulation zu etablieren.

Ziel der hier vorgestellten Ergebnisse war deshalb, (1) die Etablierung zweier Bakterienstämme - *Rhizobium trifolii* R39, *Pseudomonas fluorescens* PsIA12 - im Wurzelraum verschiedener Pflanzenarten während der Vegetationszeit unter Freilandbedingungen zu untersuchen und (2) die Überlebensfähigkeit dieser Bakterien an nachfolgenden nicht inokulierten Kultur- und Wildpflanzen zu verfolgen.

Für beide Bakterienstämme liegen bereits Ergebnisse zur physiologischen Charakterisierung, zur Besiedlungscharakteristrik sowie zur Wachstumsstimulierung unterschiedlicher Fruchtarten in Gefäß- und Feldversuchen vor (Höflich et al. 1992, 1994, Wiehe et al. 1994).

Material und Methoden

Antibiotika-resistente Mutanten (120 ppm Rifampicin) von den pflanzenwachstumsstimulierenden assoziativen Rhizosphärenbakterien *Pseudomonas fluorescens* PsIA12 und *Rhizobium trifolii* R39 (Höflich 1992, Höflich und Weise 1992) wurden gemeinsam an ungebeiztes Saatgut von *Zea mays* cv. Felix, *Lupinus albus* cv. Lublanc und *Pisum sativum* cv. Grapis mittels eines Torfpräparates inokuliert (log 4-5 cfu·Samen^{-1}).

Ausgesät wurde im Freilandversuch auf lehmigem Sand in Müncheberg Anfang Mai 1993 auf 1,5 x 0,8 m großen Flächen. Die Rhizosphärenbesiedlung wurde über die gesamte Vegetationszeit mit Hilfe der Plattenverdünnungsmethode auf Glycerin-Pepton-Agar nach Hirte (1961), mit 120 ppm Rifampicin, aus einer Schüttelsuspension bestimmt.

Nach der Ernte der Pflanzen wurde von den inokulierten Flächen Boden entnommen und das Überleben der inokulierten Bakterien nach der Ernte in der Rhizosphäre von nicht inokulierten Kultur- (Erbse, Lupine, Mais) und Wildpflanzen (*Echinochloa crus-galli, Amaranthus retroflexus*) im Gewächshaus untersucht. 4 Wochen nach der Aussaat wurde die Rhizosphärenbesiedlung der Kulturpflanzen, nach 7 Wochen die der langsamer wachsenden Wildpflanzen bestimmt.

Ergebnisse

Die beiden inokulierten *Rhizobium*- und *Pseudomonas*-Isolate konnten während der gesamten Vegetationszeit in der Rhizosphäre von Lupine, Erbse und Mais nachgewiesen werden (Tab. 1). Der *Pseudomonas*-Stamm zeigte - im Kontrast zum *Rhizobium*-Stamm - eine deutliche Populationsdynamik in der Rhizosphäre der untersuchten Leguminosen mit einem Anstieg bis zur Blüte und einem Abfall zur Reife. Bei Mais blieb PsIA12 unter der quantitativen Nachweisgrenze von log 3 cfu · g Wurzel^{-1}. Die Besiedlung der Rhizosphäre durch die inokulierten Bakterienstämme zeigte eine auffallende Pflanzenspezifik; die Leguminosen wiesen höhere Besiedlungsdichten als Mais auf.

In der Rhizosphäre nachfolgend angebauter, nicht inokulierter Kultur- und Wildpflanzen gelang es dem *Rhizobium*-Stamm R39, sich erneut in der Rhizosphäre anzusiedeln in einer ähnlichen Größenordung wie bei den inokulierten Hauptfrüchten (Tab. 2). Es zeigte sich auch bei den Nachfrüchten eine deutlich ausgeprägte Pflanzenspezifik; die Rhizosphärenbesiedlung war bei den Leguminosen höher als bei Mais, am geringsten bei den Wildpflanzen. Modifiziert wurde die Besiedlungsdichte durch die inokulierte Hauptfrucht. Der *Pseudomonas*-Stamm fand sich in der Rhizosphäre der untersuchten Pflanzenarten nur vereinzelt unter log 3 cfu g Wurzel^{-1}.

Tabelle 1: Überleben von *Pseudomonas fluorescens* PsIA12 und *Rhizobium trifolii* R39 in der Rhizosphäre verschiedener Kulturpflanzen nach Saatgutinokulation, Feldexperiment auf lehmigem Sand (Müncheberg 1993), 4 Wiederholungen.

Bakterien	Rhizosphärenbesiedlung (log cfu · g Wurzel^{-1})		
Pflanzen	Jungpflanzen(1)	Blüte(2)	Reife(3)
PsIA12			
Erbse	3.8	5.8	4.5
Lupine	3.8	5.5	3.9
Mais	<3.0	<3.0	<3.0
R39			
Erbse	5.3	5.3	4.3
Lupine	4.9	5.0	4.7
Mais	4.0	<3.0	3.8

(1) 2 Wochen nach Aussaat

(2) 6 (Erbse) bzw. 13 Wochen (Lupine, Mais) nach Aussaat

(3) 13 (Erbse) bzw. 23 Wochen (Lupine, Mais) nach Aussaat

Tabelle 2: Überleben von *Rhizobium trifolii* R39 in der Rhizosphäre nachfolgend angebauter nicht inokulierter Pflanzen, 4 Wochen (Kulturpflanzen) bzw. 7 Wochen (Wildkräuter) nach der Aussaat, Gewächshausversuch, 3 Wiederholungen.

Herkunft des Bodens	Rhizosphären-Besiedlung (log cfu · g Wurzel^{-1})				
	Mais	Lupine	Erbse	*Amaranthus*	*Echinochloa*
Mais	4.6	4.8	4.9	<3.0	<3.0
Lupine	4.5	5.0	5.2	4.2	3.1
Erbse	4.3	5.5	5.4	<3.0	<3.0

Schlußfolgerungen

Die Untersuchungen zeigten, daß die wiederholt pflanzenwachstumstimulierenden Rhizosphärenbakterien eine hohe Pflanzenaffinität besitzen und z.T. hohe Populationsdichten während der Vegetationszeit unter Freilandbedingungen aufbauen können. Diese sind nicht nur bakterienstamm-spezifisch, sondern werden auch durch die Pflanzen selbst beeinflußt. So wiesen die untersuchten Leguminosen immer höhere Besiedlungsdichten auf als die Nichtleguminosen.

Unterschiedlich verhielten sich die Stämme im Besiedlungsverhalten nachfolgend angebauter, nicht inokulierter Pflanzen. Dem *Pseudomonas*-Stamm PsIA12 gelang es nicht, sich erneut in der Rhizosphäre der Folgekulturen durchzusetzen. Der *Rhizobium*-Stamm R39 dagegen zeigte Populationsdichten, die tendenziell denen von inokulierten Pflanzen glichen. Bei diesem Stamm ist von einer höheren Überlebensfähigkeit auch in nachfolgenden Kulturen auszugehen.

Gezielte Inokulationen mit assoziativen Bakterien erfordern Untersuchungen zur Überlebensfähigkeit in der Rhizosphäre, um:
- das Wirtsspektrums inokulierter Bakterienstämme zu ermitteln,
- die Überlebensfähigkeit inokulierter Bakterien auch an der Begleitflora (Wildkräuter) und Folgekulturen abzuschätzen,
- die Wechselbeziehung zur natürlichen Rhizosphärenpopulation aufzuklären und
- die Bedeutung von Witterungs- und Bodenfaktoren für das Überleben der Bakterien zu ermitteln.

Literatur

Hirte, W.F. 1961. Glycerin-Pepton-Agar, ein vorteilhafter Nährboden für bodenbakteriologische Arbeiten. *Zbl. Bakt. Abt. II* 114: 141-146.

Höflich, G. 1992. Interrelationships between phytoeffective *Pseudomonas* bacteria and the growth of crops. *Zbl. Mikrobiol.* 147: 182-191.

Höflich, G. and Weise, I. 1989. Improvement of efficiency of a *Rhizobium* inoculation on pea through a combined inoculation of *Rhizobium leguminosarum* biovar. *viceae* with *R. leguminosarum* biovar. *trifolii*. *Zbl. Mikrobiol.* 147: 378-387.

Höflich, G., Glante, F., Liste, H.-H., Weise, I., Ruppel, S., and Scholz-Seidel, C. 1992. Phytoeffective combination effects of symbiotic and associative microorganisms on legumes. *Symbiosis* 14: 427-438.

Höflich, G., Wiehe, W., Kühn, G. 1994: Plant growth stimulation by inoculation with symbiotic and associative rhizosphere microorganisms. Experientia 50: 897-905

Jagnow, G., Höflich, G., and Hoffmann, K.-H. 1991. Inoculation of non-symbiotic rhizosphere bacteria: possibilities of increasing and stabilizing yields. *Angew. Botanik* 65: 97-126.

Kloepper, J.W., Lifshitz, R. and Zablotowicz, R. 1989. Free-living bacterial inocula for enhancing crop productivity. Tibtech 7: 39-44.

Wiehe, W., Hecht-Buchholz, and Höflich, G. 1994. Electron microscopic investigations on root colonization of *Lupinus albus* and *Pisum sativum* with two associative plant growth promoting rhizobacteria, *Pseudomonas fluorescens* and *Rhizobium leguminosarum* bv.*trifolii*. Symbiosis 17: 15-31

Ökophysiologie des Wurzelraumes Nr. 5 (1994)

ZUR HERKUNFT VON MILCHSÄUREBAKTERIEN AUF FUTTERGRÄSERN

MÜLLER, Th. und BEHRENDT, U.

Zentrum für Agrarlandschafts- und Landnutzungsforschung (ZALF) e.V.
Institut für Mikrobielle Ökologie, Paulinenaue
Gutshof 7
14641 Paulinenaue

EINLEITUNG

Milchsäurebakterien (MSB) sind die entscheidenden Mikroorganismen der Silierung. Sie kommen normalerweise in der epiphytischen Mikroflora von Futterpflanzen vor und gelangen zusammen mit anderen Keimgruppen in den Silo, wo sie unter siliertechnisch günstigen Ausgangsbedingungen durch rasche Vermehrung und aktiven Stoffwechsel den konservierenden Prozeß der Futtergärung erwirken.
Trotz zahlreich veröffentlichter Untersuchungen zum Vorkommen der MSB auf silierfähigen Futterpflanzen (Übersichten dazu bei WOOLFORD, 1984; RUSER, 1989 und McDONALD et al., 1991) sind unsere Kenntnisse über die Biologie dieser Mikroorganismen in ihrem natürlichen Habitat noch lückenhaft. So ist nach wie vor ungeklärt, ob pflanzenassoziierte MSB boden-, samen- oder luftbürtig sind, wie sie im freien Feld überwintern und sich erneut über die heranwachsende Pflanze verteilen. Im folgenden sollen dazu aus eigenen Untersuchungen an einem Graslandstandort und begleitenden Labor-Versuchen einige Hinweise gegeben werden.

MATERIAL UND METHODEN

Nachweis der MSB in nativen Proben:
30 g Probe (zerkleinerte Sproßteile, Boden, Streuschichtmaterial) bzw. 10 g (Saatgut) wurden in sterilem aqua dest. 1:10 verdünnt und 2 min im Stomacher (SEWARD Medical 400, London, UK) homogenisiert. Nach weiterer logarithmischer Verdünnung in 1/4starker RINGER-Lösung Plattenguß mit ROGOSA-Agar, supplementiert mit 0,4 g/l Actidion und Oberflächenausspatelung auf Enterokokken-Selektivagar nach SLANETZ und BARTLEY. Aerobe Bebrütung bei 30° C für 3 Tage bzw. bei Enterokokken 37° C für 2 Tage.

Sterile Anzucht des Pflanzenmaterials:
Kultivierung embryonalen Gewebes auf MS-Agar (MURASHIGE und SKOOG, 1962), supplementiert mit 0,1 mg/l Benzylaminopurin. Im Zweiblattstadium Subkultivierung auf MS-Flüssigmedium mit Filterpapierbrücken in Erlenmeyerkolben bis zur Inokulation der bestockten Pflanzen mit MSB.

Nachweis von MSB auf *in vitro*-kultivierten Pflanzen:
Pflanzen wurden steril zerschnitten, Teile einzeln in Petrischalen gelegt und mit MRS-Agar überschichtet. Aerobe Bebrütung 3 Tage bei 30° C.

ERGEBNISSE UND DISKUSSION

Vorkommen der MSB im Boden
MSB kommen im Boden des Wurzelraumes von Gräsern hauptsächlich im Stadium einer durch Nährstofflimitation induzierten Zellruhe (viable but nonculturable) vor. Sie lassen sich mit dem von der Kultivierbarkeit der Zellen abhängigen Plattenzählverfahren erst nach 20stündiger Anreicherungskultivierung unter Zusatz von Nährstoffkomponenten nachweisen (Tabelle 1). Isolierte Stämme wurden hauptsächlich als den Gattungen *Enterococcus* und *Streptococcus* zugehörig und in wenigen Fällen als *Lactobacillus* identifiziert.

Tabelle 1: Nachweis von MSB im Boden des Wurzelraumes von Gräsern

lfd. Nr.	Probe aus Wurzelraum von/auf	Anzahl der MSB in CFU/g Boden			
		t_0	$t_{0,Nä}$	t_{20h}	$t_{20h,Nä}$
1	*Phleum pratense* Sand-Schwarzgley	< 10^1	< 10^1	1,0 x 10^1	4,0 x 10^5
2	*Dactylis glomerata* Sand-Schwarzgley	< 10^1	< 10^1	8,7 x 10^1	1,5 x 10^5
3	*Phleum pratense* Sand-Schwarzgley	< 10^1	< 10^1	< 10^1	3,0 x 10^8
4	*Lolium perenne* Sand-Schwarzgley	< 10^1	< 10^1	< 10^1	1,0 x 10^8
5	*Poa pratensis* Torf-Erdfen	< 10^1	< 10^1	< 10^1	5,5 x 10^5
6	*Poa pratensis* Sand, S3Al	1,0 x 10^1	k.A.	3,5 x 10^2	1,5 x 10^6

t_0 - unmittelbar nach Homogenisieren der Probe ohne Nährstoff,
$t_{0,Nä}$ - ebenso, jedoch mit Nährstoffzusatz,
t_{20h} - nach 20 h Anreicherung in der homogenisierten Probe bei 30°C ohne Nährstoff,
$t_{20h,Nä}$ - ebenso, jedoch mit Nährstoffzusatz,
Nährstoff = 0,5 % Hefeextrakt + $MgSO_4$/$MnSO_4$

Vorkommen der MSB auf Samen

Auf trocken gelagertem Saatgut können MSB offensichtlich lange Zeit in Zellruhe überdauern (Tabelle 2). Das in den Versuchen 1 bis 3 untersuchte Material war bereits mindestens 4 Jahre alt. Nach Oberflächensterilisation waren keine MSB mehr nachweisbar, folglich haften die Zellen an der Samenoberfläche und dringen nicht in den Samenkörper ein. Auf Samen des Vorjahres (Versuch 4) konnten sogar noch kultivierbare Zellen (ohne vorhergehende Anreicherung) festgestellt werden.

Tabelle 2: Nachweis von MSB auf der Oberfläche von Grassamen:

lfd. Nr.	Saatgut von	Anzahl MSB in CFU/g Saatgut		Arten
		t_0	t_{20h}	
1	*Lolium perenne*	< 10^1	3,0 x 10^7	*Lactobacillus spec.* *Enterococcus spec.*
2	*Phleum pratense*	1,7 x 10^2	5,0 x 10^7	*Enterococcus spec.*
3	*Agrostis alba*	< 10^1	3,0 x 10^7	*Enterococcus spec.*
4	*Phalaris arundinacea*	1,3 x 10^3	1,3 x 10^6	*Enterococcus spec.*

t_0 - unmittelbar nach Homogenisieren der Probe,
t_{20h}- nach 20 h Anreicherung in der homogenisierten Probe bei 30°C

Vorkommen der MSB in der Luft

Untersuchungen an zwei Standorten blieben ohne Anzeichen hinsichtlich eines MSB-Gehaltes von Staub oder Pollen in der Luft über Grasbeständen (Tabelle 3). Jedoch gaben einige mit Enterokokken-Selektivagar beschichtete Fangplatten Hinweise auf eine mögliche Übertragung von MSB durch Insekten, wie es bereits MUNDT (1963) beschrieben hatte.

Tabelle 3: Nachweis von MSB in 1 m Höhe über dem Grasbestand (n=10):

Standort	Methode	nachgewiesene MSB
Völkenrode[1]	Fangplatten	wenig, Hinweise auf Insektenübertragung
	Vakuumfiltration	keine
Paulinenaue	Fangplatten	keine

Fangplatten - 6 h geöffnet, Vakuumfiltration - 1 h, ca. 400 l Luft auf Celluloseacetatfilter
1) LIER (unveröffentlicht)

Verteilung auf den oberirdischen Pflanzenteilen von Gräsern
Die meisten kultivierbaren MSB wurden an abgestorbenem Pflanzenmaterial in der Streuschicht nachgewiesen (Tabelle 4). Diese Aussage, übereinstimmend mit dem Ergebnis gleichartiger Untersuchungen von MORAN et al. (1991), deutet auf eine bevorzugt saprophytische Lebensweise pflanzenassoziierter MSB hin. Gleiche Gattungen wie in der Streuschicht, wenn auch in veränderter Häufigkeit, wurden auf allen oberirdischen Pflanzenteilen festgestellt (Tabelle 5). Dort liegen diese Bakterien jedoch bevorzugt in der Zellruhe vor und sind erst nach längerer Inkubation der homogenisierten Proben in wäßriger Phase kultivierbar.

Tabelle 4: Kultivierbare MSB auf *Phleum pratense* (n=3)

Fraktion	Anzahl in CFU/g FM
untere Stengel	$2{,}40 \times 10^3$
Blätter	$1{,}28 \times 10^3$
Blütenstände	$9{,}34 \times 10^2$
totes Material der Streuschicht	$8{,}13 \times 10^4$

Tabelle 5: Gattungen lebensfähiger, aber nicht kultivierbarer MSB, nachgewiesen in Anreicherungskulturen (20 h, 30 °C) (n=3)

Fraktion	nachgewiesene Gattungen
untere Stengel	*Leuconostoc*
	Lactobacillus
	Enterococcus
Blattscheiden	*Leuconostoc*
	Enterococcus
	Lactobacillus
Blätter	*Enterococcus*
	Lactobacillus
	Leuconostoc

kultivierbare MSB in totem Material der Streuschicht: *Enterococcus*, *Leuconostoc*, *Lactobacillus*

Möglichkeiten der Verbreitung der MSB im Ökosystem
MSB sind i.d.R. nicht zu aktiver Bewegung fähig. Nach Untersuchungen an in vitro-Kulturen von Weidelgras gilt die Möglichkeit einer Migration der MSB aus dem Boden über die Wurzeln auf die oberirdischen Pflanzenteile, wie sie von RUPPEL et al. (1992) für Enterobakterien beschrieben wurde, als ausgeschlossen (Tabelle 6). Nach den vorliegenden Ergebnissen ist jedoch ein Übergang der MSB von der Samenschale auf den auswachsenden Keimling, eine Inokulation des Keimlings beim Durchbrechen der Streuschicht, die Inokulation der oberirdischen Pflanze durch Insekten oder durch von der Streuschicht zurückspritzendes Regenwasser und eine Verteilung über die Pflanze durch Tau- oder Regenwasser sowie von dort ein Ablauf in die Streuschicht oder den Boden möglich.

Tabelle 6: Untersuchungen an *in vitro*-Kulturen von *Lolium multiflorum* in MS-Flüssigmedium: Impfung der MSB ins Medium

Inokulum	Wiederfindung an		
	Wurzeln	Stengel	Blättern
Enterococcus faecium	+	-	-
Pediococcus pentosus	+	-	-
Leuconostoc mesenteroides	+	-	-
Lactobacillus brevis	+	-	-
Lactobacillus plantarum	+	-	-

ZUSAMMENFASSUNG

Milchsäurebakterien im Grünland leben vorwiegend saprophytisch auf abgestorbenem Pflanzenmaterial. Sie besiedeln auch den Boden im Wurzelraum, den Samen und die Phylloplane von Gräsern, jedoch befinden sie sich dort hauptsächlich im Stadium der Zellruhe. Sie können nur passiv vom Boden auf oberirdische Pflanzenteile und umgekehrt transportiert werden.

DANKSAGUNG
Die Autoren danken der DFG für die finanzielle Unterstützung ihrer Arbeit im Rahmen des Projektes Se 601/3-3.

LITERATUR

MCDONALD, P., A.R. HENDERSON and S.J.E. HERON (1991): The biochemistry of silage. 2nd ed. Chalcombe Publ., Marlow

MORAN, J.P., P. O'KIELY, R.K. WILSON and M.B. CROMBIE-QUILTY (1991): Lactic acid bacteria levels on grass grown for silage in Ireland. Landbauforschung Völkenrode, Sonderheft 123, 283-286

MUNDT, J.O. (1963): Occurrence of enterococci on plants in a wild environment. Appl. Microbiol. 11, 141-144

MURASHIGE, T. and F. SKOOG (1962): A revised medium for rapid growth and bioassay with tabacco tissue cultures. Physiol. Plant. 15, 473-497

RUPPEL, S., Ch. HECHT-BUCHHOLZ, R. REMUS, U. ORTMANN and R. SCHMELZER (1992): Settlement of the diazotrophic, phytoeffective bacterial strain *Pantoea agglomerans* on and within winter wheat: An investigation using ELISA and transmission electron microscopy. Plant and Soil 145, 261-273

RUSER, B. (1989): Erfassung und Identifizierung des epiphytischen Milchsäurebakterienbesatzes auf Gras und Mais in Abhängigkeit von Standort, Sorte, Entwicklungsstadium sowie Ernte- und Klimaeinflüssen. Landbauforschung Völkenrode, Sonderheft 103

WOOLFORD, M.K. (1984): The silage fermentation. Marcel Dekker, Inc., New York and Basel

EINFLUß VON BEWÄSSERUNG, STICKSTOFFDÜNGUNG, MULCHFOLIE UND PFLANZENBESTAND AUF DIE KEIMZAHL DENITRIFIZIERENDER MIKROORGANISMEN AM BEISPIEL DER EINLEGEGURKE (*CUCUMIS SATIVUS L.*)

RUPPEL, S.; MAKSWITAT, E.

Institut für Gemüse- und Zierpflanzenbau Großbeeren / Erfurt e.V. , Theodor- Echtermeyer-Weg 1, 14979 Großbeeren

Einleitung

In der Praxis ist der Anbau von Einlegegurke (*Cucumis sativus L.*) auf schwarzer Mulchfolie mit dem Ziel der Unkrautunterdrückung, der Ertragsverfrühung und der Ertragssteigerung weit verbreitet. Neben diesen positiven Effekten ist jedoch gleichzeitig mit hohem Nitratgehalt am Kulturende im Boden unter Mulchfolie zu rechnen. Diese hohen Nitratstickstoffmengen könnten im Winter ausgewaschen werden oder Nährboden für denitrifizierende Mikroorganismen sein und somit zu erhöhten gasförmigen N-Verlusten beitragen. Eigene Versuche 1992 und 1993 (Makswitat 1994) bestätigten, daß die Mulchfolie im Zusammenhang mit der Stickstoffdüngung trotz erhöhten Stickstoffentzuges durch die Kulturpflanzen den Nitrat-N-Gehalt des Bodens am Kulturende signifikant erhöhte. Eine Ursache dafür könnte die zu Beginn der Anbauperiode gemessene höhere Temperatur unter der Mulchfolie in 10 cm Bodentiefe (bis zu 4 K) sein, die die Stickstoffnachlieferung aus organischer Bodensubstanz verstärkte.

Wie sich abiotische Einflußfaktoren auf die Populationen einzelner Mikroorganismengruppen auswirken und diese wiederum die Stickstoffumsetzung im Boden bzw. die Stickstoffernährung der Kulturpflanzen beeinflussen, wurde bisher in N-Bilanzuntersuchungen kaum betrachtet.

Granli und Bockman (1994) äußern die Möglichkeit, daß Widersprüche in der Interpretation der Ergebnisse zu Denitrifikationsraten und N_2O-Emissionsraten möglicherweise auf Unterschiede in der mikrobiellen Populationszusammensetzung zurückgeführt werden könnten. Am Beispiel eines Feldversuches mit Einlegegurke soll nachfolgend der Einfluß von Stickstoffdüngung, Bewässerung, Mulchfolie und Pflanzenbestand auf die Populationsentwicklung der denitrifizierenden Mikroorganismen erörtert werden.

Material und Methoden

Auf den Freilandflächen des Institutes für Gemüse- und Zierpflanzenbau Großbeeren/ Erfurt e.V. (schwach lehmiger Sand) wurde 1993 ein Feldversuch mit Einlegegurke (cv „Manon") als dreifaktorielle Blockanlage vollständig randomisiert (4 Wiederholungen) mit folgenden Prüffaktoren angelegt:

A: Bewässerung	1)	gering (Zusatzbewässerung bei Saugspannungswerten über 350 hPa)
	2)	hoch (Zusatzbewässerung bei Saugspannungswerten über 120 hPa)
B: mineral. Stickstoffdüngung	1)	0 kg N/ha
	2)	80 kg N/ha (als KNO_3)
C: schwarze Mulchfolie	1)	mit
	2)	ohne

Um den Einfluß der Prüffaktoren ohne Pflanzenbestand bzw. den Pflanzeneinfluß unter verschiedenen abiotischen Bedingungen auf die Keimzahl der denitrifizierenden Mikroorganismen erfassen zu können, wurde jede Versuchsparzelle um 1,20 m ohne Kulturpflanzenbestand verlängert. Alle anderen Versuchsbedingungen blieben gleich. Während der Versuchsdauer vom 7.4.93 bis zum 7.9.93 wurden vierzehntägig Bodenproben aus der Schicht 0-30 cm aus der Pflanzenreihe und ohne Einlegegurkenbestand entnommen und analysiert.

Die Keimzahlbestimmung der denitrifizierenden Mikroorganismen erfolgte über die MPN-Methode (Dunger und Fiedler 1989). Am Beispiel des Probennahmetermines 13.7. (Phase des maximalen Pflanzenwachstums) wird nachfolgend der Einfluß der Prüffaktoren auf die Keimzahl der denitrifizierenden Mikroorganismen dargestellt.

Ergebnisse und Diskussion

Einfluß von Bewässerung, Stickstoffdüngung und Mulchfolie auf die Keimzahl denitrifizierender Mikroorganismen

Nitratgehalt des Bodens, Bodentemperatur und Bodenwassergehalt haben neben weiteren Faktoren einen entscheidenden Einfluß auf die Denitrifikationsrate und die N_2O-Emissionsrate (Granli und Bockman, 1994). Diese drei Faktoren wurden im Einlegegurkenfeldversuch 1993 durch eine Stickstoffdüngung von 80 kg KNO_3-N/ ha, die Anwendung schwarzer Mulchfolie sowie unterschiedliche Zusatzbewässerung variiert und hinsichtlich ihrer Wirkung auf die Population der denitrifizierenden Mikroorganismen untersucht. Der Mulchfolieneffekt kann jedoch nicht ausschließlich als Temperatureffekt interpretiert werden, da sich möglicherweise gleichzeitig die Belüftungsverhältnisse im Boden durch die Folienauflage verändern und somit wesentlichen Einfluß auf den Gasaustausch haben.

Die Berechnung der Haupt- und Wechselwirkungen der drei Prüffaktoren auf die Keimzahl der denitrifizierenden Mikroorganismen im Boden ohne Pflanzenbestand zeigte signifikante Wechselwirkungen zwischen Bewässerung, N-Düngung und Mulchfolie (Tab. 1).

Tab. 1: Einfluß von Bewässerung, Stickstoffdüngung und Mulchfolie auf die Keimzahl denitrifizierender Mikroorganismen im Boden ohne Pflanzenbestand. X: Es liegt eine Haupt- bzw. Wechselwirkung vor (F- Test P=5%)

Haupt- / Wechselwirkung	ohne Pflanzenbestand
A (Bewässerung)	
B (N - Düngung)	X
C (Mulchfolie)	
A X B	X
A X C	X
B X C	
A X B X C	X

In der Wechselwirkung zwischen N-Düngung und Bewässerung zeigt sich, daß nur bei hoher Bodenfeuchte die Stickstoffdüngung die Keimzahl erhöht (Tab. 2a). Bei geringer Bodenfeuchte besteht kein Unterschied in der Keimzahl denitrifizierender Mikroorganismen mit und ohne N-Düngung. Die Wechselwirkung zwischen der Bewässerung und der Mulchfolie widerspiegelt eine positive Wirkung der hohen Bewässerung nur ohne Mulchfolie (Tab. 2b). Vergleicht man alle acht Varianten, so ist in der Variante mit hoher Bewässerung, mit N-Düngung und ohne Mulchfolie die Keimzahl der denitrifizierenden Mikroorganismen am höchsten (Tab. 2c).

Tab. 2: Wechselwirkungen der Einflußfaktoren auf die Keimzahl denitrifizierender Mikroorganismen im Boden ohne Pflanzenbestand. a) Wechselwirkung zwischen Bewässerung und N-Düngung, b) Wechselwirkung zwischen Bewässerung und Mulchfolie, c) Wechselwirkung zwischen Bewässerung, N-Düngung und Mulchfolie. Verschiedene Buchstaben beschreiben signifikante Unterschiede zwischen den Varianten, Mittelwertvergleich über den Tukey - Test bei einer Irrtumswahrscheinlichkeit von P=5%

a)

Bewässerung	N-Düngung	KZ denitrifiz. MO (log/g Boden)
gering	ohne	4,85 a
gering	mit	4,92 a
hoch	ohne	4,75 a
hoch	mit	5,41 b

b)

Bewässerung	Mulchfolie	KZ denitrifiz. MO (log/g Boden)
gering	mit	5,05 ab
gering	ohne	4,73 a
hoch	mit	4,93 ab
hoch	ohne	5,23 b

c)

Bewässerung	N-Düngung	Mulchfolie	KZ denitrifiz. MO (log/g Boden)
gering	ohne	mit	4,77 a
gering	ohne	ohne	4,94 a
gering	mit	mit	5,33 ab
gering	mit	ohne	4,52 a
hoch	ohne	mit	4,87 a
hoch	ohne	ohne	4,63 a
hoch	mit	mit	5,00 ab
hoch	mit	ohne	5,82 b

Die einfache lineare Korrelationsanalyse aller Datensätze zeigt, daß die Keimzahl der denitrifizierenden Mikroorganismen nicht generell nur durch einen der Faktoren bestimmt wird (Tab. 3).

Tab. 3: Korrelation der Keimzahl denitrifizierender Mikroorganismen im Boden mit und ohne Pflanzenbestand zu den biotischen und abiotischen Prüfmerkmalen. Angabe des Korrelationskoeffizienten R,
* Korrelation signifikant bei P=5%

Variable	mit Pflanzenbestand	ohne Pflanzenbestand
Nitratgehalt des Bodens	0,16	0,02
gravimetrischer Wassergehalt	0,20	0,15
Bodentemperatur	0,15	-0,02
C/N-Verhältnis	0,10	0,22*
Keimzahl (KZ) ammonifiz. MO	-0,26*	-0,17
KZ NH_4^+-oxydierender MO	0,03	0,02
KZ NO_3^-- zu NH_4^+-reduzierender MO	-0,18	-0,27*

Die multiple Regression zwischen der Keimzahl denitrifizierender Mikroorganismen und der Temperaturschwankung, dem Bodenwassergehalt, dem Nitratgehalt und dem C/N-Verhältnis des Bodens beschreibt bei hohem Bodenwassergehalt und Stickstoffdüngung einen statistisch gesicherten positiven Einfluß des Bodenwassergehaltes auf die Veränderung der Population (beta=0,773* bei R=0,862 und gleichzeitigem nicht signifikanten Einfluß der Temperaturschwankung beta=-0,19). Ohne Stickstoffdüngung und bei hohem Bodenwassergehalt ist die Änderung des Nitratgehaltes maßgebend für die Änderung der Population denitrifizierender Mikroorganismen (beta=1,14* bei R=0,875 und gleichzeitigem nicht signifikanten Einfluß der Temperaturschwankung beta=-0,53 und des C/N-Verhältnisses beta=-0,6). Das heißt, unter diesen Bedingungen steigt die Keimzahl denitrifizierender Mikroorganismen mit erhöhtem Nitratgehalt.

Einfluß des Pflanzenbestandes auf die Keimzahl denitrifizierender Mikroorganismen

Pflanzen liefern dem Boden einen Input an zersetzbarem organischen Material und entziehen dem Boden Ammonium und Nitrat. Generell erhöhten Pflanzen die Denitrifikationsrate und die N_2O-Emissionsrate des Bodens in Laborversuchen (Granli, Bockman 1994). In Feldversuchen wurden diese Ergebnisse jedoch nur selten bestätigt.

Betrachtet man die Wechselwirkungen zwischen Bewässerung, Stickstoffdüngung und Mulchfolie in ihrem Einfluß auf die Keimzahl denitrifizierender Mikroorganismen im Boden mit Pflanzenbestand, so wird deutlich, daß neben Stickstoff- und Wassergehalt des Bodens mit der Pflanze ein weiterer entscheidender Faktor hinzugekommen ist , der diese Population signifikant beeinflußt (Tab.4).

Tabelle 4: Einfluß von Bewässerung, Stickstoffdüngung, Mulchfolie und Pflanzenbestand auf die Keimzahl denitrifizierender Mikroorganismen im Boden. X: Es liegt eine Haupt- bzw. Wechselwirkung vor (F-Test P=5%)

Haupt- / Wechselwirkung	
A (Pflanze)	
B (Bewässerung)	
C (N-Düngung)	X
D (Mulchfolie)	
A X B	
A X C	
B X C	X
A X D	
B X D	
C X D	X
A X B X C	
A X B X D	X
A X C X D	X
B X C X D	
A X B X C X D	X

Betrachtet man zum Zeitpunkt des maximalen Pflanzenwachstums der Einlegegurke (13.7.1993) den Pflanzeneinfluß auf die Keimzahlen der denitrifizierenden Mikroorganismen, so werden nur in den Varianten mit hoher Bewässerung und zusätzlicher Stickstoffdüngung die Keimzahlen der denitrifizierenden Mikroorganismen durch die Pflanze signifikant verändert (Tab. 5).

Tab. 5: Einfluß des Pflanzenwachstums auf die Keimzahl denitrifizierender Mikroorganismen in Abhängigkeit von Stickstoffdüngung, Mulchfolie und Bewässerung. * signifikanter Unterschied zwischen mit und ohne Pflanze. Mittelwertvergleich über den Tukey -Test bei einer Irrtumswahrscheinlichkeit von P=5%

Bewässerung	N-Düngung	Mulchfolie	mit Pflanzenbestand KZ denitrifiz. MO in log /g tr. Boden	ohne Pflanzenbestand KZ denitrifiz. MO in log /g tr. Boden
gering	ohne	mit	5,01	4,77
gering	ohne	ohne	5,63	4,94
gering	mit	mit	5,06	5,33
gering	mit	ohne	4,66	4,52
hoch	ohne	mit	4,18	4,87
hoch	ohne	ohne	4,63	4,63
hoch	mit	mit	5,79*	5,00
hoch	mit	ohne	4,64	5,82*

Bei Betrachtung der Wechselwirkung Pflanze und Mulch innerhalb dieser Variante (hohe Bewässerung und N-Düngung) ist eine Erhöhung der Keimzahl denitrifizierender Mikroorganismen durch die Mulchauflage nur mit Pflanzenbesatz signifikant nachweisbar (Tab. 6).

Um die Abhängigkeit dieser Wechselwirkungen von abiotischen und biotischen Einflußfaktoren zu analysieren, wurden einfache lineare Korrelationen der Keimzahl denitrifizierender Mikroorganismen zu den Meßdaten Bodenwassergehalt, Nitratgehalt, Bodentemperatur und C/N-Verhältnis mit und ohne Pflanzenbestand berechnet (Tab. 3).
Wie ohne Pflanzenbestand besteht auch mit Pflanzenbestand keine einfache lineare Korrelation zwischen der Keimzahl denitrifizierender Mikroorganismen und dem Bodenwassergehalt, dem Nitratgehalt des Bodens oder der Bodentemperatur (Tab. 3). Die Korrelationsanalyse verdeutlicht lediglich den Einfluß des C/N-Verhältnisses auf die Keimzahl denitrifiziernder

Mikroorganismen, der nur im Boden ohne Pflanzenbestand auftritt (Tab. 3). Möglicherweise ist das C/N - Verhältnis des Bodens mit Pflanzenbestand durch die unmittelbare Wurzelnähe und die damit verbundene Wurzelexsudation weniger bedeutsam, da Kohlenstoff ausreichend verfügbar ist. Dieser Wurzeleinfluß über die C-Verfügbarkeit ist naheliegend, da die mikrobielle Aktivität generell in Wurzelnähe erhöht ist (Christensen et al. 1990).

Tab. 6: Wechselwirkung zwischen Mulchfolie und Pflanzenbestand innerhalb der Variante mit hoher Bewässerung und Stickstoffdüngung auf die Keimzahl denitrifizierender Mikroorganismen. Verschiedene Buchstaben beschreiben signifikante Unterschiede zwischen den Varianten, Mittelwertvergleich über den Tukey -Test bei einer Irrtumswahrscheinlichkeit von P=5%

Pflanzenbestand	Mulchfolie	KZ denitrifiz. MO in log / g tr. Boden
mit	mit	5,79 b
mit	ohne	4,64 a
ohne	mit	5,00 ab
ohne	ohne	5,82 b

Die Komplexität der Wechselwirkungen zwischen den Einflußfaktoren wird unterstrichen durch die Korrelation zwischen der Wurzelmasse (Schwarz 1994) und der Keimzahl denitrifizierender Mikroorganismen (R=0,705*, P<5% innerhalb der mit Nitrat gedüngten Varianten). Nur in den mit Nitrat gedüngten Varianten bewirkt eine Zunahme der Wurzelmasse eine Erhöhung der Population denitrifizierender Mikroorganismen. In den ungedüngten Varianten tritt diese Korrelation nicht auf, da möglicherweise durch die Stickstofflimitierung eine Konkurrenz um Nitrat-N zwischen Mikroorganismen und Wurzeln induziert wird.

Außerdem verändern sich die Beziehungen der denitrifizierenden Mikroorganismen zu anderen, ebenfalls am N-Kreislauf beteiligten Mikroorganismengruppen in Abhängigkeit vom Pflanzenbestand (Tab. 3).

In weiteren Untersuchungen sollten sowohl gasförmige N-Verluste gemessen als auch der Einfluß von Bodenwassergehalt, Nitratgehalt und Bodentemperatur auf die mikrobielle Aktivität und weitere am N-Kreislauf beteiligte Mikroorganismengruppen in Betracht gezogen werden.

Danksagung

Wir danken Frau B. Wernitz und Frau S. Breitkopf für die sehr gute technische Assistenz bei der Durchführung der Experimente.

Literaturverzeichnis

Christensen, S.; Groffman, P.; Mosier, A.; Zak, D.R. 1990: Rhizosphere denitrification: a minor process but indicator of decomposition activity pp 199-211 in N.P. Revsbech & J. Sorensen (eds.). Denitrification in Soil and Sediment. Plenum Press, New York, NY.

Dunger, W.; Fiedler, H.J.1989: Methoden der Bodenbiologie, S. 147, VEB Gustav Fischer Verlag Jena

Granli, T.; Bockman, O.C. 1994: Nitrous oxide from agriculture. Norwegian Journal of Agricultural Sciences 12 , 128 p.

Makswitat, E. 1994: Untersuchungen zum Stickstoffkreislauf bei Einlegegurke, A: Einfluß von Anbauverfahren und Stickstoffangebot auf die Stickstoffbilanz. Jahresbericht des IGZ Großbeeren/Erfurt 1992/93, Nr. 93-1-41.

Schwarz, D. 1994: Untersuchung zum Stickstoffkreislauf bei Einlegegurke, C: Einfluß von Anbauverfahren und Stickstoffangebot auf die Masse und Verteilung sowie den Stickstoffgehalt der Wurzeln. Jahresbericht des IGZ Großbeeren/Erfurt 1992/93, Nr. 93-1-81.

Ökophysiologie des Wurzelraumes Nr. 5 (1994)

EFFEKTE VON SAATGUTBEHANDLUNGEN MIT VITAMIN B1 AUF KEIMUNG, JUGENDWACHSTUM UND DIE RHIZOSPHÄRENMIKROFLORA BEI *PHASEOLUS VULGARIS L.*

NEUMANN G., AZAIZEH H., MARSCHNER H.

Institut für Pflanzenernährung - Universität Hohenheim
Fruwirthstr. 20 - 70599 Stuttgart

EINLEITUNG

Obwohl höhere Pflanzen als vitaminautotroph gelten, finden sich in der Literatur zahlreiche Hinweise, die deutlich positive Effekte auf das Wachstum und die Ertragsbildung landwirtschaftlicher Kulturpflanzen als Folge exogener Vitaminapplikationen beschreiben. Die häufigsten Applikationsformen sind Blatt-Spritzungen, und Saatgutbehandlungen mit Vitaminen des B-Komplexes sowie mit Ascorbinsäure und α-Tocopherol (Oertli, 1987). Im Rahmen des, von Hoffmann-La Roche - Basel, geförderten Forschungsprojektes "Vitaminwirkungen auf höhere Pflanzen" wurden am Beispiel von *Phaseolus vulgaris* die Effekte von Saatgutbehandlungen mit Thiamin (Vitamin B1) untersucht, nachdem bei Feldversuchsreihen in verschiedenen Ländern signifikante Ertragssteigerungen von durchschnittlich 11% erzielt werden konnten. Eine hohe Variationsbreite der Ergebnisse läßt allerdings auf eine starke Abhängigkeit von umweltbedingten Einflußgrößen schließen. Ziel des Projektes war es daher in Laborversuchen unter kontrollierten Bedingungen, Einflußfaktoren und Wirkmechanismen zu charakterisieren, die einen positiven Effekt exogener Thiaminapplikationen bedingen könnten.
Thiamin ist Thiamin-diphosphat Cofaktor zahlreicher Enzyme im anabolen und katabolen Kohlenhydratstoffwechsel und kann lichtabhängig in den Blättern höherer Pflanzen und von manchen Mikroorganismen synthetisiert werden, während Tiere und auch verschiedene Mikroorganismen als thiamin-auxotroph betrachtet werden müssen. Thiaminbehandlungen könnten daher über zwei potentielle Kausalketten wirksam werden:

1) **Förderung von symbiontischen oder assoziativen Mikroorganismen in der Rhizosphäre, die das Pflanzenwachstum stimulieren (plant growth promoting rhizobacteria - PGPR) oder antagonistisch auf die Entwicklung von Phytopathogenen wirken.**

2) **Direkte Einflußnahme auf den Stoffwechsel der Pflanze unter (Streß-) Bedingungen, welche möglicherweise die Eigensynthese von Thiamin limitieren.**

MATERIAL UND METHODEN

Pflanzenanzucht: *Gefäßversuche wurden in Anzuchtschalen mit je 3,5 kg Boden und 35 Pflanzen/Schale angelegt (bis zu 5 Wiederholungen). Die Böden stammten von Feldversuchsstandorten in Südamerika (Kolumbien, Argentinien) und der BRD (Mascherode). Für Standard Keimtests erfolgte die Ausaat in Rollen aus Keimpapier mit je 20 Samen (30 Wiederholungen). In diesem System konnten die Keimlinge bis zu 14 Tage kultiviert werden. Die Evaluierung erfolgte entsprechend ISTA-Rules (1985). Samen- und Wurzelexsudate wurden mit 80% Methanol aus dem Keimpapier extrahiert.*
Saatgutbehandlung: *Einquellen der Samen (Ph. vulgaris cv Lasso, cv Goldfisch, cv. Carioca) in Thiaminmononitratlösung [3 mM] oder Behandlung mit Thiaminformulierung (2g/kg Saatgut, Thiamingehalt: 50% w/w).*
Isolierung von Boden-Mikroorganismen: *Die Isolierung und Quantifizierung der einzelnen Mikroorganismengruppen erfolgte im Platten-Verdünnungsverfahren auf Selektivnährmedien.*

Thiamingehalte wurden nach Thiochromderivatisierung über RP-HPLC mit Fluoreszenzdetektion aus 10% $HClO_4$ Keimlingsextrakten oder direkt aus Wurzelexsudaten bestimmt (Säule: Lichrospher RP-18, 250 x 4 mm I.D., Partikelgröße 5µ, + 10 mm Vorsäule identischer Pakkung; Gradientenelution: 0,01 M Kaliumphosphatpuffer pH 7/Methanol; Flußrate 1ml/min).

ERGEBNISSE

1) Effekte von Thiaminapplikationen auf die Rhizosphärenmikroflora.

Aus der Rhizosphäre 10 Tage alter Bohnenkeimlinge (*Ph. vulgaris L.* cv Lasso, cv Goldfisch und cv Carioca), die im Gefäßversuch auf 3 verschiedenen Böden kultiviert worden waren, wurden auf Selektivmedien die Keimzahlen an Gesamt-Bakterien, Gesamt-Pilzen sowie verschiedener Gruppen mit potentiellen PGPRs (diazotrophe Bakterien, *Actinomyceten*, *Pseudomonas fluorescens*) bestimmt und die Wirkungen einer Saatgutbehandlung mit Thiamin untersucht. Dabei ergaben sich unterschiedliche Effekte in den veschiedenen Cultivar/Boden-Kombinationen: Generell wurden Gesamt-Pilze, zum Teil auch Gesamt-Bakterien, diazotrophe Bakterien und *Actinomyceten* gefördert, während das Wachstum von *Pseudomonas fluorescens* unbeeinflußt blieb. Neben einer unterschiedlichen Ausprägung des Thiamineffektes in verschiedenen Böden wurde auch eine Cultivar-Spezifität der Thiaminwirkung beobachtet (**Abb.1**)

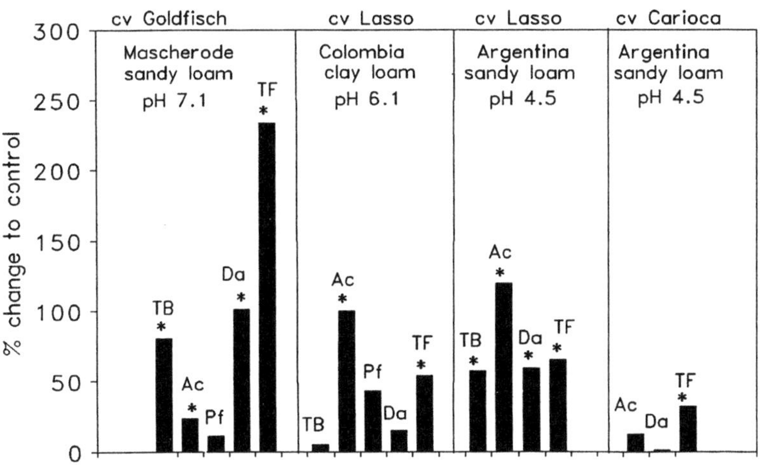

Abb. 1: Stimulierung des Wachstums von Rhizosphärenmikroorganismen 10 Tage alter Bohnenkeimlinge durch Thiamin-Saatgutbehandlung.
TB = Gesamt-Bakterien, Ac = *Actinomyceten*, Pf = *Pseudomonas fluorescens*, Da = diazotrophe Bakterien, TF = Gesamt-Pilze (Berechnungen basierend auf CFU/Bodentrockengewicht), * = signifikanter Effekt p = 0.05 Duncan-Test

Thiamin in Samen- und Wurzelexsudaten

In den Samen- und Wurzelexsudaten 8 Tage alter, axenisch kultivierter Bohnen-Keimlinge (cv Lasso) fanden sich etwa 25% des nativen Samengehaltes an Thiamin. 20-stündiges Einquellen des Saatgutes in einer 3 mM Thiaminlösung führte zu einer 130-fachen Steigerung im Vergleich zum endogenen Thiamingehalt. 83% des aufgenommenen Thiamins wurden im Verlauf der Keimlingsentwicklung im Dauerdunkel innerhalb der ersten 8 Tage nach der Aussaat in Form von Samen- und Wurzelexsudaten wieder abgegeben (**Tab.1**). Die exsudierten Thiaminmengen sind hoch genug, um eine fördernde Wirkung auf die Rhizosphärenmikroflora erklären zu können. Es bleibt zu prüfen, ob die Exsudatzusammensetzung durch die Saatgutbehandlung auch noch in anderer Hinsicht beeinflußt wird.

Tab. 1: Thiamin in Samen- und Wurzelexsudaten bei Keimlingen von *Ph. vulgaris L. cv Lasso.*

Zeit nach Aussaat	Kontrolle [ng B1/Keimling]	20 h Quellung in 3 mM Thiamin [ng B1/Keimling]	Verhältnis Behandlung : Kontrolle
0 d (B1-Samengehalt)	950 a	127 362 b	134
2 - 5 d (DD)	111 a	105 150 b	947
6 - 8 d (DD)	138 a	906 b	6,6
7 - 12 d (WL)	24 a	51 b	2,1

DD = Dauerdunkel; WL = Weißlicht; unterschiedliche Buchstaben innerhalb einer Reihe bezeichnen signifikante Unterschiede, t-Test $p < 0,05$

2) Direkte Effekte von Thiamin-Saatgutbehandlungen auf die Keimung von *Phaseolus vulgaris L.*

In Feldversuchen waren positive Wirkungen von Thiamin-Saatgut-Applikationen auf die Ertragsbildung häufig dann zu beobachten, wenn während des Auflaufens kalte und feuchte Witterungsbedingungen herrschten. Ertragssteigerungen waren oft mit einer erhöhten Bestandesdichte korreliert, was auf eine Beeinflußung der Keimphase hindeuten könnte. In Keimtests mit verschiedenen Feuchtestufen der Böden (Gefäßversuche) wurden positive Vitaminwirkungen auf die Keimrate ebenfalls nur bei sehr hoher Bodenfeuchte (80% Feldkapazität) beobachtet (**Abb.2a**) Andere Wachstumsparameter (Frisch- und Trockenmasse, Sproß- und Hauptwurzellänge, Blattfläche) wurden nicht signifikant beeinflußt. Der Effekt konnte in bodenfreien Standardkeimtests auf Filterpapier reproduziert werden, wobei hohe Bodenfeuchte als Streßfaktor durch mehrtägige submerse Inkubation des Saatgutes simuliert wurde (**Abb.2b**).

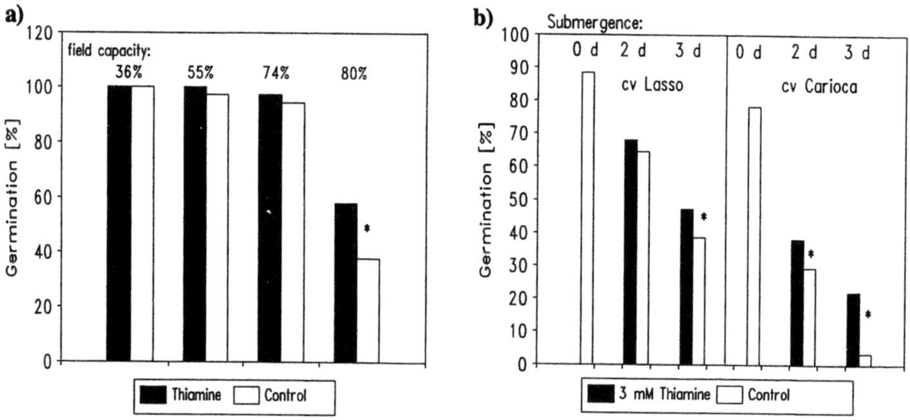

Abb. 2a-b: Die Wirkung von Thiamin-Saatgutbehandlungen auf die Keimung von *Phaseolus vulgaris L.* (* = signifikante Unterschiede t-Test $p < 0,05$)

a) Bodenkeimtest (cv Lasso) in verschiedenen Feuchtestufen, Boden: Mascherode, sandiger Lehm pH 7,1; 12h Weißlicht, Temp. 25°C, Nachtabsenkung auf 5°C.

b) Standardkeimtest auf Filterpapier nach submerser Vorinkubation des Saatgutes bei 18°C.

Die Analyse der Thiamingehalte vor und nach der Streßbehandlung deutet auf Thiaminmangel in den embryonalen Geweben unbehandelter Keimlinge hin, denn die exogene Vitaminapplikation führte hier nicht nur zu einer Steigerung des Gehaltes an freiem Thiamin, sondern auch zu einer verstärkten Akkumulation des physiologisch aktiven Thiamindiphosphats, was auf eine Stimulierung des Kohlenhydratstoffwechsels hinweisen könnte (**Tab. 2**).

Tab. 2: Organspezifische Gehalte an Thiamin und Thiamin-diphosphat (-PP) in keimenden Samen von *Phaseolus vulgaris L.* cv Lasso.
Einfluß von Thiamin-Saatgutapplikation nach Streßbehandlung durch submerse Inkubation

Zeit nach Aussaat:	**0 d**	**4 d**	**4 d**	**4 d**
Organ	**trockener Same**	**aerobe Keimung**	**3d submers Kontrolle**	**3d submers 3mM Thiamin**
Kotyledonen:				
Thiamin [ng]	**561 a**	**148 b**	**576 a**	**143641 c**
Thiamin-PP [ng]	**146 a**	**378 b**	**398 b**	nicht gemessen
Embryo:				
Thiamin [ng]	**18 a**	**10 b**	**11 b**	**3600 c**
Thiamin-PP [ng]	**12 a**	**41 b**	**19 a**	**74 c**

In ähnlicher Weise wurde durch Thiaminapplikation auch die Keimung von Saatgutpartien mit geringer Keimfähigkeit gefördert, die ebenfalls einen sehr niedrigen endogenen Thiamingehalt aufwiesen. In diesem Fall kam es vor allem zu einer Erniedrigung der Anzahl abnorm entwickelter Keimlinge mit deformierten Primärblättern und verkümmerten Sproßvegetationspunkten (**Abb. 3**).

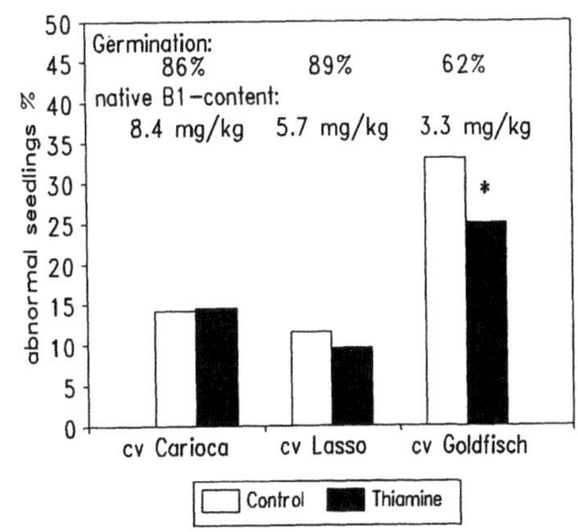

Abb. 3: Einfluß von Thiaminapplikationen auf den Anteil abnorm entwickelter Keimlinge verschiedener Bohnen-Cultivare.

SCHLUßFOLGERUNGEN

Durch Saatgutbehandlungen mit Thiamin ließ sich, wahrscheinlich bedingt durch erhöhte Thiamin-Exsudation, die Etablierung der Rhizosphärenmikroflora bei Bohnenkeimlingen stimulieren. Das qualitative und quantitative Ausmaß des Behandlungseffektes wurde jedoch sowohl von der Herkunft des Bodens als auch von den verwendeten Bohnen-Varietäten beeinflußt. Thiamin-Behandlungen verbesserten daneben die Keimung bei hoher Bodenfeuchte oder bei Saatgutpartien mit geringer Keimfähigkeit. Unter optimalen Bedingungen traten dagegen keine deutlichen Behandlungseffekte auf. Die Beschränkung direkter Thiamin-Wirkungen auf bestimmte Streßsituationen einerseits, und andererseits die hohe Variabilität der Effekte im Bezug auf die Rhizosphärenmikroflora könnten die starken Schwankungen der Ergebnisse aus Feldversuchen erklären. Damit werden aber auch die Grenzen der Anwendbarkeit solcher Suppline in der landwirtschaftlichen Praxis deutlich.

Literatur

International Seed Testing Association (1985): Seed Sci. and Technol. 13, 356 - 513.
Oertli J. J. (1987): Z. Pflanzenern. 150, 375 - 391.

EINFLUSS VON CHLORPHENOLEN AUF DIE BAKTERIENBESIEDLUNG DER RHIZOSPHÄRE UND BESIEDLUNGSVERHALTEN CHLORPHENOLABBAUENDER BAKTERIEN IN SITU NACH INOKULATION

DOMEY, S.; DÖRING. G.

Friedrich-Schiller-Universität Jena
Biologisch-Pharmazeutische Fakultät
Institut für Ernährung und Umwelt
Naumburger Str. 98
07743 Jena

Zusammenfassung

1. Unterschiedliche Phenol-, 2.4-DCP-, 3.4-DCP-Konzentrationen (bis 125 mg/kg Boden) und 3-CP wirkten entweder nicht oder stimulierend auf das Sproßwachstum von Mais und Lein sowie auf die Besiedlung der Rhizosphäre mit Bakterien allgemein und Pseudomonaden im besonderen.

2. Das Vorkommen von Actinomyceten und Pilzen in der Rhizosphäre von Mais wurde durch die verschiedenen Phenol-, 2.4-DCP- und 3.4-DCP-Konzentrationen gehemmt.

3. Die CA/OTC-Mutante von *Pseudomonas putida* F1 war in der Lage, sich in der natürlichen Rhizosphäre von Mais zu etablieren.

Einleitung

Die weltweit breite und langjährige Anwendung von Chlorphenolen in der Landwirtschaft und Industrie u.a. als Bestandteile von Pestiziden, als keimtötende Mittel, Samendesinfektionsmittel, Pflanzenwachstumsregulatoren, Mottenpulver und Holzschutzmittel (HOLCOMBE et al., 1982) hat zu einer ± starken Kontamination von terrestrischen und aquatischen Ökosystemen mit solchen Stoffen geführt. Obwohl natürliche Abbaumechanismen vorliegen und neben den von der Natur selbst erzeugten Chlorverbindungen (NAUMANN, 1993) auch moderne chlorhaltige Pflanzenschutzmittel in den Kreislauf des Abbaus von chlororganischen Verbindungen einbezogen werden, verschwindet ein Teil der technisch hergestellten Produkte nicht so leicht aus der Ökosphäre. Außerdem kann es zur spontanen Bildung von 2.4-Dichlorphenol (DCP) bei der Chlorierung von Stadt- und Industrieabwasser durch die in ihnen enthaltenen Phenole kommen. Das hat Konsequenzen für die Nahrungskette. So schätzte SIDWELL (1971) die tägliche Aufnahme von 2.4-DCP aus der Nahrung und dem Wasser auf ~ 0,036 mg/kg Körpergewicht. Auch heute muß in bestimmten Regionen mit einer geringen Konzentration von 2.4-DCP im Trinkwasser gerechnet werden. Der neue WHO-Richtwert (1993) für das Pflanzenwuchsstoffherbizid 2.4-D (2.4-Dichlorphenoxyessigsäure) mit 2.4-DCP als Grundsubstanz bei dessen Bildung beträgt für Trinkwasser 0,03 mg/l (im Vergleich zum EG-Grenzwert das 300fache). Verschiedene Studien zur Gesundheitsgefährdung von 2.4-DCP in Tierversuchen oder Säugetierzellkulturen deuten auf eine karzinogene und mutagene Wirkung dieser Substanz in entsprechenden Konzentrationen hin (SOMANI et al., 1984). Auch das Immunsystem kann ein empfindlicher Zeiger für Chlorphenolverbindungen sein (EXON et al., 1984). Der Hauptaktionsmodus für die akute Toxizität der Chlorphenole basiert auf der Entkopplung der oxidativen Phosphorylierung und der Hemmung des Elektronentransportsystems innerhalb der Atmungskette.

Nachfolgende Untersuchungen zum Einfluß, Abbau- und Transferverhalten von Chlorphenolen konzentrieren sich im Gegensatz zu bekannten Arbeiten auf die mikrobiellen Prozesse im

natürlichen System Boden/Pflanze, auf die **Rhizosphäre**. So interessierte zunächst die Frage, welchen Einfluß verschiedene Chlorphenole und Chlorphenolkonzentrationen auf das Vorkommen relevanter rhizosphärer Mikroorganismengruppen haben und in welchem Maße ein inokulierter chlorphenolabbauender Bakterienstamm in der Lage ist, sich im natürlichen System der Rhizosphäre anzusiedeln, zu vermehren und gegenüber der autochthonen Rhizosphärenpopulation zu behaupten als Grundvoraussetzung für seine Wirksamkeit.

Material und Methoden

1. Untersuchung des Einflusses von Chlorphenolen auf die Rhizosphärenbesiedlung von Mais und Lein

Für diese Untersuchungen wurden Gefäßversuche mit Mischboden (lehmiger Sand; BG III; pH = 7,0; FA% = 16; Ct% = 1,81; org. Substanz = 3,12) angelegt mit insgesamt folgenden Varianten: - Kontrolle, unbehandelt (Mais, Lein); - Phenolzugabe (12,5 mg/kg Boden, Mais);- Phenolzugabe (125 mg/kg; Mais); - 2.4-DCP-Zugabe (12,5 mg/kg; Mais); - 2.4-DCP-Zugabe (125 mg/kg; Mais); 3.4-DCP-Zugabe (12,5 mg/kg; Mais); - 3.4-DCP-Zugabe (125 mg/kg;Mais); - 3-Chlorphenol-(CP)-Zugabe (5 mg/kg; Mais), - 2.4-DCP-Zugabe (5 mg/kg; Mais, Lein). Jede Variante wurde 4fach wiederholt. Gedüngt wurde mit 0,5 g N, 0,3 g P, 0,8 g K und 0,3 g Mg. Die Bestimmung der Besiedlung verschiedener Mikroorganismengruppen erfolgte nach 6-7wöchigem Wachstum der Pflanzen in ähnlicher, von DOMEY (1987) für phosphatmobilisierende Mikroorganismen beschriebenen Art und Weise. Anstelle von Phosphatagar wurde für die Isolierung der entsprechenden Gattungen Biomalz-(Pilze), Bakterien-, Pseudomonas- und Actinomycetenagar verwendet. Als indirektes Bestimmungsmerkmal für die Beurteilung des Schadstoffeinflusses auf die bakterielle Aktivität des Bodens wurde die Katalaseaktivität herangezogen.

2. Untersuchung des Besiedlungsvermögens der CA/OTC-Mutante eines 2.4-DCP-abbauenden Bakterienstammes von *Pseudomonas putida* F1

Diese Untersuchungen erfolgten an in Gefäßen angezogenen Maispflanzen. Es wurde der gleiche, unter 1 genannte Boden verwendet und in analoger Weise gedüngt. Für den Nachweis des inokulierten Bakterienstammes wurde eine antibiotikaresistente Mutante vom Wildstamm *Ps. putida* F1 unter Verwendung der von SZYBALSKI (1952) beschriebenen Methode selektiert. Zur Ausschaltung von Spontanmutanten wurden schrittweise verschiedene Doppelmutanten gewonnen. Dabei erwies sich eine Chloramphenicol(CA)- / Oxytetracyclin(OTC)-Mutante in Flüssigkultur als am besten geeignet, 2.4-DCP abzubauen. Die Besiedlung dieser Mutante wurde zu unterschiedlichen Zeitpunkten (22, 39, 48, 63 und 76 Tagen) nach der Inokulation (17 Tage nach Aufgang) wie o.g. erfaßt. Es wurde vergleichend das Verhalten der Mutante in der Rhizosphäre (biotisch) und im unbepflanzten Boden (abiotisch) studiert.

Ergebnisse und Diskussion

Über den Einfluß verschiedener (Chlor)-Phenole und -konzentrationen sowohl auf die Pflanzenentwicklung (Sproßmassebildung) als auch auf das Vorkommen der o.g. Mikroorganismengruppen geben Tabelle 1 und 2 Auskunft. Während die getesteten Substanzen auf die Sproßfrischmasse keinen hemmenden, sondern in Abhängigkeit von der Verbindung und der Konzentration eher einen stimulierenden Effekt hatten, zeigten sie in bezug auf die einzelnen Mikroorganismengruppen eine sehr unterschiedliche Wirkung. So konnte in allen Untersuchungen ein hemmender Einfluß der eingesetzten Verbindungen unabhängig von ihrer Konzentration auf die Pilz- und Actinomycetenbesiedlung der Rhizosphäre von Mais festgestellt werden. Die Gesamtanzahl der Bakterien und die Anzahl der Pseudomonaden als eine dominierende Gruppe der Rhizosphärenbakterien hingegen erhöhte sich durch die Behandlung bei Mais und Lein. Eine ähnlich toxische Wirkung von 2.4-DCP auf Pilze fanden auch SHORT et al. (1991) in ihren Studien im Boden. Dennoch ist von einigen Pilzspecies ihre

Tabelle 1: Einfluß verschiedener (Chlor)-Phenole und (Chlor)-Phenolkonzentrationen auf die Sproßfrischmasse bei Mais sowie auf das Vorkommen bestimmter Gruppen rhizosphärer Mikroorganismen

Untersuchungs-merkmal	Chlorphenolbehandlung ohne	Phenol 12,5mg/kg B	Phenol 125mg/kg B	2.4-DCP 12,5mg/kg B	2.4-DCP 125mg/kg B	3.4-DCP 12,5mg/kg B	3.4-DCP 125mg/kg B
Sproßfrischmasse (g)	27,94	31,09	38,74 *	33,45	33,49	36,47 *	20,73
Actinomyceten (log cfu/g WM)	7,27	7,19	6,45 ***	6,86 ***	6,62 ***	7,07 ***	6,31 ***
Pilze (log cfu/g WM)	4,83	4,91	4,50 ***	4,62 ***	4,86	4,32 ***	4,76
Bakterien (log cfu/g WM)	8,20	8,18	8,06 *	8,23	8,22	8,08 *	8,58 ***
Pseudomonaden (log cfu/g WM)	7,99	8,01	7,90	8,12	8,07	7,95	8,28 ***

Tabelle 2: Einfluß von Chlorphenolen auf die Sproßfrischmasse von Mais und Lein sowie auf die Pseudomonas- und die Gesamtbakterienbesiedlung der Rhizosphäre

Testpflanze	Untersuchungs-merkmal	Untersuchung	Chlorphenolbehandlung ohne	2.4-DCP (5mg/kg B)	3-CP (5mg/kg B)
Mais	Sproßfrischmasse (g)	A	137,23	142,34	136,95
		B	172,9	165,10	160,6 *
	Bakterien cfu/g WM	A	7,31	7,36	7,09 **
		B	6,93	6,95	7,06 *
	Pseudomonaden cfu/g WM	A	7,30	7,24	7,17
		B	6,90	6,90	6,90
Lein	Sproßfrischmasse (g)	A	16,49	16,10	n.u.
		B	14,10	20,80	
	Bakterien cfu/g WM	A	6,53	6,76 *	n.u.
		B	6,55	6,80 ***	
	Pseudomonaden cfu/g WM	A	6,64	6,72	n.u.
		B	6,60	6,80 ***	

*, **, *** signifikanter Unterschied zur Kontrolle, t-Test, P(5%; 1%; 0,1%)

n.u. ... nicht untersucht

metabolisierende Fähigkeit bezüglich verschiedener chloraromatischer Verbindungen und damit eine gewisse "Verträglichkeit" oder Toleranz bekannt (HOFRICHTER et al., 1992).
Da von 2.4-DCP offensichtlich keine hemmende Wirkung ausgeht - zu ähnlichen Ergebnissen gelangten auch SHORT et al. (1991)-, war anzunehmen, daß auch das Inokulat in Form der 2.4-DCP-abbauenden CA/OTC-Mutante von *Ps. putida* F1 nicht von vornherein in seiner Vermehrungsfähigkeit und Etablierung durch die Behandlung unterdrückt wird. Die Untersuchungen zum Besiedlungsverhalten dieser Mutante (Abbildung 1) verdeutlichen ihr Vermögen, sich gut in der Rhizosphäre von Mais anzusiedeln und sich gegenüber der natürlichen Rhizosphärenpopulation durchzusetzen.

Abbildung 1: **Besiedlungsverhalten der CA/OTC-Mutante von *Pseudomonas putida* F1 unter Einfluß von 2.4-DCP (10 mg/kg Boden)**

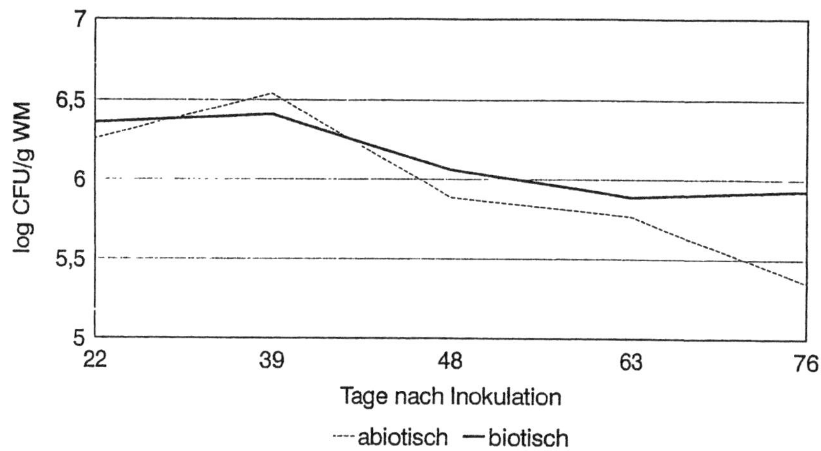

In einer Ausgangskonzentration von ca. 3,6 x 10^9 cfu (colony forming units)/ml inokuliert, das entspricht einer Zellkonzentration von etwa 12 x 10^6 cfu/g Boden, war sie noch nach 76tägigem Pflanzenwachstum (Ende der Untersuchungen) in einer Konzentration von ~ 85 x 10^4 cfu/g Wurzeln (WM) in der Rhizosphäre nachweisbar. Ähnlich gelagerte Experimente zur Überlebensfähigkeit eines genetisch veränderten *Ps. putida* -Stammes im Boden nach 2.4-D-Behandlung (SHORT et al, 1990) ergaben ebenfalls hohe Wiederfindungsraten nach 50 Tagen. Inwieweit die Besiedlung solcher inokulierten Bakterien durch die Konzentration oder durch erneute Zugabe von 2.4-DCP in der Rhizosphäre stimuliert werden kann und wie hoch die Abbauleistung in situ ist und damit der Schadstofftransfer in die Pflanze, bleibt zu untersuchen.

Literatur

DOMEY,S. (1987). Untersuchungen zur mikrobiellen Phosphatmobilisierung in der Rhizosphäre von Winterweizen, Winterroggen und Luzerne. Berlin Akad. Landw.-Wiss., Diss.A

EXON, J. H. HENNINGSEN, G. M., OSBORNE, C. A., KOLLER, L. D. (1984). Toxicologic, pathologic, and immunotoxic effects of 2,4-dichlorophenol in rats. Journal of Toxicology and Environmental Health. 14. 723-730.

HOLCOMBE, G.W., PHIPPS, G.L., and FIAUDT, J.T. (1982). Effects of phenol, 2,4-dimethylphenol, 2,4-dichlorophenol and pentachlorophenol on embryo, larval and early-juvenile fathead minnows (Pimephales promelas). Arch. Environ. Contam. Toxicol. 11, 73-78.

HOFRICHTER, M., GÜNTHER, T., FRITSCHE, W. (1992). Biodegradation (Netherlands) in press.
NAUMANN, K. (1993). Chemie in unserer Zeit. 27. Jahrg. 1993. Nr.1. 33-41.
SHORT, K. A., SEIDLER, R. J., and OLSEN, R. H. (1990). Survival and degradative capacity of *Pseudomonas putida* induced or constitutively expressing plasmid-mediated degradation of 2,4-dichlorophenoxyacetate (TFD) in soil. Can. J. Microbiol. Vol. 36. 821-826.
SHORT, K. A., DOYLE; J. D., KING, R. J., SEIDLER, R. J., STOTZKY, G., and R. H. OLSEN. (1991). Effects of 2,4-dichlorophenol, a metabolite of a genetically engineered bacterium, and 2,4-dichlorophenoxyacetate on some microorganism-mediated ecological processes in soil. Applied and Environmental Microbiology. Feb. 1991. 412-418.
SIDWELL, A. E. (1971). Biological Treatment of Chlorophenolic Wastes. Water Pollut. Control Res. Ser. 12130 EGR, U.S. Environmental Protection Agency. Washington, D.C.
SOMANI, S. M., SMART; T., KHALIQUE, A. (1984). Metabolism of 2,4-dichlorophenol by isolated perfused rat liver. Journal of Toxicology and Environmental Health. 13. 787-798.
SZYBALSKI, W. (1952). Microbial selection. I. Gradient plate technique for study of bacterial resistence. Science 116. 46-48.

Monitoring der nodulierenden *R. leguminosarum*- Population über eine Stammcharakterisierung mittels PCR direkt aus dem Knöllchen

Ulrich, A.; Lentzsch, P.

Zentrum für Agrarlandschafts- und Landnutzungsforschung e.V. (ZALF)
Institut für Ökophysiologie der Primärproduktion
Abteilung Mikrobiologie
Eberswalder Str. 84
15374 Müncheberg

Die Bestimmung von bakteriellen Populationen im Boden gewinnt immer mehr an Bedeutung. Um die Struktur und Dynamik definierter Populationen im Boden zu untersuchen, ist es notwendig, neben der quantitativen Bestimmung der Gesamtpopulation, eine Differenzierung in Stämme bzw. Stammgruppen vorzunehmen. Nur so ist es möglich, reale Aussagen über die Veränderungen von Populationen unter anthropogenen Einflüssen zu machen.

Für die Differenzierung von Bakterienstämmen sind eine Reihe von genetischen Methoden entwickelt worden. Eine dieser Methoden basiert auf der Amplifikation von DNS zwischen repetitiven Sequenzen im Bakteriengenom mittels der Polymerase-Kettenreaktion (PCR). Die Lokalisierung von repetitiven Sequenzen wie der ERIC [enterobacterial repetitive intergenic consensus] - Sequenz variiert stammspezifisch, so daß auch eng verwandte Stämme unterschieden werden können (De Bruijn, 1992). Ebenso kann mit Hilfe dieser Methode ein phylogenetischer Bezug zwischen den erhaltenen Fingerprints und den Stämmen der Population hergestellt werden (Hulton et al., 1991).

Bei der Populationsanalyse von Bodenbakterien muß vor der eigentlichen Analyse zu-

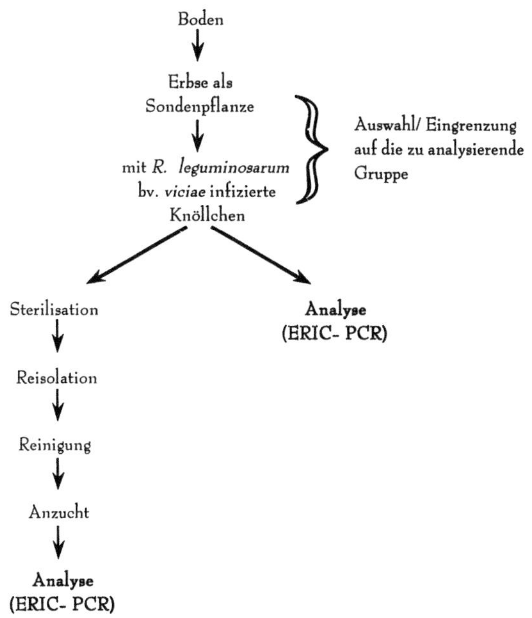

Abb.1: Aufarbeitung von Bodenproben zur Analyse der nodulierenden *R. leguminosarum* bv. *viciae*-Population

nächst die zu untersuchende Gruppe von Bakterien eingegrenzt werden. Dies ist bei dem verwendeten Modellorganismus *Rhizobium* sehr gut möglich, da diese Bakterien selektiv über Leguminosen als Sondenpflanzen von den restlichen Bodenbakterien, aber auch von den nicht oder nur schlecht nodulierenden Rhizobien abgetrennt werden können (Abb. 1).

Mit Hilfe einer veränderten Methodik ist es möglich, die Analyse des infizierten

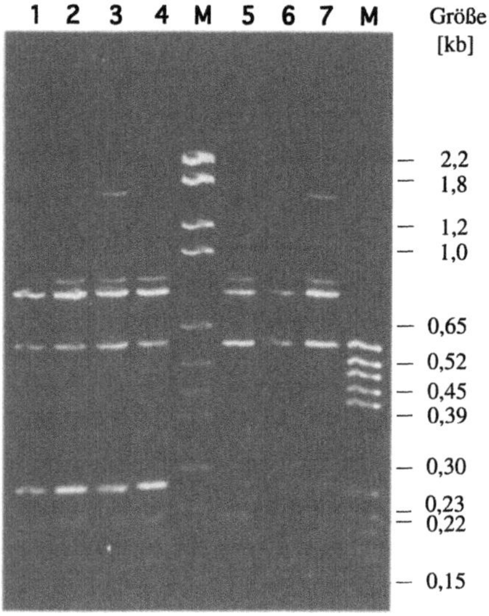

Abb.2: ERIC-PCR- Muster ausgehend vom Bakterienstamm im Vergleich zu der aus dem infizierten Knöllchen der *R. leguminosarum* Stämme G122 und B10

Bahn 1-4: G122- Knöllchenextrakt;

Bahn 5-7: G122- Stammkultur;

Primer: ERIC1R, ERIC2

Stammes direkt im Knöllchen durchzuführen und so auf die aufwendige Reisolation des jeweiligen Stammes zu verzichten (Abb.1). Wie in Abbildung 2 für den *R. leguminosarum* bv. *viciae*- Stamm G122 gezeigt, ergeben beide Analysemethoden identische Fingerprints. So ist ein schneller und reproduzierbarer Nachweis des jeweiligen Stammes durch direkte PCR des Knöllchenextraktes möglich.

Die entwickelte Methode wurde zunächst in einem Mischbeimpfungsversuch (Erbsen-Steriltest mit der Sorte Grapis; beimpft mit den *R. leguminosarum* bv. *viciae*- Stämmen G122, B10 und dem 1:1 Gemisch beider Stämme) angewendet. Es konnte gezeigt werden, daß auch bei der Mischbeimpfung der infizierte Stamm im einzelnen Knöllchen eindeutig nachweisbar ist. So konnten präzise Aussagen über das Konkurrenzverhalten beider Stämme in der Symbiose mit der Sorte Grapis gemacht werden (Daten nicht gezeigt).

Nachfolgend wurden die *R. leguminosarum* bv. *viciae*- Populationen in einem natürlichen Bodensystem analysiert. Die Untersuchung erfolgte im Rahmen des Trockenrasen- Modellversuches Galow, einem Talkessel von ca. 7 ha Fläche, der von Dr. Schalitz (ZALF, Institut für Grünland- und Moorökologie) mehrjährig angelegt und be-

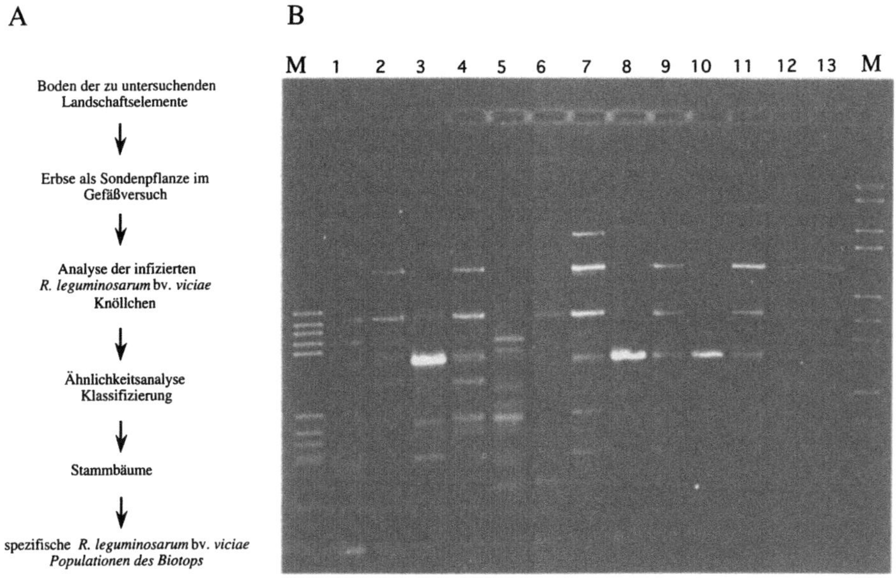

Abb.3: A Abfolge der Analyse der *R. leguminosarum* bv. *viciae*- Population des Trockenrasen- Biotops Galow
B Beispiele für die Analyse von infizierten Knöllchen mittels ERIC- PCR
Primer: ERIC1R, ERIC2
M: DNS- Längenstandard
1- 13: PCR- Muster von Knöllchenextrakten

treut wird. Dieser Talkessel, der teilweise einer extremen Gülleeinwirkung ausgesetzt war, zeigt im Pflanzenbewuchs deutliche Unterschiede in den begüllten und nicht begüllten Flächen. Die Probenahme erfolgte mit und ohne Gülleeinwirkung am Nord-/Südhang sowie jeweils am Hangfuß/Hangkuppe. In Abbildung 3 ist die Aufarbeitung des Bodens zur Analyse der Population dargestellt. In den Fingerprints ist deutlich erkennbar, daß mittels der ERIC-PCR einerseits eine Vielzahl von Stämmen differenzierbar ist, andererseits eine Reihe von identischen Banden auftreten, die eine Klassifizierung bzw. Verwandschaftsanalyse erlauben.

Die Ähnlichkeitsanalyse der ERIC-PCR-Muster zeigt, daß unter Gülleeinfluß die Anzahl der nachweisbaren Stammgruppen nicht verändert wird (Abb. 4). Auffällig ist jedoch, daß in den begüllten Varianten eine starke Veränderung der nodulierenden Population nachweisbar ist. In den begüllten Varianten treten eine Reihe von dominanten Stammgruppen auf, die nur hier gefunden werden konnten. Darüber hinaus wird deutlich, daß die in den begüllten Varianten identifizierten Stammgruppen eine hohe Spezifität für ihren entsprechenden lokalen Bezug besitzen. Der Anteil an Stammgruppen, die in vielen Varianten, d.h. an unterschiedlichen Stellen des Biotops auftreten, ist im Vergleich zu den unbegüllten Varianten sehr gering (21% im Vergleich zu 58% Anteil "indifferenter" Stammgruppen).

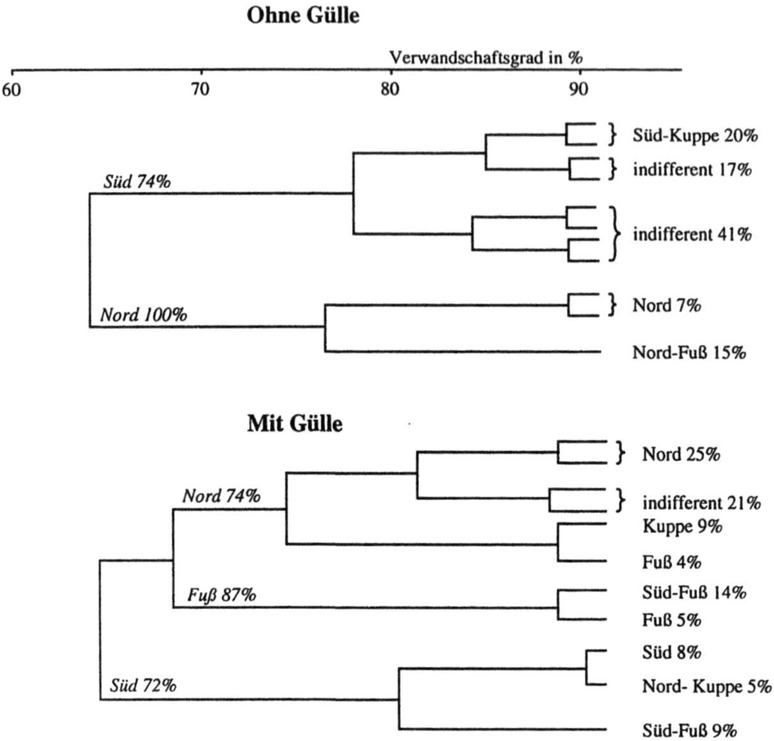

Abb.4: Verwandschaftsanalyse der im Trockenrasenversuch Galow identifizierten *R. leguminosarum* bv. *viciae* Stämme
In den zwei Stammbäumen sind jeweils die identifizierten Stämme der unbegüllten bzw. begüllten Varianten gezeigt. Die erhaltenen Stammgruppen sind mit ihrem lokalen Bezug und mit ihrem relativen Anteil an der analysierten Population dargestellt. Diese Zuordnung wurde getroffen, wenn mindestens 70% der Vertreter der Stammgruppe den entsprechenden lokalen Bezug aufweisen. "Indifferente" Stammgruppen treten bei mehreren Varianten auf. Klassen von Stammgruppen (*kursiv*) sind in bezug auf ihren relativen Anteil an bestimmten Varianten zusammengefaßt.
untersuchte Einflußgrößen: Hanglage [Kuppe;Fuß], Hangausrichtung [Nord; Süd]

Zusammenfassend kann festgestellt werden, daß die Gülleeinwirkung einen drastischen Einfluß auf die Population ausübt. Stammgruppen, die in diesem Biotop lokal weiträumig verbreitet waren, wurden aus den begüllten Flächen verdrängt.

(Die Arbeiten wurden durch das BMFT gefördert [0310181A].)

Literatur:

Debruijn,FJ (1992): Use of Repetitive (Repetitive Extragenic Palindromic and Enterobacterial Repetitive Intergeneric Consensus) Sequences and the Polymerase Chain Reaction to Fingerprint the Genomes of *Rhizobium meliloti* Isolates and Other Soil Bacteria. Appl Environ Microbiol 58, 2180-2187

Hulton,CSJ, Higgins,CF, Sharp,PM (1991): ERIC sequences: a novel family of repetitive elements in the genomes of *Escherichia coli, Salmonella thyphimurium* and other enterobacteria. Mol Microbiol 5, 825-834

Ökophysiologie des Wurzelraumes Nr. 5 (1994)

C-Bedarf der N_2-Fixierung bei Erbsen in Abhängigkeit vom Mikro- und Makrosymbionten und vom Alter der Pflanzen

SCHULZE, J., ADGO, E., KUPIETZ, A., und SCHILLING, G.

Martin-Luther-Universität Halle-Wittenberg
Landwirtschaftliche Fakultät
Institut für Pflanzenernährung und Düngung
Adam-Kuckhoff-Str. 17 b
06108 Halle/Saale
Tel: 0345 818 347
Fax:: 0345 2031390

Zusammenfassung

Der C-Bedarf der N_2-Fixierung ist derjenige Anteil der Wachstumsatmung in der Wurzel, der die N_2-Fixierung treibt. Experimentelle Bestimmungen dieses Wertes an Erbsenpflanzen zeigen, daß es vor der Blüte starke Unterschiede in Abhängigkeit von Mikro- und Makrosymbiont gibt (2,7 - 6,6 mg C/ mg N_{fix}). Bei äthiopischen Erbsensorten sinkt der C-Bedarf der N_2-Fixierung nach der Blüte stark ab, während die untersuchten deutschen Sorten die N_2-Fixierung einstellen. Theoretische Berechnungen ergeben, daß insbesondere das Verhältnis des Elektronenflusses auf N_2 und H^+ und der P/O Quotient der oxidativen Phosphorylierung den C-Bedarf beeinflussen können. Über die Änderung des P/O Quotienten ist bei Erbsen möglicherweise ein Regulationsmechanismus für den C-Bedarf der N_2-Fixierung gegeben.

Einleitung

Die symbiontische N_2-Fixierung bei Leguminosen ist für die Pflanzen energieaufwendig. Zum einen wird zum Antrieb der Reduktion des Luftstickstoffs ATP gespalten, und zum anderen wird für die Bereitstellung der Reduktionsäquivalente (e^-) Energie benötigt (SCHULZE et al., 1994). Diese Energiebeträge stammen aus der Veratmung von Assimilaten. Die Menge der für den Antrieb der N_2-Fixierung veratmeten C-Gerüste kann man daher als ihren C-Bedarf definieren.

Der C-Bedarf der N_2-Fixierung wurde von verschiedenen Autoren mit unterschiedlichen Techniken bestimmt (vgl. PHILLIPS, 1980, SCHULZE et al., 1994). Die dabei erhaltenen Werte schwanken in einem weiten Bereich (1,5 - 19 mg C/ mg N_{fix}). Alle methodischen Ansätze weisen jedoch aufgrund der Komplexität des Prozesses Schwächen auf. Die angegebenen Zahlen sind daher schwer vergleichbar, und es bleibt oftmals unklar, welcher Anteil der Variabilität auf tatsächliche Schwankungen des Wertes und welcher auf methodische Unterschiede zurückzuführen ist. In dieser Arbeit sollen daher die mit einer neu entwickelten Methode über einen längeren Zeitraum erhaltenen Ergebnisse für den C-Bedarf der N_2-Fixierung bei Erbsen zusammengestellt werden (SCHULZE et al., 1994). Ziel ist es, Unterschiede in Abhängigkeit vom Mikro- und Makrosymbionten und vom Alter der Pflanzen zu erfassen und ihre möglichen Ursachen zu diskutieren.

Material und Methoden

Die Bestimmung des C-Bedarfs der N_2-Fixierung erfolgte in Gefäßversuchen bei Anzucht der Pflanzen in Quarzsand. Als Düngung wurden je 6 kg Sand zugesetzt: 1,65 g K als K_2SO_4, 0,3 g Mg als $MgSO_4 \cdot 7H_2O$, 2 ml 10% $FeCl_3$-Lösung und 1 ml A-Z-Lösung nach HOAGLAND. 0,52 g P wurden dem trockenen Sand als $CaHPO_4 \cdot 2H_2O$ zugemischt. Die mit Mineral-N ernährte

Vergleichsvariante (vgl. später) erhielt bis zur Blüte 0,6 g N und danach weitere 0,2 g N als Harnstoff oder KNO_3 . Die zusätzliche Menge K wurde vom K_2SO_4 abgesetzt.

Das Prinzip der C-Bedarfsbestimmung (SCHULZE, 1993, SCHULZE et al., 1994) bestand darin, denjenigen Anteil der Wurzelatmung als CO_2-Freisetzung aus dem Wurzelraum zu erfassen, der die N_2-Fixierung treibt, und ihn auf die gleichzeitig gemessene Menge an fixiertem N_2 zu beziehen.

Es galt:

$$A_{N\text{-fix}} = CF_{wr} - (A_{we} + A_{mr} + A'_{N\text{-Einbau}} \cdot x/y)$$

Der C-Verbrauch für die N_2-Fixierung ($A_{N\text{-fix}}$) entsprach daher der Differenz zwischen der CO_2-Freisetzung aus dem Wurzelraum (CF_{wr}) und der Summe aus Erhaltungsatmung der Wurzeln (A_{we}), Mikrobenatmung im Wurzelraum (A_{mr}) und CO_2-Freisetzung des Teils der Wachstumsatmung, der zur Inkorporation gebundenen Stickstoffs in Proteine benötigt wird ($A'_{N\text{-Einbau}} \cdot x/y$). Während A_{we} und A_{mr} als Summe in Form der CO_2-Freisetzung aus Vegetationsgefäßen 48 h nach Abschneiden der Sprosse bestimmt wird (SCHULZE, 1993), ist die CO_2-Freisetzung für die Proteinbildung aus gebundenem Stickstoff mit Hilfe der Wurzelwachstumsatmung einer mit Mineral-N (z. B. Harnstoff) ernährten Vergleichsvariante ($A'_{N\text{-Einbau}}$) zu ermitteln, wenn diese mit dem Quotienten aus der N_2-Bindung (x) während der Meßzeit und N-Assimilation der Mineral-N-Vergleichsvariante (y) im gleichen Zeitraum multipliziert wird. Die Wurzelwachstumsatmung ($A'_{N\text{-Einbau}}$) ergibt sich aus der Differenz zwischen CO_2-Freisetzung aus dem Wurzelraum bei dem mit Mineral-N gedüngten Gefäß und seiner Erhaltungsatmung der Wurzel plus der Mikrobenatmung im Wurzelraum. Schließlich kann $A_{N\text{-fix}}/x$ errechnet und in mg C/ mg N_{fix} ausgedrückt werden.

Auf diese Weise wurde der C-Bedarf der N_2-Fixierung an verschiedenen Erbsensorten zu verschiedenen Zeitpunkten der Ontogenese untersucht. An

den Sorten "Erbi" und "Grapis" sind die Verhältnisse auch bei Kombination mit unterschiedlichen Rhizobien überprüft worden.
Die Impfung der Erbsenpflanzen erfolgte stets mit Rhizobium leguminosarum in Form von Torfimpfpräparaten.

Ergebnisse

Tabelle 1 zeigt die Resultate:

Tabelle 1: C-Bedarf der N_2-Fixierung bei verschiedenen Sorten von Erbsenpflanzen in Kombination mit unterschiedlichen Rhizobien und zu verschiedenen Zeitpunkten der Ontogenese.
Angaben als Mittel aus 6 Wiederholungen in mg C/mg N_{fix}.

Erbsen-sorte	Grapis		Erbi			Sorte F	Sorte G
Rhizobien -präparat	Nitragin	E 163	E 163	Pis 4	E 164	E 163	E 163
Meß-periode							
vor der Blüte	2,7	3,9	4,3	6,6	2,4	4,0	3,3
nach der Blüte	keine N_2-Fixierung	keine N_2-Fixierung	keine N_2-Fixierung	keine N_2-Fixierung	keine N_2-Fixierung	1,6	1,9

E 163, Pis 4 und E 164 wurden dankenswerterweise von Frau Prof. Höflich (ZALF, Müncheberg) zur Verfügung gestellt.
"Sorte G" und "Sorte F" stammen aus Äthiopien.

Zunächst ist festzustellen, daß sich der C-Bedarf zwischen 1,6 mg C/ mg N_{fix} und 6,6 mg C/ mg N_{fix} bewegt und daher im unteren Bereich der in der Literatur angegebenen Werte (vgl. Einleitung) liegt. Bemerkenswert erscheint jedoch die auch hier erhebliche Spannweite der Werte, die in diesem Fall nicht auf unterschiedlichen Methoden beruhen kann. Offenbar spielen sowohl die Erbsensorte (vgl. z. B. die Sorten Erbi, F und G vor der Blüte) wie auch das Rhizobienpräparat (E 163, E 164 und Pis 4 bei Erbi) eine Rolle. Schließlich macht sich aber auch die Entwicklungsphase der Pflanzen variierend bemerkbar (Sorten F unf G). Von besonderem Interesse dürfte dabei sein, daß der C-Bedarf nach der Blüte geringer ist als vorher, was den Verhältnissen bei Ackerbohnen entspricht (SCHULZE, 1992). Die deutschen Sorten stellen die N_2-Fixierung in diesem Entwicklungsstadium jedoch überhaupt ein.

Diskussion

Bei Bewertung der Zahlenwerte in Tab. 1 fällt zunächst auf, daß 1,6 mg C/ mg N_{fix} der niedrigste Wert ist. Vergleicht man ihn mit dem theoretisch für optimale Bedingungen errechneten C-Bedarf von 1,5 mg C/ mg N_{fix} (SCHULZE et al., 1994), so ergibt sich weitgehende Übereinstimmung. Dieser Wert entspricht der Gleichung

$$N_2 + 6\ e^- + 8\ H^+ + 12\ ATP \rightarrow 2\ NH_4^+ + 12\ ADP + 12\ P_i$$

und setzt folgendes voraus:

- Spaltung von 12 ATP je reduziertes Mol N_2 am Enzym. Die gespaltene ATP-Menge pro übertragenes Elektronenpaar ist wahrscheinlich mit 4 ATP relativ konstant (WERNER, 1987). Es gibt jedoch auch Hinweise, daß diese Anzahl in Abhängigkeit von pH-Wert und Temperatur höher sein kann (WATT et al., 1975, HILL, 1976).
- Ein Verbrauch von nur 0,25 Mol Glukose für die Bildung der Reduktionsäquivalente (e^-). Aus Glukose können unter optimalen Bedingungen 12 Reduktionsäquivalente pro Mol in der Atmung gebildet werden.
- Ein optimales P/O-Verhältnis von 3 der oxidativen Phosphorylierung in der Atmungskette der biologischen Oxidation. Unter dieser Voraussetzung werden 0,33 Mol Glukose für die Bildung der benötigten 12 ATP veratmet. Zusammen mit den 0,25 Mol Glukose für die Reduktionsäquivalente entspricht dies 0,58 Mol oder 1,49 mg C/ mg N_{fix}.
- Kein Elektronenfluß auf H^+.

Wenn der gemessene C-Aufwand/mg N_{fix} höher ist, so scheinen eine oder mehrere dieser Bedingungen nicht mehr zuzutreffen.

1. Neben dem Stickstoff werden am Enzym immer auch Protonen reduziert. Ein steigender Anteil H^+-Reduktion hat einen erheblichen Einfluß auf den C-Verbrauch je Einheit reduzierten Stickstoffs.
2. Da bei der C-Bedarfsbestimmung nicht direkt der Energieverbrauch gemessen wird, ist auch die Effizienz der Umwandlung von Assimilaten in ATP, sprich der P/O-Quotient der oxidativen Phosphorylierung, von Bedeutung. Dieser wird wahrscheinlich stark vom Anteil cyanidresistenter Atmung beeinflußt.
3. Schließlich gibt es - wie bereits erwähnt - Hinweise, daß unter Umständen mehr als 4 ATP je übertragenes Elektronenpaar an der Nitrogenase gespalten werden können. Dies könnte bei besonders hohen Werten (wie etwa 6,6 mg C/ mg N_{fix}) der Fall sein, die unter der Voraussetzung einer Spaltung von 4 ATP je übertragenem Elektronenpaar kaum noch zu erwarten sind (SCHULZE et al., 1994).

Bemerkenswert ist nun, daß sich solche Änderungen im C-Bedarf in Abhängigkeit vom Entwicklungsstadium ergeben. Hierbei könnten neben den oben genannten Ursachen auch Recyclierungsmechanismen wie eine Hydrogenase- (DIXON, 1974) oder PEP-Carboxylaseaktivität (WAREMBOURG und ROUMET, 1989) eine Rolle spielen, die jedoch quantitativ weniger stark ins Gewicht fallen als die oben erwähnten Mechanismen.
Es fällt auf, daß bei den äthiopischen Erbsen nach der Blüte, wenn - auf Grund der sich bildenden Hülsen - die Assimilatkonkurrenz innerhalb der Pflanze besonders hoch ist, der C-Verbrauch der Stickstoffixierung nahe am unteren Limit liegt. Wahrscheinlich sind die Pflanzen also auf dem einen oder anderen Wege in der Lage, den C-Verbrauch der Stickstoffixierung zu regulieren. Ein denkbarer Mechanismus wäre beispielsweise eine Steigerung des P/O-

Quotienten der oxidativen Phosphorylierung. Untersuchungen von ADGO (unveröffentlicht) zeigen, daß bei Erbsen im Vergleich zu Ackerbohnen die Kapazität cyanidsensitiver (also effizienter) Atmungsketten höher ist, wodurch der Wert mg C/ mg N_{fix} sinken könnte.

Bei den deutschen Erbsensorten ist die Assimilatkonkurrenz - wahrscheinlich infolge der kurzen Zeit zwischen Blüte und Reife - so stark, daß die Assimilatnachlieferung zu den Knöllchen auch bei optimaler Effizienz der Stickstoffixierung nicht mehr ausreicht. Denkbar ist natürlich auch, daß aus dem einen oder anderen Grund (stärkere züchterische Bearbeitung) bei den deutschen Erbsensorten die Regulationsmechanismen weniger effektiv sind.

Literatur

DIXON, R. O. D.: Nitrogenase-hydrogenase interrelationships in rhizobia. Biochimie 60, S. 233 - 236 (1978).

HILL, S.: The apparent ATP requirement for nitrogen fixation in growing Klebsiella pneumonia. J. Gen. Microbiol. 95, S. 297 - 312 (1976).

PHILLIPS, D. A.: Efficiency of symbiotic nitrogen fixation in legumes. Ann. Rev. Plant Physiol. 31, S. 29 - 49 (1980).

SCHULZE, J.: Energetik der Luftstickstoffbindung bei Ackerbohnen (Vicia faba L.). Ökophysiologie des Wurzelraumes. Vorträge zur 3. Wissenschaftlichen Arbeitstagung Nr. 3, S. 53-57 Müncheberg (1992).

SCHULZE, J.: Untersuchungen zur Kohlenstoffbilanz bei Leguminosen und Nichtleguminosen unter besonderer Berücksichtigung der organischen Wurzelausscheidungen. Diss MLU Halle-Wittenberg (1993).

SCHULZE, J., ADGO, E., und SCHILLING, G.: The influence of N_2-fixation on the carbon balance of leguminous plants. Experientia 50, S. 906 - 912 (1994)

WERNER, D.: Pflanzliche und mikrobielle Symbiosen. Georg Thieme Verlag, Stuttgart (1987).

WAREMBOURG, F. R. und ROUMET, C.: Why and how to estimate the cost of symbiotic N_2 fixation? A progressive approach based on the use of ^{14}C and ^{15}N isotopes. Plant and Soil 115, S. 167 - 177 (1989).

WATT, G. D., BULEN, W. A., BURNS, A., and HADFIELD, K. L.: Stoichiometry ATP/2e$^-$ values, and energy requirements for reaction catalysis by nitrogenase from Azotobacter vinelandii. Biochemistry 14, S. 4 266 4 272 (1975) .

2

Wurzelwachstum und Wurzelleistung - Mechanismen und Beeinflußbarkeit

Ökophysiologie des Wurzelraumes Nr.5 (1994)

AUSWIRKUNGEN UNTERSCHIEDLICHER SCHADSTOFFKONZENTRATIONEN IN KIEFERNÖKOSYSTEMEN AUF DIE BIO- UND NEKROMASSEN UND DIE LÄNGENDICHTEN VON FEINWURZELN

LEHFELDT, J.; STRUBELT, F.; MÜNZENBERGER, B.; HÜTTL, R.F.[1)]

Zentrum für Agrarlandschafts- und Landnutzungsforschung (ZALF) e.V. Müncheberg
Institut für Wald- und Forstökologie Eberswalde, Dr.-Zinn-Weg, 16225 Eberswalde
[1)] Brandenburgische Technische Universität Cottbus, Fakultät Umweltwissenschaften, Lehrstuhl für Bodenschutz und Rekultivierung, Postfach 101344, 03013 Cottbus

Einleitung

Im Rahmen des vom BMFT geförderten Projekts SANA - Sanierung der Atmosphäre über den neuen Bundesländern - sollen die Auswirkungen der sich gegenwärtig über dem Gebiet der ehemaligen DDR vollziehenden Änderungen der Schadstoffemissionen auf die Konzentration, Verteilung ud Deposition von primär emittierten und sekundär in der Atmosphäre gebildeten Schadstoffen festgestellt und damit verbundene Auswirkungen auf ausgewählte Kiefernwaldökosysteme der Standorte Rösa (ehemals hohe Immissionsbelastung), Taura (ehemals mittlere Immissionsbelastung) und Neuglobsow (geringe Immissionsbelastung) untersucht werden.

Für die Fichte ist bekannt, daß als Folge von Immissionsbelastungen u.a. Veränderungen in der Wurzelmorphologie und der Durchwurzelungsintensität auftreten (MURACH 1984, SCHNEIDER 1990, FRIEDRICH 1992, RASPE 1992 u.a.). Unzureichend sind entsprechende Untersuchungen für die in Nordost- und Mitteldeutschland dominierende Kiefer.

Material und Methoden

Standorte

Rösa - Dübener Heide, östlich von Bitterfeld
Bodentyp: Braunerde - Podsol
Humusform: rohhumusartiger Moder
Hohe Immisionsbelastung, bis 1990/91 hoher Anteil an Stäuben

Taura - Dübener Heide, nordöstlich von Leipzig
Bodentyp: Podsol - Braunerde
Humusform: feinhumusreicher Moder
Mittlere Immissionsbelastung

Neuglobsow - Stechlinsee, nördliches Brandenburg
Bodentyp: podsolige Braunerde

Humusform: feinhumusarmer Moder
Geringe Immisionsbelastung

Die Bodenprobenentnahme erfolgte auf einer 40 x 40 m abgegrenzten Waldfläche, über die ein Raster mit 4 m Linienabstand gelegt wurde. An deren Schnittpunkten wurden im Zeitraum von Mai bis Oktober monatlich randomisiert in 10facher Wiederholung mit einem Wurzelbohrer (d = 80 mm) Proben bis zu einer Bodentiefe von 40 cm entnommen. Der Bohrkern wurde in die Humusauflage und die Bodentiefen 0 - 5 cm, 5 - 10 cm, 10 - 20 cm und 20 - 40 cm zerlegt.

Die Kiefernwurzeln wurden aus den naturfeuchten Bodenproben ausgesammelt, im Ultraschallbad vom anhaftenden Boden befreit und in folgende Fraktionen aufgeteilt:

- **Schwachwurzeln** (d = 2 - 5 mm)
- Wenig verzeigte **Feinwurzeln** (d = 1 - 2 mm)
- Meist stark verzweigte **Feinstwurzeln** (d < 1mm)
- **Wurzeln letzter und vorletzter Ordnung** (d < 0,5 mm) mit hohem Verzweigungsgrad und insbesondere in der Humusauflage häufig in clusterförmiger Anordnung.

Bei allen Wurzelfraktionen wurde nach Bio- und Nekromasse (t/ha) unterschieden.

Zur Quantifizierung der Durchwurzelungsintensität des Bodens diente die Wurzellänge je Quadratmeter Boden (Summe der Wurzellängen bis 40 cm Mineralbodentiefe) bzw. die Wurzellängendichte (Wurzellänge je 100 cm^3 Boden innerhalb des untersuchten Bodenhorizontes). Zur Ermittlung der Wurzellänge wurden die Wurzeln in eine ca. 5 mm hoch mit destilliertem Wasser gefüllte Schale gelegt und das flächenhafte Abbild der Wurzeln über eine Fernsehkamera auf einen Monitor projeziert. Das dazu verwendete Bildverarbeitungssystem Olympus CUE 3 ermöglicht eine schnelle Quantifizierung der Projektionsfläche bei gleichzeitiger Eliminierung von Fehlern, wie z.B. nicht den Wurzeln zuzuordnenden Flächenanteilen. Werden näherungsweise die Wurzeln der ausgewählten Fraktionen als Zylinder mit einem konstanten mittleren Radius betrachtet, besteht eine lineare Abhängigkeit zwischen der auf dem Monitor sichtbaren Wurzelprojektionsfläche und der Wurzellänge (LEHFELDT et al. 1986). Diese Arbeitsweise erlaubt es, Wurzelgeflechte und stark verzweigte Wurzeln ohne Auftrennung in Einzelwurzeln zu vermessen.

Ergebnisse und Diskussion

Beim Vergleich der Länge der Feinwurzeln d < 2 mm je Quadratmeter Boden zeigen die untersuchten Standorte im Probejahr 1993 deutliche Unterschiede, wobei der Grad der Differenzierung der Durchwurzelung in der Jahresdynamik schwankt. Die geringste Wurzellänge je Quadratmeter Boden wird zu allen Meßterminen allerdings nicht auf dem Standort Rösa mit der höchsten Schadstoffbelastung, sondern auf dem Standort Taura ermittelt. Am deutlichsten wird diese Differenzierung in den Monaten Juni und Juli bei der Betrachtung der Wurzeln letzter und vorletzter Ordnung.

Auch für die Feinwurzelmassen (t/ha) wurden auf dem Standort Taura die kleinsten Meßwerte ermittelt. Auffällig ist, daß auf allen drei Standorten eine relativ kleine Menge an Wurzelbiomasse festgestellt wurde. Während z.B. SCHERFOSE (1990) bei *Pinus sylvestris* Feinwurzelbiomassen zwischen 2,7 und 6,0 t/ha nachwies und KALHOFF (1992) im Berliner Grunewald 2,2 t/ha fand, konnten auf dem Standort Neuglobsow im August Feinwurzeln in einer Menge von nur 1,5 t/ha gemessen werden.

Ein genaueres Bild der standortdifferenzierten Wurzelentwicklung läßt sich bei Betrachtung einzelner Tiefenstufen des Bodens bzw. verschiedener Durchmesserklassen der Wurzeln erstellen. Nach PERSSON (1980) und KALHOFF (1992) nimmt in der Regel die Durchwurzelungsintensität mit zunehmender Bodentiefe ab. Dies trifft für die Feinwurzeln zumindest im Frühsommer 1993 nur für den Standort Rösa zu; der Standort Neuglobsow zeichnet sich durch eine hohe Wurzellängendichte in der Bodentiefe 20 - 40 cm aus. Auf dem Standort Taura ist die Durchwurzelungsintensität in der Humusauflage am geringsten und steigt mit zunehmender Bodentiefe bis 40 cm an.

Wird nur die Wurzellängendichte der physiologisch aktivsten Wurzeln (Wurzeln letzter und vorletzter Ordnung bzw. Feinstwurzeln) in der Humusauflage betrachtet, wird eine deutliche Überlegenheit des Standortes Neuglobsow beobachtet.

Setzt man voraus, daß die Lebensdauer und die Dekompositionszeit der Wurzeln mit ihrem Durchmesser zunehmen, zeigen die Wurzeln der Durchmesserklassen 2 - 5 mm, 1 - 2 mm und <1 mm auf den Standorten Rösa und Taura die erwartete Verteilung. Die Biomassen steigen von den Feinstwurzeln bis zu den Schwachwurzeln an, während die Nekromassen in gleicher Weise abnehmen. Auf dem Standort Neuglobsow sind dagegen bei deutlich höherem Niveau der Bio- und Nekromassen die Unterschiede zwischen den Wurzelfraktionen nur gering. Vor allem die größeren Mengen an Feinst- und Feinwurzelmengen lassen den Schluß zu, daß auf dem Standort Neuglobsow ein verstärktes Turnover stattfindet.

Für eine Wertung der bisher vorliegenden Ergebnisse muß berücksichtigt werden, daß die unterschiedliche Witterung auf den Standorten Einfluß auf die Durchwurzelung des Bodens hat. Die während des gesamten Untersuchungszeitraumes gleichbleibende Tendenz der Differenzierung der Durchwurzelungsintensität läßt jedoch den Schluß zu, daß noch andere Faktoren, wie z.B. die standortspezifischen chemischen Bodeneigenschaften, wirksam sind. Bei sehr ähnlichen Bodentypen auf den drei Standorten sind neben Unterschieden in der Bodenreaktion, dem Ca- und SO_4 - Gehalt auf den Standorten Rösa und Taura vor allem die hohen Gehalte an mineralischem Stickstoff hervorzuheben.

Trotz der sehr niedrigen Durchwurzelungsintensitäten am Standort Taura konnte nach WENK et al. (1994) in den letzten Jahren ein relativ hoher Radialzuwachs der Kiefern festgestellt werden. Offensichtlich erlaubt der hohe N-Gehalt des Bodens den Prozeß der Allokation zugunsten der oberirdischen Biomasse zu verlagern. Am Standort Rösa könnte die hohe Bestandesdichte der Kraut- und Strauchschicht aufgrund der Wasser- und Nährstoffkonkurrenz diesen Prozeß abschwächen. Auf dem relativ nährstoffarmen Standort Neuglobsow ist dagegen die Anlage eines größeren Wurzelsystems zur Absicherung des Nährstoffbedarfs erforderlich.

Literatur

FRIEDRICH, J. (1992) Räumliche Variation bodenchemischer und -physikalischer Merkmalsgrößen sowie der Wurzelverteilung in Buchen- und Fichtenwaldökosystemen. Ber. FZ Waldökosysteme, Göttingen, Reihe A, Bd. 83, 1 - 144

KALHOFF, M. (1992) Distribution and development of fine roots in a pine oak forest ecosystem close to conurbation. 3. ISRR Symp. Wien, Univ. Bodenkultur, 1991, L. Kutschera, E. Hübl, E. Lichtenegger, H. Persson, M. Sobotik (eds.) - Verein für Wurzelforschung, Klagenfurt

LEHFELDT, J.; GROTH, R.; CLAUSNITZER, J. (1986) Methode zur Bestimmung der Wurzellänge unter Anwendung des Bildauswertesystems "Densitron 3". Arch. Acker-Pflanzenbau Bodenkd., Berlin 30, 91 - 94

MURACH, D. (1984) Die Reaktion der Feinwurzeln von Fichten (*Picea abies* L. Karst.) auf zunehmende Bodenversauerung. Göttinger Bodenkundl. Ber. 77, 1 - 126

PERSSON, H. (1980) Spatial distribution of fine-root growth, mortality and decomposition in a young Scots pine stand in Central sweden. Oikos 34, 77 - 87

RASPE, S. (1992) Biomasse und Mineralstoffgehalte der Wurzeln von Fichtenbeständen (*Picea abies* L. Karst.) des Schwarzwaldes und Veränderungen nach Düngung. Freiburger Bodenkundl. Abhandl. 29, 1 - 97

SCHERFOSE, V. (1990) Feinwurzelverteilung und Mykorrhizatypen von *Pinus sylvestris* in verschiedenen Bodentypen. Diss. Univ. Hannover

SCHNEIDER, B.U. (1990) Wachstum und Ernährung von Feinwurzeln in unterschiedlich immissionsbelasteten Fichtenbeständen des Fichtelgebirges. Diss. Univ. Bayreuth

WENK et al. (1994) persönliche Mitteilung

EINFLUß VON N-BELASTUNG AUF DIE FEINWURZELENTWICKLUNG UND DIE BODENBIOLOGISCHE AKTIVITÄT BEI DER KIEFER

KRAKAU,U.

Bundesforschungsanstalt für Forst- und Holzwirtschaft
Institut für Forstökologie und Walderfassung
Postfach 100147
16201 Eberswalde

Einleitung

Der durch Industrie, Verkehr und Landwirtschaft verursachte hohe Stickstoffeintrag in unsere Wälder wirkt sich, verbunden mit Niederschlagsarmut und stärker entfalteten Gras- und Strauchschichten, gefährdend auf die Stabilität von Kiefernökosystemen aus (HOFMANN, HEINSDORF, KRAUß 1990).
Bei Untersuchungen der Auswirkung des Stickstoffs auf das Feinwurzelsystem wurde ein Rückgang der Mykorrhizierung und teilweise ein Rückgang der Feinwurzelbiomasse festgestellt (HAUG, PRITSCH und OBERWINKLER 1992 für Fichte; RAPP 1991 für Buche; RITTER 1990 für Kiefer).
Zum Einfluß auf das Bodenleben fand u.a. FUNKE (1989) artspezifisch positive und negative Effekte.

Versuchsflächen und Methoden

Innerhalb des Projektes "Struktur, Dynamik und Stabilität von Kiefern- und Buchenwaldökosystemen unter Streßbedingungen im nordostdeutschen Tiefland" wurden für die Wurzeluntersuchungen drei ca. 80jährige Kiefernbestände mit ursprünglich gleicher natürlicher Nährstoffausstattung ausgewählt (Vegetationsform: Himbeer-Drahtschmielen-Kiefernforst), die über Jahre hinaus verschieden hohen Stickstoffeinträgen ausgesetzt waren.
Die bodenbiologischen Untersuchungen wurden außerdem an drei ca. 40jährigen Kiefernstangenhölzern im Eintragsgradienten eines ehemaligen Schweinemastbetriebes bei Eberswalde durchgeführt.
Tabellen 1 und 2 zeigen die unterschiedlichen Stickstoffbelastungen anhand der C/N-Verhältnisse bzw. der N-Gehalte von Nadeln und Auflage.

Tab. 1: N-Gehalte in Nadeln und Auflage der 80jährigen Kiefernbestände (nach J. MÜLLER)

Fläche	N (%) in Nadeln	N (%) in der Auflage
Wildbahn (Wb)	1,78-2,49	1,72
Kahlenberg (Kb)	1,58-1,84	1,45
Hubertusstock (Hst)	1,34-1.71	1,31

Tab. 2: C/N-Verhältnisse von Streu und Auflage der Kiefernstangenhölzer

Fläche	Entfernung vom Emittenten (km)	Ct/Nt in der Streu	Ct/Nt in der Auflage
KIM 1	0,10	34,2	22,4
KIM 5	1,33	53,2	26,0
KIM 7	6,12	79,7	29,5

Die Wurzeluntersuchungen erfolgten nach der Bohrstockmethode mit einem Bodenbohrer von 7cm Durchmesser und bis zu einer Tiefe von 50cm. Folgende Tiefenstufen wurden unterteilt: Auflage, 0-5, 5-10, 10-20, 20-30, 30-40 und 40-50cm. Nach vorsichtigem Sieben und anschließendem Aussammeln erfolgte die Differenzierung in Kiefern-, Gras- sowie Kraut- und

Strauchwurzeln und die Trockenmassebestimmung. Die Kiefernfeinwurzeln (Durchmesser 0-1mm) wurden unter dem Binokular in lebende und tote Anteile unterschieden; die Gesamtlänge und die Anzahl der Wurzelspitzen bestimmt.
Bei den bodenbiologischen Untersuchungen wurde der Schwerpunkt auf allgemeine Aktivitätsparameter sowie einige Teilprozesse des Stickstoffumsatzes gelegt. Folgende Methoden wurden angewendet:

- Streuzersetzung im Freiland (litter bag-Methode)
- Zellulosezersetzung im Freiland
- Ermittlung der tierischen Fraßaktivität nach VON TÖRNE im Freiland
- Bodenatmung nach ISERMEYER
- Keimzahlbestimmung von Bakterien, Aktinomyceten, Nitrifikanten
- Nitrifikation im Freiland

Bei der Bodenatmung wurden außer naturfeuchtem Boden auch Proben eingesetzt, die zu 65% der maximalen Wasserkapazität gesättigt waren.

Ergebnisse und Diskussion

In Tabelle 3 sind die ermittelten Wurzelmassen, bezogen auf eine Oberfläche von 100cm² und über die Tiefe von 50cm summiert, sowie die Kiefernfeinwurzelparameter für die Probenahme im Juli 1994 aufgeführt. Die Gesamtmasse an Kiefernfeinwurzeln sowie die Summe aus Gras-, Kraut- und Strauchwurzelmassen liegen bei beiden Flächen auf etwa demselben Niveau. Erhebliche Unterschiede ergeben sich jedoch bei den übrigen Kiefernfeinwurzelparametern. Da die Ergebnisse durch die hohen Streuungen zwischen den einzelnen Probepunkten noch mit einer erheblichen Unsicherheit behaftet sind, wurden in Tabelle 4 die relativen Verhältnisse zwischen diesen Parametern gegenübergestellt.

Tab. 3: Wurzeluntersuchungen bis 50cm Tiefe (pro 100cm² Oberfläche), Juli 1994

	Hubertusstock	Wildbahn
Wurzelmassen [g]		
• Graswurzeln	3,125	2,433
• Kräuter und Sträucher	-	1,027
• Kiefernfeinwurzeln 0-1mm		
lebende	0,855	0,647
tote	0,585	1,027
gesamt	1,440	1,674
Kiefernfeinwurzelparameter		
• Anzahl lebender Wurzelspitzen	1 604	3 180
• Gesamtlänge lebender Feinwurzeln [m]	5,601	9,198

Tab 4: Wurzeluntersuchungen bis 50cm Tiefe, Verhältnisse lebender Kiefernfeinwurzeln

	Hubertusstock	Wildbahn
Länge / Anzahl Wurzelspitzen [mm/n]	3,5	2,9
Länge / Masse [m/g]	6,6	14,2
lebende / tote Feinwurzelmasse	1,5	0,6

Dabei wird deutlich, daß die stark stickstoffbelastete Fläche Wildbahn ein erheblich dünneres und längeres Feinwurzelsystem mit einer etwas stärkeren Endaufzweigung ausgebildet hat (14,2m pro g Feinwurzel gegenüber 6,6 bei der wenig belasteten Fläche Hubertusstock und ein etwas kleinerer Quotient Länge / Anzahl Wurzelspitzen). Die Kiefern sind offenbar bestrebt, mit ihren Feinwurzeln möglichst große Bodenräume zu erschließen. Als Ursachen könnten erhöhte Konkurrenz mit Gras- und Strauchwurzeln um den Wasserfaktor sowie durch den extremen N-Eintrag induzierte Nährstoffdisharmonien diskutiert werden. Das bei der Fläche Wildbahn verringerte Verhältnis lebender zu toten Feinwurzeln weist auf einen stärkeren Wurzelumsatz hin und würde in Einklang mit Ergebnissen von NADELHOFFER et al. (1985) - für N-reichere Standorte wurden höhere Umsätze an ober- und unterirdischer Biomasse gefunden - und mit eigenen früheren Ergebnissen im Eintragsgradienten des Schweinemastbetriebes (KRAKAU 1991) in Einklang stehen.

Der Einfluß des Stickstoffs auf die Milieubedingungen der Bodenorganismen und damit auf die Stoffumsetzungsprozesse im Boden wirkt über zwei Wege: zum einen durch direkten Eintrag, zum anderen durch den Anfall von mehr und N-reicherer Streu. Einem möglichen negativen Einfluß auf die Organismenanzahl und die Artenvielfalt könnte durch die qualitativ bessere Streu entgegengewirkt werden. Darin könnte die Ursache dafür liegen, daß bei der Streuzersetzung keine signifikanten Unterschiede zwischen den KIM-Flächen auftreten.

Abb. 1

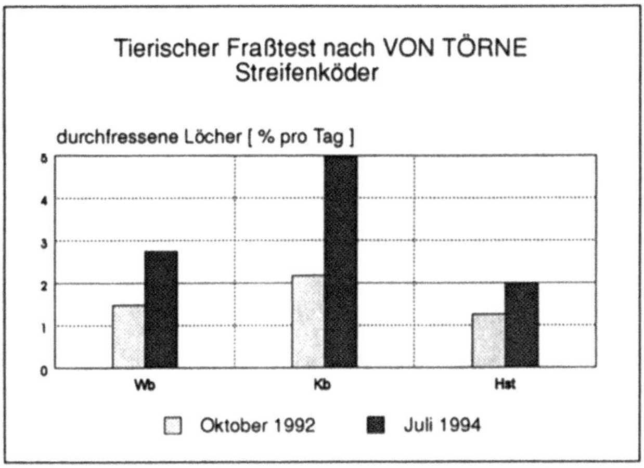

Bei der Ermittlung der tierischen Fraßaktivität (Abb.1) zeigt sich eine Aktivitätserhöhung bei mittlerem N-Eintrag auf der Fläche Kahlenberg, aber ein Rückgang bei der hohen N-Belastung in Wildbahn.

Abb.2

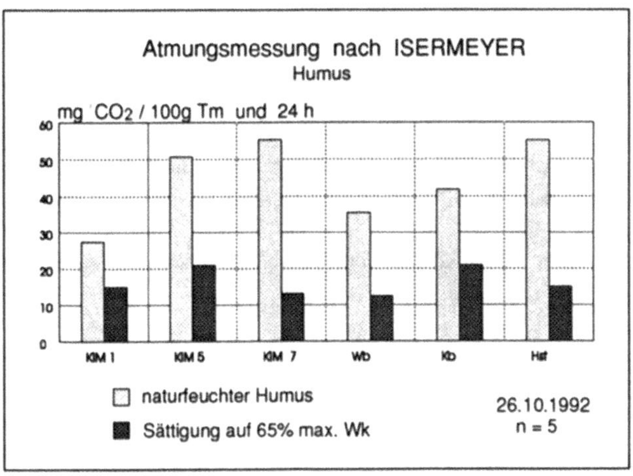

Die Ergebnisse der Atmungsmessung (Abb.2) bestätigen diese Tendenz für die auf 65% der maximalen Wasserkapazität gesättigten Humusproben sowohl für die KIM-Flächen als auch für die 80jährigen Bestände. Bei den naturfeuchten Proben sind allerdings die Aktivitäten auf den am wenigsten N-belasteten Flächen am höchsten.

Abb.3

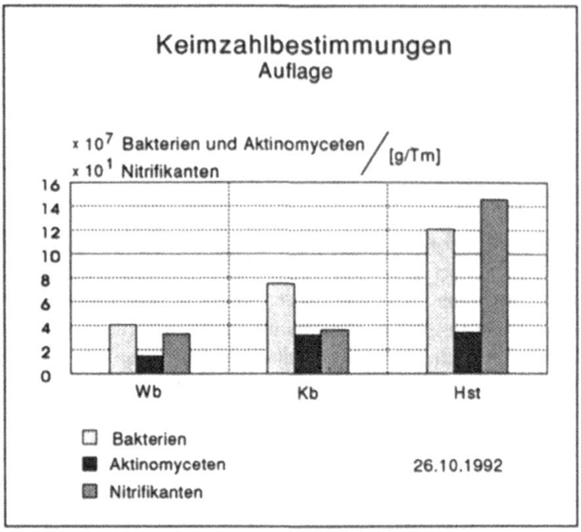

Die Keimzahlen für Bakterien, Aktinomyceten und Nitrifikanten (Abb. 3) weisen ebenfalls auf eine negative Beeinflussung durch den Stickstoffeintrag hin.

Aufgrund der bodenbiologischen Ergebnisse kann zusammenfassend festgestellt werden, daß ähnlich der Optimumskurve des Stickstoffs für den Holzzuwachs bestimmte bodenbiologische Aktivitätsparameter bei mittlerem Eintrag gefördert werden können, ein starker Eintrag aber letztlich zu einer Depression führt. Durch weitere Tests und die Hinzuziehung eines breiteren Methodenspektrums müßte diese These noch erhärtet werden.

Literatur

FUNKE,W.; JANS,W. (1989):
Kurz- und Langzeiteffekte von Kalk- und Mineraldüngergaben auf die Bodenfauna in Fichtenforsten. IMA-Querschnittsseminar "Düngung geschädigter Waldbestände", Bayreuth, 61-74

HAUG,I.; PRITSCH,K.; OBERWINKLER,F. (1992):
Der Einfluß von Düngung auf Feinwurzeln und Mykorrhizen im Kulturversuch und im Freiland. KfK-PEF 97

HOFMANN,G.; HEINSDORF,D.; KRAUß,H. (1990):
Wirkung atmogener Stickstoffeinträge auf Produktivität und Stabilität von Kiefern-Forstökosystemen. Beiträge für die Forstwirtschaft, 24 (1990) 2, 59-73

KRAKAU,U. (1991):
Wurzel- und bodenbiologische Untersuchungen an Kiefernbeständen unter Stickstoffeinfluß - Konzeption und erste Ergebnisse. Ökophysiologie des Wurzelraumes: Nr.2

NADELHOFFER,K.J.; ABER,J.D.; MELILLO,J.M. (1985):
Fine root net primary production and soil nitrogen availability: a new hypothesis. Ecology, 66: 1377-1390

RAPP,C. (1991):
Untersuchungen zum Einfluß von Kalkung und Ammonsulfatdüngung auf Feinwurzeln und Ektomykorrhizen eines Buchenaltbestandes im Solling. Diss. Univ. Göttingen

RITTER,G. (1990):
Zur Wirkung von Stickstoffeinträgen auf Feinwurzelsystem und Mykorrhizabildung in Kiefernbeständen. Beiträge für die Forstwirtschaft 24 (1990) 3, 100-104

Ökophysiologie des Wurzelraumes Nr. 5 (1994)

ERSTE UNTERSUCHUNGEN ZUM EINFLUSS KLIMARELEVANTER SPURENGASE AUF DAS WURZELWACHSTUM VON SOMMERGETREIDE

OBENAUF, SUSANNE
FAL Braunschweig
Institut für agrarrelevante Klimaforschung
Eberswalder Straße 84 F
15374 Müncheberg

Einleitung

Aus verfügbaren aktuellen Klimamodellen läßt sich ableiten, daß bei gleichbleibenden Emissionsraten von Treibhausgasen anthropogenen Ursprungs mit spürbaren Veränderungen chemischer und physikalischer Klimafaktoren zu rechnen ist. Die Prognosen bis zum Jahr 2100 besagen:

- Anstieg der CO_2-Konzentration in der Atmosphäre von derzeit 360 ppm auf 520 ppm
- Verdoppelung der Ozon-Konzentration der bodennahen Luft
- Temperaturanstieg zwischen 1,5 und 7 K
- Rückgang der Niederschlagsmengen während der Vegetationsperiode (IPCC, 1990).

C_3-Pflanzen, zu denen die landwirtschaftlich genutzten Pflanzen unserer Region gehören, reagieren auf erhöhte CO_2-Konzentration mit erhöhter Photosyntheserate. Das Maß des Ansteigens der Photosyntheserate ist darüber hinaus von der Nährstoff- und Wasserversorgung abhängig. Gleichzeitiger Anstieg phytotoxisch wirkender Gase wie Ozon läßt Wechselwirkungen erwarten, deren Aufklärung Ziel eines Verbundprojektes ist. Die Untersuchungen werden gemeinsam durchgeführt von folgenden Einrichtungen:

Institut für Pflanzenökologie der Justus-Liebig-Universität Gießen

Institut für Produktions- und Ökotoxikologie der FAL Braunschweig
⇒ Exposition der Pflanzen in Open top-Kammern; Untersuchungen an den oberirdischen Pflanzenorganen

Institut für agrarrelevante Klimaforschung der FAL Braunschweig, Müncheberg
⇒ Wurzeluntersuchungen.

Neben den oberirdischen Pflanzenteilen Sproßachse und Laubblatt ist die Wurzel als unterirdischer Bestandteil der Gefäßpflanzen das dritte wichtige Organ, das in seiner Entwicklung und Ausbreitung auf veränderte Umweltbedingungen reagiert.

Die Wurzel hat mehrere Funktionen zu erfüllen:

- Verankerung der Pflanze im Boden
- Wasser- und Nährstoffaufnahme
- Speicherung von mineralischen Nährstoffen und Assimilaten
- Synthese organischer Substanzen wie Aminosäuren und Phytohormone.

Unter dem Aspekt der Quellen- und Senkeneigenschaften von Pflanzen für CO_2 kommt der Wurzel als zeitweiligem Kohlenstoffspeicher erhebliche Bedeutung zu. Für den Eintrag leicht umsetzbarer organischer Substanz in den Boden und damit für die ablaufenden Umsetzungsvorgänge im Boden sind deshalb Wurzelmasse und -ausbreitung eine nicht zu vernachlässigende Größe.

Material und Methoden

Pflanzenanzucht und Exposition:

Sommergerste (*Hordeum vulgare* L. cv. Karina) und Sommerweizen (*Triticum aestivum* L. cv. Turbo) wurden in Rohrtöpfen (h 42 cm, Ø 10 cm, Substrat lehmiger Sand) mit je zwei Pflanzen/Gefäß im Gewächshaus angezogen und ab Vierblattstadium unter folgenden Bedingungen bis zur Reife exponiert:

1. CO_2-Konzentration der Kammer-Luft:	360, 440, 520, 600 ppm
2. O_3-Konzentration der Kammer-Luft:	wie Außenluft, 1,5fache Außenluftkonzentration (jeweils in der höchsten und niedrigsten CO_2-Stufe)
3. Nährstoffversorgung:	optimal, leichter Mangel
4. Wasserversorgung:	gut, leichter Streß

Die Untersuchung der Wurzeln erfolgte zum Zeitpunkt des Schossens, der Anthese und der Reife.

Zur Bestimmung der Wurzelmasse wurde der Wurzelballen im ganzen aus dem Anzuchtgefäß herausgenommen. Unter fließendem Wasser wurden die Wurzeln vom Anzuchtsubstrat getrennt. Anschließend erfolgte die Feinreinigung in mit Wasser gefüllten Schalen; mit Hilfe von Pinzetten wurden Verunreinigungen weitestgehend entfernt. Die Wurzeln wurden durch Auflegen auf Filterpapier von anhaftendem Waschwasser befreit; die Ermittlung der Frischmasse erfolgte durch Wägen.

Nach Trocknung der Wurzeln bei 60 °C bis zur Gewichtskonstanz wurde das Trockengewicht ermittelt. Die gemahlene Wurzelsubstanz wurde auf den Gesamt-Kohlenstoffgehalt (trockene Verbrennung im Sauerstoffstrom) und den Gesamt-Stickstoffgehalt (Kjeldahl) untersucht.

Tabelle 1: Verbundprojekt Braunschweig - Gießen - Müncheberg
Fruchtart Sommergerste - Ansatz Gießen 1993
Einfluß von steigendem CO_2-Gehalt auf die Wurzelfrischmasse (n = 8, Angaben in [g/Gefäß])

	360 ppm CO_2 (CF)*		440 ppm CO_2 (CF + 80 ppm)		520 ppm CO_2 (CF + 160 ppm)		600 ppm CO_2 (CF + 240 ppm)	
	Nährstoffversorgung							
Erntetermin	gut	mangelhaft	gut	mangelhaft	gut	mangelhaft	gut	mangelhaft
Schossen (31)**	9,8	4,7	6,1	6,0	5,6	5,1	7,6	6,4
Anthese (65)	7,5	6,7	9,4	8,1	7,0	6,0	10,9	6,8
Reife (92)	7,0	5,1	8,0	6,3	6,3	6,2	9,7	6,1

* CF: charcoal filtered
** Zahlen in Klammern geben den Entwicklungszustand nach dem Bestimmungsschlüssel von TOTTMANN (1987) an

Ergebnisse

Erhöhte CO_2-Konzentration in der bodennahen Atmosphäre während der Vegetationsperiode steigert bei C_3-Pflanzen die Photosynthese, die Trockenmasseproduktion und den Ertrag (LAWLER, MITCHELL; 1991). Dieser Effekt ist nur zu erwarten, wenn alle anderen Versorgungsbedingungen (Nährstoffe, Wasser, Gesundheitszustand der Pflanzen) im optimalen Bereich liegen. Die ersten Ergebnisse einiger ausgewählter Varianten werden dazu vorgestellt. Die Resultate des Versuchsjahres 1993 zeigen, daß zum Zeitpunkt des Schossens für die Wurzelentwicklung von Sommergerste diese Aussage nicht getroffen werden kann. Erst mit Fortschreiten der Pflanzenentwicklung reagierten die Pflanzen bei ausreichender Nährstoffversorgung aufgrund der allgemein guten Entwicklung auch mit einer besseren Wurzelausbildung (Tab. 1). Erhöhte Ozon-Konzentration führte zu Depressionen des Wurzelwachstums, die Kombination mit erhöhtem CO_2 konnte diese Wirkung teilweise wieder ausgleichen (Tab. 2).

Tabelle 2: Verbundprojekt Braunschweig - Gießen - Müncheberg
Fruchtart Sommergerste - Ansatz Gießen 1993, Nährstoffversorgung gut
Wechselwirkung von steigendem CO_2-Gehalt und O_3-Belastung auf die Wurzelfrischmasse
(n = 8, Angaben in [g/Gefäß])

Erntetermin	360 ppm CO_2 (CF)*	360 ppm CO_2 + 1,5fache O_3-Außenkonzentration	600 ppm CO_2 + 1,5fache O_3-Außenkonzentration
Schossen (31)**	9,8	5,2	6,3
Anthese (65)	7,5	8,0	7,1
Reife (92)	7,0	7,3	8,8

* CF: charcoal filtered

** Zahlen in Klammern geben den Entwicklungszustand nach dem Bestimmungsschlüssel von TOTTMANN (1987) an

In dem Versuchsansatz mit Sommerweizen in Braunschweig konnte eine mit zunehmender CO_2-Konzentration ansteigende Wurzelmasse beobachtet werden. Der Kohlenstoffgehalt in der Trockensubstanz zeigte einen leichten Anstieg (Tab. 3).

Die vorgestellten Ergebnisse beziehen sich bei Sommergerste ausschließlich auf die Wurzelfrischmasse. Sie können deshalb nur als erster Schritt angesehen werden, da die Bestimmung der Frischmasse allein noch nichts aussagt über die tatsächliche Einlagerung von Assimilaten (IDSO et al., 1988; zit. bei BRUNNERT, 1994). Der in der Literatur beschriebene Effekt, daß die durch CO_2-Anreicherung vermehrte Bildung von Biomasse durch bessere Nährstoffversorgung noch gesteigert wird, ist jedoch bereits zu erkennen (vergleiche BRUNNERT, 1994).

Tabelle 3: Verbundprojekt Braunschweig - Gießen - Müncheberg
Fruchtart Sommerweizen - 2. Ansatz Braunschweig 1993
Einfluß von steigendem CO_2-Gehalt auf die Wurzelfrischmasse/Gefäß (n = 2)
Erntetermin: 5. 8. 1993 (Ährenschieben)

Prüfmerkmal	360 ppm CO_2 (CF)	440 ppm CO_2 (CF + 80 ppm)	520 ppm CO_2 (CF + 160 ppm)	660 ppm CO_2 (CF + 240 ppm)
Frischmasse [g]	26	27	34	35
Trockenmasse [g]	3	3	4	4
optischer Eindruck	sehr gut	sehr gut	sehr gut	sehr gut
C_t [%]	34,4	34,4	34,7	35,0
N_t [%]	1,9	2,0	1,9	1,8

Durch erhöhtes CO_2-Angebot wird bei vielen Pflanzen die Wurzelentwicklung im Vergleich zu anderen Organen besonders gefördert (ACOCK und PASTERNAK, 1986; IDSO, 1989; zit. bei BRUNNERT, 1994), größere und längere Wurzeln werden ausgebildet, das Sproß-Wurzel-Verhältnis wird verändert. Aussagen dazu werden aus den vorgestellten Untersuchungen nach Zusammenführung der Ergebnisse aller beteiligten Institute erwartet. Sie werden einfließen in Untersuchungen zur Wirkung von Veränderungen des Wurzelwachstums auf den Kohlenstoff-Kreislauf im System Boden-Pflanze-Atmosphäre.

Literatur

BRUNNERT, H.: Einflüsse einer erhöhten Kohlendioxid-Konzentration in der Atmosphäre auf Pflanzen. In: BRUNNERT, H.; DÄMMGEN, U. (Hrsg.): Klimaveränderungen und Landbewirtschaftung II. Landbauforschung Völkenrode, Sonderheft 148 (1994), S. 140-186

IPCC: Climate Change. The IPCC Scientific Assessment. HOUGHTON, J.T.; JENKINS, G.J.; EPHRAUMS, J.J. (eds.): Cambridge University Press, 1990, 365 S.

LAWLOR, D.W.; MITCHELL, A.C.: The Effects of Increasing CO_2 on Crop Photosynthesis and Productivity: a Review of Field Studies. Plant, Cell and Environment (1991)14, S. 807-818

TOTTMANN, D.R.: The Decimal Code for the Growth Stages of Cereals, with Illustrations. An. appl. Biol. (1987)110, S. 441-454

Ökophysiologie des Wurzelraumes Nr. 5 (1994)

SORTENABHÄNGIGKEIT DER PFLANZLICHEN SCHWERMETALLAUFNAHME

A. KLOKE

Institut für wassergefährdende Stoffe
an der Technischen Universität Berlin e. V.
Hardenbergplatz 2
D - 10623 Berlin

Auf Anregung des Wissenschaftlichen Beirates beim Bundesverband Deutscher Gartenfreunde e. V. (BDG) wurde von über 20 Wissenschaftlern des Fachgebietes "Pflanzenernährungslehre" in Zusammenarbeit mit deutschen und niederländischen Züchtern von Gemüsesaatgut (ohne zusätzliche Forschungsmittel) ein Forschungs- und Untersuchungsprogramm zur Minderung der Belastung von Lebensmitteln pflanzlicher Herkunft mit Schwermetallen in das Arbeitsprogramm ihrer Institute aufgenommen.

Das Forschungsprogramm soll das bekannte Wissen des Fachgebietes über die differenzierte Aufnahme von Nähr- und Schadelementen über die Wurzeln der Pflanzensorten erweitern, das in Bibliotheken und Datenbanken schlummernde Wissen aktivieren und zusammen mit neuen Untersuchungsergebnissen die summierten Erkenntnisse für die Umwelt- und Gesundheitspolitik nutzbar machen. Hierzu wurden den Wissenschaftlern eine Literaturrecherche zur weiteren Auswertung zur Verfügung gestellt und die Richtlinien des Bundessortenamtes, Hannover (BSA) zur Anlage von Sortenprüfungsversuchen bekannt gemacht.

Ziel des Programms ist es, dem BSA umfangreiches Material vorzulegen, aus dem deutlich wird, daß bei allen Sorten unserer Nahrungs- und Futterpflanzen solche sind, die mit Vorliebe ein bestimmtes Element mit den Wurzeln aufnehmen bzw. seine Aufnahme weitgehend vermeiden. Diese Erkenntnis wurde in der Vergangenheit immer dann genutzt, wenn beim Anbau bestimmter Pflanzensorten Ernährungsstörungen oder Mangelkrankheiten auftraten. Bekannte Beispiele sind:

- Flissigkeit (Weißährigkeit) bei Hafer, Weizen, Gerste und Roggen (Manganmangel),
- Heidemoorkrankheit, vor allem des Hafers (Kupfermangel) und
- Klemmherzigkeit (whiptail) bei Blumenkohl (Molybdänmangel).

Bereits in den 70er Jahren, als Cadmium als Schadelement in die Diskussion kam, wurde festgestellt, daß auch dieses Element von einzelnen Pflanzensorten mit den Wurzeln in recht unterschiedlichen Mengen aus dem Boden aufgenommen wird. Dies ist sowohl auf cadmiumreichen als auch auf cadmiumarmen Böden der Fall! Der Unterschied der Aufnahme von Cadmium ist zum Teil erheblich. Er kann bei den Sorten einer Pflanzenart um den Faktor 2 - 10 und mehr differieren. In der Abbildung 1 werden für einige Nutzpflanzen Untersuchungsergebnisse vorgestellt. Für andere Pflanzen und andere Schwermetalle liegen in der Literatur ähnliche Ergebnisse vor.

Nach den bisherigen Erkenntnissen ist es nicht unrealistisch zu sagen, daß beim ausschließlichen Anbau von Cadmium abweisenden Nahrungs- und Futterpflanzen die Belastung unserer täglichen Nahrung mit Cadmium, das von der Deutschen Forschungsgemeinschaft als "krebserzeugend" in die Gruppe IIIA2 eingestuft wurde, wesentlich reduziert werden kann.

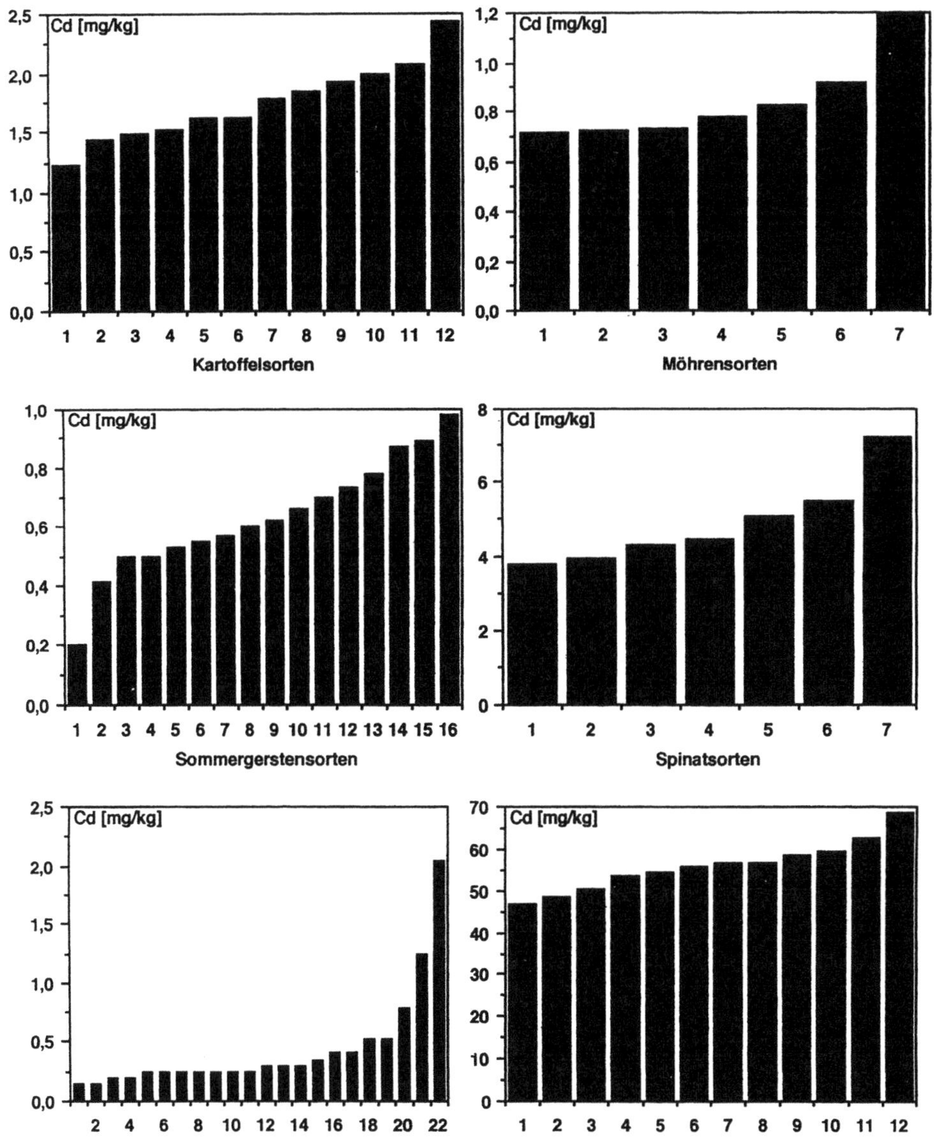

Abb. 1: Sortenabhängigkeit der Cadmiumgehalte bei verschiedenen Kulturpflanzen (aus Kloke, 1994; Lübben, 1991; Isermann et al., 1983)

Es wäre daher zu begrüßen, wenn noch weitere Einrichtungen entsprechende Untersuchungen durchführen oder diese Fragestellung in bereits laufende Versuche einbauen (lassen) würden. Insbesondere sollten Hersteller von Tiefkühlkost (Spinat!), von Gemüse und Fertiggerichten in Dosen, aber auch von Backwaren und Lebensmitteln aus Körnerfrüchten, die mit Gemüse- und Getreidebaubetrieben Anbauverträge abgeschlossen haben, daran interessiert sein, Ware auf den Markt zu bringen, die wenig Cadmium enthält. Warum kann man nicht, neben vielen Hinweisen auf Lebensmittelpackungen, auch angeben:

"Hergestellt aus Pflanzensorten, die wenig Cadmium aus dem Boden aufnehmen."

Ziel dieses Beitrags ist es, daß

- an möglichst vielen Stellen ohne zusätzliche, behördliche Fördermittel einschlägige Untersuchungen durchgeführt werden, um zu erreichen, daß der Bundesminister für Enrährung, Landwirtschaft und Forsten im Einvernehmen mit dem BSA in das Saatgutverkehrsgesetz eine verbraucherfreundliche Komponente einbaut,
- auf dem Markt Saatgut für Gemüse und Getreide angeboten wird, das nur geringe Mengen eines bestimmten Schwermetalls aus dem Boden aufnimmt und somit auf belasteten Böden angebaut werden kann,
- Hersteller und Vertreiber von Lebensmitteln auf Verpackungen darauf hinweisen, daß die Ware aus Nahrungspflanzen hergestellt wurde, die beispielsweise wenig Cadmium aufnehmen und
- in zwei bis drei Jahren die Belastung von Lebensmitteln mit Schwermetallen wesentlich geringer ist als heute.

Das Forschungs- und Untersuchungsprogramm

"Schwermetalle und Pflanzensorten"

soll nicht die allseitigen Bestrebungen, den Eintrag von Schwermetallen in Böden zu mindern, konterkarieren, sondern einen bisher nicht genutzten Weg, die Auswirkungen der heute schon vorhandenen Schwermetallgehalte in Böden auf die Belastung der Lebensmittel zu reduzieren, zum Einsatz bringen!

Literatur

ISERMANN, K.; KARCH, P.; SCHMIDT, J.A.: Cadmiumgehalt des Erntegutes verschiedener Sorten mehrerer Kulturpflanzen beim Anbau auf stark mit Cadmium belastetem, neutralen Lehmboden. Landw. Forschung Bd. 40, 283-294 (1984)

KLOKE, A.: Schwermetalle und Pflanzensorten. AID-Verbraucherdienst Jg. 39, H. 7, 155-158 (1994)

LÜBBEN, S.: Sortenbedingte Unterschiede bei der Aufnahme von Schwermetallen durch verschiedene Gemüsepflanzen. VDLUFA-Schriftenreihe, H. 33, 605-612 (1991)

Weitere Literatur kann erfragt werden bei. Dokumentationsstelle für Phytomedizin der BBA, Königin-Luise-Straße 19, D - 14195 Berlin

Ökophysiologie des Wurzelraumes Nr. 5 (1994)

LEISTUNG DER TOMATENWURZEL BEI DER WASSER- UND NÄHRSTOFFAUFNAHME IN ZWEI GESCHLOSSENEN HYDROPONISCHEN SYSTEMEN

SCHWARZ, D., F.-G. SCHRÖDER, R. KUCHENBUCH

Institut für Gemüse und Zierpflanzenbau, Großbeeren/Erfurt e.V.,
Theodor-Echtermeyer-Weg 1, D-14979 Großbeeren

EINFÜHRUNG

Die Wasser- und Nährstoffaufnahme über die Pflanzenwurzel wird durch das genetische Potential der Pflanze und die Umweltbedingungen bestimmt. Der Vorteil eines gärtnerischen Pflanzenbaues in hydroponischen Systemen liegt gegenüber einem Erdanbau darin, daß die externen Bedingungen die Nährstoffaneignung kaum limitieren. Es existieren eine Reihe von Ergebnissen zur Wasser- und Nährstoffaufnahme in Abhängigkeit von Nährstoffangebot, Strahlung, Sauerstoff sowie Luftfeuchtigkeit und Temperatur (Übersicht in Newton & Sahraoui, 1992).
Untersuchungen von Wiersum (1987) und De Willigen & Van Noordwijk (1987) charakterisieren dagegen die Wurzel selbst in ihrer Fähigkeit, Wasser- und Nährstoffe aufzunehmen. Die Autoren zeigten, daß eine Manipulation der Nährstofforderungen der Pflanze auch eine Veränderung der Leistung des Wurzelsystems in bezug auf die Aufnahme bewirkte. Letztgenannte kalkulierten sowohl für die Wasser- als auch für die Nährstoffaufnahme der Tomate unter den Bedingungen des kommerziellen Anbaues eine Wurzeloberfläche je Pflanze von 4 m² (Wasser) und 2,7 m² (N, P, K, Ca) als limitierend, um die notwendige Aufnahme zu realisieren.
Diese Ergebnisse erlauben die Schlußfolgerung, daß die Größe der Wurzeloberfläche durchaus einen begrenzenden Faktor für die pflanzliche Produktion darstellen kann und primär durch die Wasseraufnahme bestimmt wird. Deshalb sollte in der vorliegenden Arbeit untersucht werden, ob unter den Bedingungen einer kommerziellen Produktion von Tomate im Vergleich von 2 unterschiedlichen geschlossenen Anbausystemen die Nährstoff- und Wasseraufnahme limitiert wird. Die Voraussetzung dafür, eine gleiche Biomasseproduktion, aber eine deutlich differierende Wurzeloberfläche, war durch die beiden Systeme gegeben.
Gleichzeitig sollten die Kenntnisse über Wurzelmorphologie unter verschiedenen Wachstumsbedingungen erweitert werden. Nutrient Film Technique (NFT; Cooper, 1975) repräsentiert ein System mit einem minimalen Substrateinsatz und Plant Plane Hydroponic (PPH; Schröder, 1993) stellt eine flächige Hydroponik dar, charakterisiert durch die Verwendung eines dünnen Polyestervlieses zwischen 2 Folien.

MATERIAL UND METHODEN

Versuchspflanze: Tomate (*Lycopersicon lycopersicum* L., cv. Suso).

Pflanzung: 6.4.1993 in Stahl-Glas-Thermo-Gewächshaus (50 d nach Aussaat), in Steinwollewürfeln, Erntebeginn 1.6.1993, Versuchsdauer 189 Tage.

Anbaufläche: 900 m² Bruttofläche, 780 m² Nettofläche (entspricht 21.000 Pflanzen·ha^{-1}) in Doppelreihen (41 m lang, je 200 Pflanzen).

Faktor: Anbausystem (PPH und NFT), je 3 Wiederholungen, randomisiert.

Nährlösung: über Van Vliet-Anlage GPS 4300 wurde Herstellung (Konzentrat, Regenwasser und Drain) sowie Applikation (je Gabe 20 ml/Pflanze) in Abhängigkeit von der Einstrahlung (20 bis 200 Einzelgaben) gesteuert. PPH: Ausbringung über Tropfschläuche (Spaghetti) in die Mineralwollewürfel, NFT: über Rohr am Rinnenanfang. Rezept nach Sonneveld & Straver (1988); EC-Wert: 1,5 mS·cm^{-1}, pH-Wert: 5,3 bis 5,5.

Pflanzenentnahme: je Variante 4 Pflanzen an 7 Terminen (Termin 2 nach 21, sonst 28 Tage).

Messungen: Frisch- und Trockenmasse Sproß (D_{sa}) und Wurzel (D_{ra}) in $t \cdot ha^{-1}$; N- und K-Gehalte nach Standardmethoden; spezifische Wurzellänge (Tennant, 1975; L_{rw} in $m \cdot g^{-1}$); durchschnittlicher Wurzeldurchmesser ($2 \cdot R_r$ in mm) aus 10 randomisierten Proben (L_{rw} und $2 \cdot R_r$ am 49. Tag nach der Pflanzung gemessen).

Berechnungen:

- Wurzeloberfläche (A_{ra} in $m^2 \cdot ha^{-1}$):
  $A_{ra} = 2 \cdot R_r * \pi * L_{rw} * D_{ra}$ (1)
- durchschnittliche Wurzeloberfläche zwischen 2 Terminen (A_{raa} in $m^2 \cdot ha^{-1}$):
  $A_{raa} = (A_{ra1} + A_{ra2}) * 0.5$ (2)
- N-, K-Aufnahmerate (z.B. U_N in $kg \cdot d^{-1} \cdot ha^{-1}$):
  $U_N = \Delta N_{out} * (\Delta t)^{-1}$ (3)
- Wasserinflux (F_W in $\mu l \cdot m^{-2} \cdot s^{-1}$), N- und K-Influx (z.B. F_N in $nmol \cdot m^{-2} \cdot s^{-1}$):
  $F_N = U_N * A_{raa}^{-1}$ (4)

Statistik: Anova mit Tukey-Test bei p 0.05, lineare Regressionen für Influx in Abhängigkeit von der Anbauzeit und für Aufnahmeraten in Abhängigkeit von der absoluten Wachstumsrate.

ERGEBNISSE

Sproßwachstum

Abb. 1A zeigt den zeitlichen Verlauf des Sproßwachstums im Vergleich beider Anbausysteme. PPH und NFT unterschieden sich nicht signifikant im Sproßwachstum, weder an den einzelnen Untersuchungsterminen, im durchschnittlichen Sproßgewicht ($D_{sa} = 2{,}3$ $t \cdot ha^{-1}$), noch im Ertrag mit 150 $t \cdot ha^{-1}$.

Wurzelwachstum

Abb. 1B gibt das Wurzelwachstum in NFT und PPH wieder. Die relative Wachstumsrate betrug in den 40 Tagen nach der Pflanzung durchschnittlich 2,95 % je Tag, danach - mit Erntebeginn - nur 0,21 % je Tag. Im Vergleich der Anbausysteme lag das durchschnittliche Trockengewicht in PPH mit 138 g je Pflanze signifikant höher als in NFT mit 100 g je Pflanze. Die Unterschiede in der Wurzelmorphologie zeigen die Meßparameter spezifische Wurzellänge und -durchmesser. L_{rw} von Tomatenwurzeln in PPH ($L_{rw} = 132{,}7$ $m \cdot g^{-1}$) war signifikant höher als in NFT ($L_{rw} = 88{,}7$ $m \cdot g^{-1}$), dagegen unterschieden sich die Wurzeldurchmesser in beiden Systemen nicht ($2 \cdot R_r = 0{,}46$ mm). Auf Grund der sowohl höheren Wurzeltrockenmasse als auch spezifischen -länge unterschied sich die Wurzeloberfläche signifikant. Sie lag in PPH mit $A_{ra} = 62\ 540$ $m^2 \cdot ha^{-1}$ durchschnittlich 110 % höher als in NFT mit $A_{ra} = 29\ 540$ $m^2 \cdot ha^{-1}$. Die Entwicklung von A_{ra} während der Anbauzeit folgte der Trockenmassebildung.

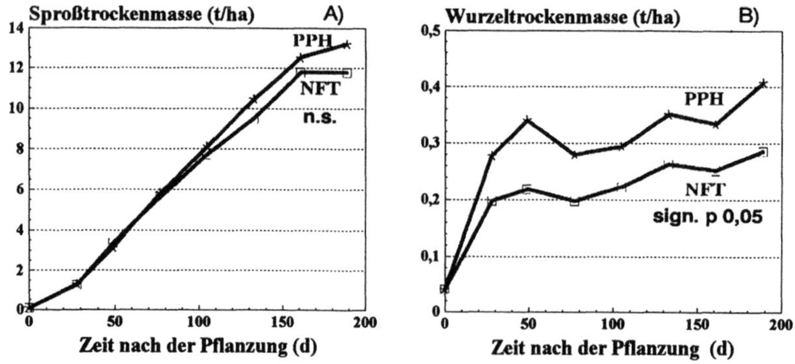

Abb. 1. Entwicklung der A) Sproß- (kumulativ) und B) Wurzeltrockenmasse von Tomate während 27 Anbauwochen in 2 hydroponischen Systemen.

Wasser- und Nährstoffinflux

Der Wasserinflux war während des gesamten Anbaues konstant, in NFT mit 40 ml·m^{-2}·h^{-1} allerdings mehr als doppelt so hoch wie in PPH mit 15 ml·m^{-2}·h^{-1}.

Der N-Influx in NFT (durchschnittlich F_N = 56 nmol·m^{-2}·s^{-1}) lag ebenfalls deutlich höher als in PPH (F_N = 29 nmol·m^{-2}·s^{-1}; Abb. 2A). In beiden Systemen verminderte sich die N-Aufnahme je Einheit Wurzeloberfläche insbesondere bis zum 50. Tag nach der Pflanzung. Danach, mit Erntebeginn, war die Abnahme im Zeitverlauf wesentlich geringer, in NFT relativ stärker als in PPH. Das zeigen die Korrelationskoeffizienten, die für NFT b = -0.089 und für PPH b = -0.017 betragen.

Der zeitliche Verlauf des K-Influx entspricht dem von N (Abb. 2B). Die absolute Aufnahme betrug die Hälfte der Stickstoffaufnahme.

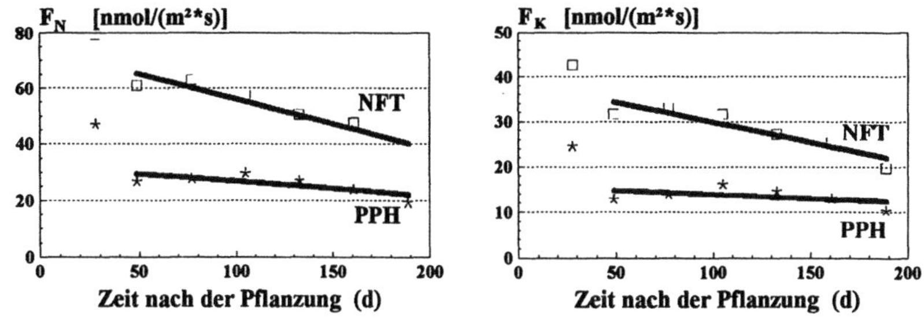

Abb. 2: Entwicklung der **A)** N- (F_N) und **B)** K-Aufnahme (F_K) je 1 m² Wurzeloberfläche bei Tomate in geschlossenen Systemen (PPH und NFT signifikant p 0,05); Punkte sind Meßwerte, Gerade zeigt die linerae Beziehung in Abhängigkeit von der Zeit (t).

PPH:	F_N=32,0-0,053∗t	r^2 = 0,57	F_K=15,5-0,017∗t	r^2 = 0,21
NFT:	F_N=73,8-0,178∗t	r^2 = 0,90	F_K=38,6-0,089∗t	r^2 = 0,84

In Abhängigkeit von den unterschiedlichen Wachstumsbedingungen in den Anbausystemen erfolgt das Wurzelwachstum unterschiedlich. Daraus resultiert eine signifikant verschiedene Leistung der Einheit Wurzeloberfläche an Wasser- und Nährstoffaufnahme. Eine geringere Wurzeloberfläche, wie in NFT, zeigt dabei eine höhere Wurzelleistung. Die Frage nach der Limitierung der Aufnahme durch die Wurzeloberfläche wird durch die Beziehung der absolute Wachstumsrate Gesamtpflanze zur Wasser- und Nährstoffaufnahme - ausgedrückt durch Influx (F) und Aufnahmerate (U) - teilweise beantwortet (Abb. 3A,B).

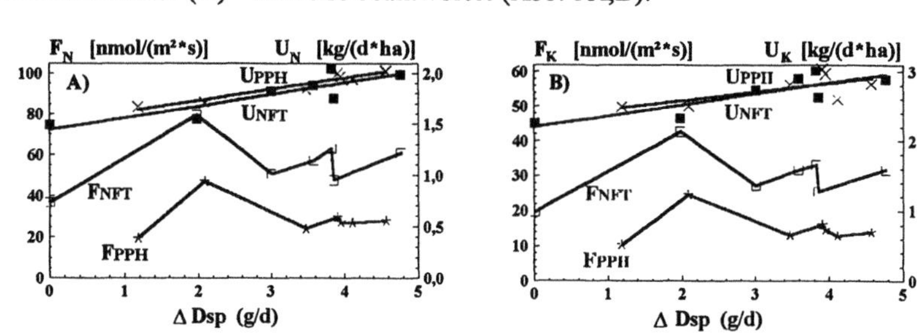

Abb. 3: Beziehung von **A)** N-Aufnahme (N-Influx F_N, N-Aufnahmerate U_N) und **B)** K-Aufnahme (K-Influx F_K, K-Aufnahmerate U_K) zur absoluten Wachstumsrate (ΔD_{sp}) von Tomate in geschlossenen Systemen (PPH and NFT signifikant p 0,05); Punkte: Meßwerte, Aufnahmeraten: kalkulierte lineare Regressionen.

PPH:	U_N=1,51+0,11∗ΔD_{sp}	r^2=0,92	U_K=2,32+0,13∗ΔD_{sp}	r^2=0,50
NFT:	U_N=1,44+0,12∗ΔD_{sp}	r^2=0,76	U_K=2,19+0,16∗ΔD_{sp}	r^2=0,73

Weder Wasserinflux noch -aufnahmerate waren durch die Biomassebildung bestimmt. Die Ergebnisse zeigten unterschiedliche Wachstumsraten bei gleichem Input.
N- und K-Influx wurden ebenfalls nicht durch die Wachstumsrate beeinflußt. Dagegen lag ein signifikanter Einfluß auf die Aufnahmeraten vor. Diese unterschieden sich nicht im Vergleich von NFT und PPH.

DISKUSSION UND SCHLUßFOLGERUNGEN

In den verwendeten Anbausystemen NFT und PPH unterschied sich die Wurzelmasse und -morphologie der Tomaten. Dagegen blieb die Menge an produzierter Biomasse bzw. an Ertrag gleich. Als Ursache dafür sind primär unterschiedliche Wurzelraumbedingungen anzusehen, die systembedingt sind, z.B. größere Temperaturschwankungen in PPH (Schröder, 1993) und ein geringeres Sauerstoffangebot in NFT (Drews & Frank, 1985). Hinweise für systembedingte Veränderungen der Wurzelmorphologie geben Van Noordwijk & Brouwer (1993), bedürfen aber einer vertieften Untersuchung.
Die Wurzeloberfläche in PPH betrug im Durchschnitt 3 $m^2 \cdot Pfl.^{-1}$ und lag mit diesem Wert bereits unter dem von De Willigen & Van Noordwijk (1987) kalkulierten Minimum der Wasseraufnahme. In NFT führten die internen Regulationsmechanismen der Pflanze zu einem Anstieg des Wasser- und Nährstoffinfluxes, der die reduzierte Wurzeloberfläche (1,4 $m^2 \cdot Pfl.^{-1}$) ausglich. Aus anderen Versuchen (Übersicht in Van Noordwijk & Brouwer, 1991) sind weitaus höhere Wurzelmassen je Pflanze bekannt als in vorliegenden Untersuchungen nachgewiesen wurde. Trotzdem ist eine Limitierung der Aufnahme auf Grund der geleisteten Biomasseproduktion nicht festzustellen. Für eine endgültige Aussage, ob solche kleinen Wurzelsysteme aufnahmebegrenzend sind, bedarf es weiterer Untersuchungen.
Da nicht der Influx, sondern die absolute Aufnahme durch die absolute Wachstumsrate bestimmt wurde, kann diese als Funktion des Wachstums beschrieben werden [$U = f(\Delta D_{sa})$].

Literatur

Cooper A J 1975. The ABC of NFT. Grower Books, London.

De Willigen P and M Van Noordwijk 1987. Roots, plant production and nutrient use efficiency. Doctoral Thesis, Wageningen (NL) 282 p.

Drews M und R Frank 1985. Ergebnisse zur Dynamik der Sauerstoffkonzentration in der Nährlösung beim Anbau von Gurke und Tomate im NFT-Verfahren. Archiv für Gartenbau. 33, 2, 49-58.

Newton P and R Sahraoui 1992. The influence of the interaction between light and nutrient solution strength on efficiency of utilisation of N, P, K and Ca by tomato. Proceedings of the 8. Intern. Congress on Soilless Culture. (Southafrica) 20.4.-27.4.1992, 301-324.

Schröder F-G 1993. Beiträge zur Entwicklung und pflanzenbaulichen Bewertung des erdelosen Kulturverfahrens "Plant Plane Hydroponic". Dissertation, Humboldt-Universität zu Berlin.

Sonneveld C and N Straver 1988. Voedingsoplossing voor groenten en bloemen in water of substraten. Consulentschap voor de Tiunbouw. Preofstation voor Tuinbouw onder Glas, Naaldwijk, 11.

Tennant D 1975. A test of a modified line intersect method of estimating root length. J. Ecology. 63, 995-1001.

Van Noordwijk M and G Brouwer 1991. Review of quantitative root length data in agriculture. In: Plant roots and their environment. Eds. B L McMichael, H Persson, Elsev. Sc. Publ. B.V. 515-525.

Van Noordwijk M and G Brouwer 1993. Gas-filled root porosity of crop plants in response to temporary low oxygen supply in different growth stages. Plant and Soil 152: 187-199.

Wiersum L K 1987. Activity of 6 plant species at different stages of development. Plant and Soil 100, 361-370.

Ökophysiologie des Wurzelraumes Nr. 5 (1994)

VERFÜGBARKEIT VON BODENPHOSPHATEN FÜR PFLANZENWURZELN: LABORATORIUMSVERSUCHE UND COMPUTER-SIMULATIONEN

FINDENEGG, G.R.

Landbauuniversität Wageningen, Niederlande
Institut für Bodenkunde und Pflanzenernährung
De Dreijen 10
NL-6700 EC Wageningen

Der größte Teil des Phosphats, das durch Pflanzenwurzeln aus dem Boden aufgenommen wird, muß vorher aus der festen Bodenphase freigemacht werden. Diese "Mobilisierung" des Phosphats beruht auf folgenden Prozessen:

- Wenn die Pflanze gelöstes Phosphat aufnimmt, sinkt die Phosphatkonzentration rund um die Wurzel ab (Verarmungszone). In dieser Verarmungszone geht niedergeschlagenes bzw. adsorbiertes Phosphat in Lösung.
- Der pH-Wert in der Rhizosphäre ist, je nach Anionen-Kationenbilanz der Nährstoffaufnahme, höher oder niedriger als im übrigen Boden. Dadurch kann die Löslichkeit und die Adsorption der Bodenphosphate gefördert bzw. vermindert sein.
- Die Konzentrationen an Ca^{++}, Mg^{++}, NO_3^-, HCO_3^- usw. in der Rhizosphäre weichen, als Folge der Nährstoff- und Wasseraufnahme bzw. der Wurzelatmung, ebenfalls von denen im übrigen Boden ab. Auch das beeinflußt die Löslichkeit der Bodenphosphate.
- Auch die Ausscheidung verschiedener Stoffe aus den Pflanzenwurzeln, z.B. Säuren, Chelatbildner, kann die Phosphatlöslichkeit beeinflussen.
- Wurzeln besitzen eine externe Phosphataseaktivität, mit deren Hilfe anorganisches Phosphat aus organischen Phosphaten abgespalten werden kann.
- Der Mykorrhiza, aber auch den Rhizosphären-Bakterien, wird ebenfalls ein wichtige Rolle bei der Phosphatmobilisierung zugeschrieben.

All diese Faktoren haben eine - zumindest theoretische - Wirkung auf die Phosphatmobilisierung; ihre Größenordnung und Relevanz ist jedoch oft noch umstritten. Daher bemühen wir uns seit einiger Zeit, diese Effekte zu quantifizieren. Zu diesem Zweck lassen wir Pflanzen auf "Kunstböden" (mit gut definierten chemischen und physikalischen Eigenschaften) wachsen und vergleichen ihre Phosphataufnahme mit der aufgrund chemisch-physikalischer Gesetzmäßigkeiten für diese Bedingungen errechneten (Computersimulation).

Eine Übereinstimmung solcher Berechnungen mit den Versuchsergebnissen ist allerdings nur dann zu erwarten, wenn die Pflanzen unter P-Mangel leiden. Denn nur in diesem Falle nehmen sie mit 'voller Kraft' Phosphat auf ("zero sink") und wird die Aufnahmerate durch die Mobilisierung bzw. durch die Transportprozesse im Boden und nicht etwa durch die physiologische Regulation der Phosphataufnahme bestimmt. Der Einfachkeit halber haben wir zunächst nur Wurzeln ohne Mykorrhiza untersucht.

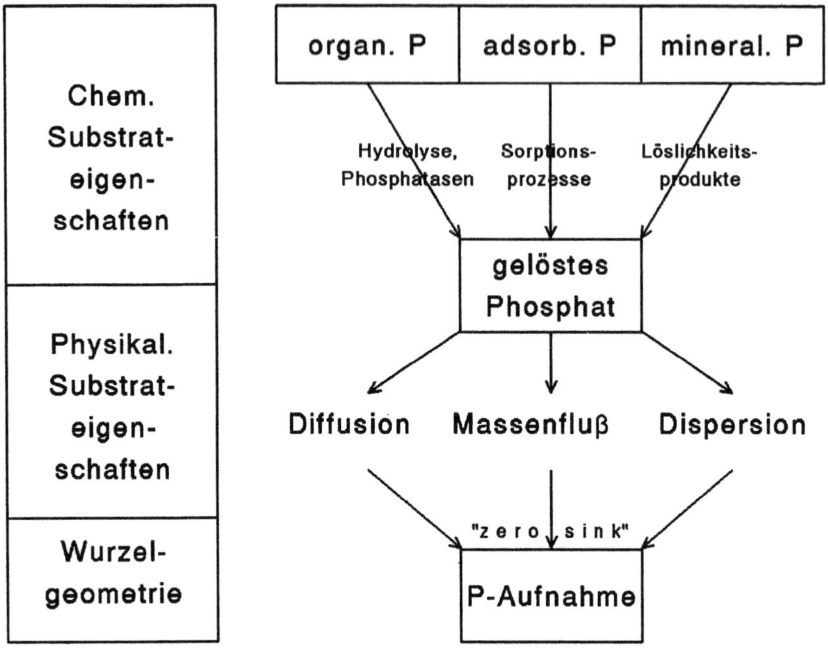

Abb. 1. Berechnung des pflanzenverfügbaren Bodenphosphats.

Modellierung des Phosphattransportes zur Pflanzenwurzel

Die Menge des pflanzenverfügbaren Phosphats wird für die einzelnen P-Fraktionen getrennt berechnet. Gelöstes anorganisches Phosphat gilt prinzipiell als pflanzenverfügbar, organisches Phosphat aber erst nach Hydrolyse (Michaelis-Menten-Kinetik). Für die Berechnung der Verfügbarkeit von adsorbiertem Phosphat kann man die Langmuir- bzw. Freundlich-Isothermen verwenden und für die der anorganischen Phosphate verwendet man die entsprechenden Löslichkeitsprodukte. Für die Modellierung des P-Transports im Boden benötigen wir außerdem noch die Diffusion, die Dispersion sowie den Massenfluß (Nye and Tinker, 1977). Anhand dieser Daten kann dann für jeden Moment des Wachstums aufgrund der bestehenden Wurzelgeometrie und der Substrateigenschaften der maximal mögliche P-Transport zur Wurzeloberfläche berechnet werden (Abbildung 1).
Dabei werden, wie bei derartigen Modellen üblich, die Wurzeln als Zylinder vorgestellt und der sie umgebende Bodenraum in Gedanken in mehrere konzentrische Hohlzylinder unterverteilt. Jeder Hohlzylinder ist durch einen anderen mittleren Abstand zur Wurzeloberfläche gekennzeichnet und wird in sich als homogen betrachtet. Im ersten Rechenschritt wird zunächst die Konzentration an löslichem Phosphat im innersten Bodenzylinder auf etwa die Hälfte abgesenkt

(entsprechend einer Absenkung der P-Konzentration an der Innenwand dieses Hohlzylinders, der Wurzeloberfläche, auf Null, während die P-Konzentration an der Außenwand dieses Hohlzylinders zunächst unverändert bleibt). Anschließend wird berechnet, wieviel gelöstes Phosphat jeden weiteren Hohlzylinder auf Grund des entstandenen Konzentrationsgradienten und der Wasserströmung in Richtung Wurzeloberfläche verläßt. Schließlich wird für jeden Hohlzylinder berechnet, wieviel gelöstes Phosphat aufgrund von Hydrolyse, Desorption und Löslichkeit aus der festen Bodenphase freikommt. Dabei werden, sofern erforderlich, auch der lokale pH-Wert und die lokalen Konzentrationen anderer Ionen berücksichtigt, deren Konzentrationsverteilung rund um die Wurzeln auf ähnliche Weise wie die des Phosphats berechnet wird. Dieser Rechenzyklus wird für jeden Zeitabschnitt der Wachstumsperiode wiederholt, wobei die in den einzelnen Zeitabschnitten durch die Wurzeln aufgenommenen Mengen Phosphat zusammengezählt werden.

Da die Gesamtwurzellänge während des Wachstums ständig zunimmt, muß das vorhandene Bodenvolumen immer wieder neu auf die vorhandenen Wurzeln verteilt werden. Dabei nimmt der Gesamtradius des Bodenzylinders, der einer einzelnen Wurzel zugeordnet wird, (und die Zahl der gedachten Hohlzylinder) ständig ab. Dies spiegelt die bei steigender Bewurzelungsdichte zunehmende gegenseitige Konkurrenz der Wurzeln um Nährstoffe wider (Hoffland et al., 1990).

Modellberechnungen und Wachstumsversuche: Vergleich der Ergebnisse

Im einfachsten Fall enthält unser "Kunstboden" nur Quarzsand sowie Nährlösung mit **gelöstem Phosphat**. In diesem Fall stimmen unsere Berechnungen gut mit den experimentellen Daten überein. Dieses Basis-Rechenmodell, bei dem der maximale Phosphattransport ohne die Wechselwirkungen mit der festen Bodenphase berechnet wird, kann erwartungsgemäß auch mit gutem Erfolg für die Vorhersage der Nitrataufnahme (unter N-limitierten Wachstumsbedingungen) in Gefäßversuchen verwendet werden, da Nitrat bekanntlich kaum an die feste Bodenphase gebunden wird (Hoffland et al., 1990).

Der nächste Fall betrifft ein System, das neben dem gelösten P auch noch **adsorbiertes Phosphat** enthält. Dieser Fall kann experimentell verwirklicht werden, indem der Quarzsand mit Goethit (FeOOH; ein starkes Adsorbens für Phosphat) beschichtet und anschließend mit Phosphat "belegt" wird. Dabei muß die Beschichtungsintensität und der Grad der P-Besetzung so gewählt werden, daß das Pflanzenwachstum P-limitiert bleibt. Unter diesen Vorraussetzungen beträgt die Gleichgewichtskonzentration an gelöstem Phosphat im Boden meist weniger als 10 μmol.L^{-1}.

Zur Berechnung der Phosphataufnahme unter diesen Bedingungen kann die Nachlieferung an gelöstem Phosphat aufgrund einer Adsorptions-Isotherme ermittelt werden. Es hat sich gezeigt, daß die berechnete Phosphataufnahme in diesem Falle niedriger ist als die gemessene. Der Unterschied verschwindet, wenn bei der Berechnung der Phosphataufnahme die Existenz der Wurzelhaare mitberücksichtigt wird. Die Art, wie wir die Wurzelhaare berücksichtigen, ist neu. Normalerweise wird bei derartigen Modellen zum normalen, radialen P-Transport in Richtung Wurzel eine zusätzliche, tangentiale Transportkomponente (nämlich die Aufnahme durch die Wurzelhaare) hinzugezählt. In unserem neuen Ansatz tragen wir dieser Tatsache durch eine modifizierte Geometrie Rechnung (Geelhoed und Findenegg, in Vorbereitung).

Bei den **organischen Phosphaten** sind wir im Augenblick mit den Versuchen weiter als mit den Modellberechnungen. Wiederum verwenden wir Quarzsand, dem als einzige P-Quelle Ca-Phytat zugesetzt wird. (Mehr als die Hälfte des organischen Bodenphosphors kann bekanntlich in der Form von Phytat vorliegen). Es hat sich gezeigt, daß für die Pflanzenverfügbarkeit von P aus Phytat entscheidend ist, welcher Anteil des zugesetzten Phytats sich in gelöstem Zustand befindet und wieviel Phytat als unlöslicher Niederschlag vorliegt. Niedergeschlagenes Phytat verhält sich im Boden sehr inert und kann hinsichtlich seiner Pflanzenverfügbarkeit durchaus mit ungelösten mineralischen Phosphaten verglichen werden. Die Pflanzenverfügbarkeit von Phytat-P scheint also nicht so sehr durch die Phosphataseaktivität des Bodens, als durch die (niedrige) Konzentration an löslichem, hydrolisierbaren organischen Phosphat begrenzt zu sein. Angesichts dieser Tatsache war es auch nicht weiter erstaunlich, daß eine Zugabe von Phytase an einen natürlichen Boden die Verfügbarkeit des Boden-P nicht erhöhte (Findenegg und Nelemans, 1993). Im Boden schlägt gelöstes Phytat rasch als unlösliches Fe- bzw. Al-salz nieder.

Schließlich haben wir apatitische Rohphosphate als Beispiele **mineralischer Phosphate** untersucht, wiederum mit Quarzsand vermischt. Ihre Löslichkeit hängt, wie man weiß, stark vom pH-Wert ab, so daß die Kationen-Anionenbilanz der Nährstoffaufnahme (die z.B. durch das angebotene Ammonium/Nitrat-Verhältnis beeinflußt werden kann) die Verfügbarkeit stark beeinflußt. Einige Pflanzenarten (weiße Lupine, Raps) scheiden bei Phosphatmangel Äpfel- und Zitronensäure aus, wodurch derartige Ca-Phosphate gut mobilisiert werden können. Meist sind solche Ausscheidungen auf einen bestimmten Wurzelabschnitt beschränkt. Unsere Modellberechnungen haben ergeben, daß diese Art der konzentrierten Ausscheidung für die Pflanzen ökonomischer ist, als wenn die gleiche Säuremenge diffus an der gesamten Wurzeloberfläche ausgeschieden werden würde (Hoffland, 1991).

Literatur

Findenegg, G.R. and J.A. Nelemans (1993) The Effect of Phytase on the Availability of P from *Myo*-Inositol Hexaphosphate (Phytate) for Maize Roots. Plant & Soil **154**, 189-196.

Hoffland, E., H.S. Bloemhoff, P.A. Lefelaar, G.R.Findenegg, J.A.Nelemans (1990) Simulation of Nutrient Uptake by a Growing Root System Considering Increasing Root Density and Inter-Root Competition. Plant & Soil **124**, 149-155.

Hoffland, E., 1991 Mobilization of Rock Phosphate by Rape (Brassica napus L.). Dissertation, Landbauuniversität Wageningen 93pp.

Nye P.H. and P.B. Tinker 1977. Solute Movement in the Soil-Root System. Blackwell Scientific Publications Oxford UK. 342pp.

Ökophysiologie des Wurzelraumes Nr. 5 (1994)

Veränderungen der H^+-ATPase-Aktivität im Plasmalemma von Maiswurzelzellen unter Säurestress

S. Schubert, F. Yan, H. S. Howind und R. Feuerle

Universität Hohenheim
Institut für Pflanzenernährung
Fruwirthstraße 20
70599 Stuttgart

Einleitung

Niedrige pH-Werte im Medium beeinträchtigen das Wurzelwachstum besonders in der Streckungszone (Yan et al. 1992). Frühere Arbeiten haben gezeigt, daß die Hemmung des Streckungswachstums auf eine verminderte H^+-Nettoabgabe der im Plasmalemma der Wurzelzellen lokalisierten H^+-ATPase zurückgeht. Eine gestörte pH-Regulation im Cytoplasma wurde als wahrscheinliche Ursache der Wachstumsstörungen identifiziert (Schubert und Yan 1991, Yan et al. 1992). Neben erheblichen artspezifischen Unterschieden in der Säureempfindlichkeit sind manche Pflanzenarten (z. B. Mais) in der Lage, sich über eine gesteigerte H^+-Nettoabgabe an den Stress anzupassen. Ziel der hier beschriebenen Experimente war es, zu untersuchen, ob eine verbesserte H^+-Abgabe nach Anpassung an Säurestress auf eine Veränderung der Lipidkomponenten im Plasmalemma oder auf Veränderungen der H^+-ATPase-Aktivität zurückzuführen ist.

Material und Methoden

Mais (*Zea mays* L. cv. Blizzard) wurde wie zuvor beschrieben gekeimt und in eine Nährlösung (pH 6,0) überführt (Yan et al. 1992). In der darauffolgenden Anzuchtphase wurden die Maispflanzen zwei unterschiedlichen Behandlungen unterworfen: Während ein Teil der Pflanzen ständig bei pH 6.0 wuchs, erfolgte in einer anderen Variante eine schrittweise Absenkung des pH-Wertes bis auf pH 3,5. Dieses erlaubte es den Pflanzen, sich an den Säurestress anzupassen (Abb. 1).

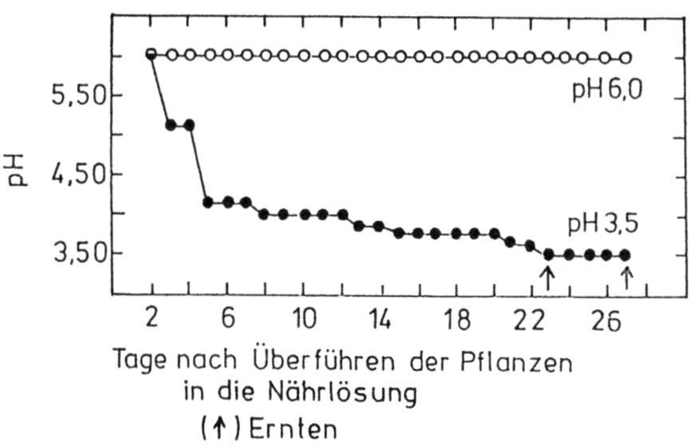

Abb. 1: Einstellung der pH-Werte in der Nährlösung während der Anzuchtphase der Maispflanzen.

Nach 23 Tagen Anzuchtphase wurde ein Teil der Pflanzen zur Charakterisierung der Wurzelmorphologie geerntet. Nach weiteren 4 Tagen wurden Pflanzen aus der Nährlösung entnommen, die Wurzeln der intakten Pflanzen sorgfältig in 1 mM $CaSO_4$-Lösung gewaschen und anschließend in 1 L $CaSO_4$-Lsg./Pflanze der Verlauf der H^+-Nettoprotonenabgabe bestimmt. Aus den restlichen Wurzeln wurden mittels Ultrazentrifugation sehr reine Plasmalemmafraktionen nach der Methode von Faraday und Spanswick (1992) gewonnen, in denen Proteine und Lipide analysiert wurden (Howind 1994). Phospholipide wurden in der Lipidfraktion nach Abspaltung von Phosphat mit Perchlorsäure durch kolorimetrische Bestimmung von P_{an} bestimmt. Ebenso wurde die ATPase-Aktivität der Plasmalemmafraktionen als P_{an}-Freisetzung quantifiziert.

Ergebnisse und Diskussion

Die 23tägige Stressbehandlung beeinflußte weder Sproß- noch Wurzeltrockenmassebildung (ohne Abb.). Dieses Ergebnis, ebenso wie ein unvermindertes Längenwachstum der Hauptwurzel (Tab. 1), legt eine sehr effiziente Anpassung der Maispflanzen an den Stress nahe. Auch eine äußerlich sichtbare Schädigung im Bereich der Streckungszone wie bei nicht angepaßten Maispflanzen (Yan et al. 1992) wurde nicht beobachtet.

Tab. 1: Einfluß des pH-Wertes der Nährlösung auf die Wurzelmorphologie von Maiswurzeln nach 23 Tagen Anpassung an Säurestress

pH	Länge der Hauptwurzel (cm)	Anzahl der Seitenwurzeln pro Pflanze
pH 6,00	76,6 (±2,3)	1371 (±118)
pH 3,65	71,8 (±3,6)	1508 (±142)

Die H^+-Nettoabscheidung der angepaßten Maiswurzeln war im Vergleich zu nicht angepaßten Wurzeln verzehnfacht (Abb. 2). Neben Stimulation von H^+-Abgabe und Wurzelwachstum durch Abscisinsäure (Yan et al. 1992) ist die hier nachgewiesene erhöhte H^+-Nettoabgabe von angepaßten Maispflanzen ein weiteres Indiz dafür, daß die Schädigung des Wurzelstreckungswachstums von empfindlichen oder nicht angepaßten Pflanzen nicht auf eine Beeinträchtigung des Apoplasten durch Säurestress, sondern auf eine mangelnde H^+-Abgabe aus dem Symplasten zurückzuführen ist.

Die erhöhte H^+-Nettoabgabe der angepaßten Wurzeln muß nicht notwendigerweise auf eine direkte Veränderung der H^+-ATPase zurückgehen. Denkbar wäre auch eine indirekte Beeinflussung H^+-ATPase-Aktivität durch benachbarte Lipide. So konnte von Erdei et al. (1979) und Hsu et al. (1989) gezeigt werden, daß Phospholipiden eine wichtige Rolle bei der Aktivierung der ATPase zukommt. Obwohl eine modifizierte Lipidumgebung der ATPase von angepaßtenWurzeln nicht vollständig ausgeschlossen werden kann, sprechen die unveränderten Lipid/Protein- und Phospholipid/Protein-Verhältnisse nach Anpassung der Wurzeln an den Säurestress gegen diese Möglichkeit (Tab. 2).

Tab. 2: Einfluß der Anpassung von Maiswurzeln an niedrige pH-Werte auf das Lipid/Protein- und das Phosphoplipid/Protein-Verhältnis im Plasmalemma der Maiswurzeln

Parameter	angepaßt	nicht angepaßt
Lipid/Protein	2,34 (±0,20)	2,28 (±0,23)
Phospholipid/Protein	0,87 (±0,05)	0,82 (±0,06)

Erhöhte *in vitro*-Aktivität der ATPase von angepaßten Wurzeln läßt dagegen vermuten, daß die Anpassung an Säurestress auf eine erhöhte Anzahl von ATPase-Molekülen und/oder ATPasen mit veränderten thermodynamischen bzw. kinetischen Eigenschaften zurückzuführen ist (Howind 1994). Um zwischen diesen Möglichkeiten unterscheiden zu können, wurden die kinetischen Parameter der ATPase-Aktivität V_{max} und K_m bei unterschiedlichen pH-Werten und Temperaturen des Testmediums für angepaßte und nicht angepaßte Wurzeln untersucht. Die ATPase-Aktivität in Abhängigkeit von der ATP-Konzentration zeigte eindeutige Michaelis-Menten-Kinetik (Abb. 3).

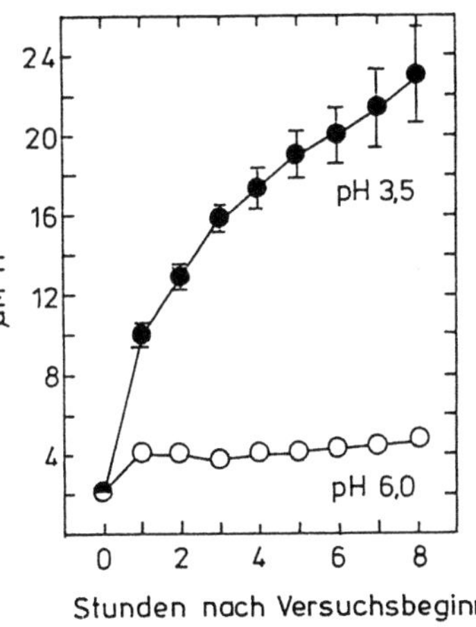

Abb. 2: Einfluß der Anpassung von Maiswurzeln an niedrige pH-Werte auf die H^+-Nettoabscheidung in 1 mM $CaSO_4$.

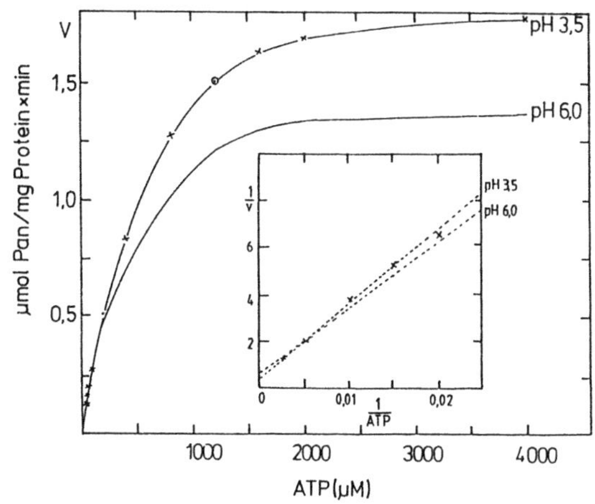

Abb. 3: Einfluß der Anpassung von Maiswurzeln an niedrige pH-Werte auf die Kinetik der *in vitro*-ATPase-Aktivität.

Anpassung der Wurzeln an Säurestress zeigte einen Trend zu erhöhten V_{max}-Werten (Tab. 3), was auf eine erhöhte Anzahl an ATPase-Molekülen als Antwort auf die Stressreaktion hindeutet. Erhöhte Genexpression für Plasmalemma-ATPase wurde als Reaktion auf Salzstress beschrieben (Niu et al. 1993) und könnte mit einem erhöhten Bedarf an H^+-Pumpkapazität erklärt werden. Ein deutlicherer Einfluß der Anpassung an Säurestress als auf V_{max} zeigte sich allerdings auf K_m (Tab. 3). Dies spricht dafür, daß die Wurzeln unter Säurestress in der Lage waren, ATPase-Moleküle mit anderen Eigenschaften auszubilden.

Tab. 3: Einfluß der Anpassung von Maiswurzeln an niedrige pH-Werte auf kinetische Parameter der ATPase-Aktivität

Parameter	angepaßt	nicht angepaßt
V_{max}	2,29 (±0,69)	1,49 (±0,21)
K_m	712 (±85)	413 (±30)*

*P = 5%

Schlußfolgerungen

Die Ergebnisse stützen die Vorstellung, daß hohe Protonenaktivität im Wurzelmedium die H^+-Nettoabgabe und so das Wurzelwachstum beeinträchtigt. Maispflanzen können sich an den Säurestress anpassen, indem sie eine erhöhte Anzahl von ATPase-Molekülen und/oder ATPasen mit anderen kinetischen Eigenschaften ausbilden. Ob die kinetisch meßbaren Veränderungen der *in vitro*-ATPase-Aktivität mit thermodynamischen Anpassungen der Ionenepumpe (Brauer et al. 1989, Briskin und Reynolds-Niesman 1990) einhergehen, soll in Transportstudien mit Plasmalemmavesikeln geklärt werden.

Literatur

Brauer, D., S.-I. Tu, A.-F. Hsu und C. E. Thomas: Kinetic analysis of proton transport by the vanadate-sensitive ATPase from maize root microsomes. Plant Physiol. **89**, 464-471 (1989)

Briskin, D. P. und I. Reynolds-Niesman: Determination of H^+/ATP stoichiometry for the plasma membrane H^+-ATPase from red beet (*Beta vulgaris* L.). Plant Physiol. **95**, 242-250 (1990)

Faraday, C. D. und R. M. Spanswick: Maize root plasma membranes isolated by aqueous polymer two-phase partitioning: assessment of residual tonoplast ATPase and pyrophosphatase activities. J. Exp. Bot. **43**, 1583-1590 (1992)

Erdei, L., I. Tóth und F. Zsoldos: Hormonal regulation of Ca^{2+}-stimulated K^+-influx and Ca^{2+}, K^+-ATPase in rice roots: *in vivo* and *in vitro* effects of auxins and reconstitution of the ATPase. Physiol. Plant. **45**, 448-452 (1979)

Howind, H. S.: Einfluß verschiedener Faktoren auf die H^+-ATPase-Aktivität, das Lipid/Protein-Verhältnis und das Phospholipid/Protein-Verhältnis im Plasmalemma von Maiswurzelzellen (*Zea mays* L.). Diplomarbeit, Universität Hohenheim, Institut für Pflanzenernährung (1994)

Hsu, A.-F. C., D. Brauer und S. I. Tu: Characterization of reconstituted plasma membrane H^+-ATPase from maize roots. Physiol. Plant. **76**, 544-550 (1989)

Niu, X., M. L. Narasimhan, R. A. Salzman, R. A. Bressan und P. M. Hasegawa: NaCl regulation of plasma membrane H^+-ATPase gene expression in a glycophyte and a halophyte. Plant Physiol. **103**, 713-718 (1993)

Schubert, S. und F. Yan: Einfluß niedriger pH-Werte auf die Wurzelmorphologie und Wurzelphysiologie. *In:* Ökophysiologie des Wurzelraumes, Kongreßband der 2. Wissenschaftlichen Arbeitstagung, Borkheide (W. Merbach, J. Augustin, K. Meyerhöfer, Hrsg.) Müncheberg, S. 30-33 (1991)

Yan, F., S. Schubert und K. Mengel: Effect of low root medium pH on net proton release, root respiration and root growth of corn (*Zea mays* L.) and broad bean (*Vicia faba* L.). Plant Physiol. **99**, 415-421 (1992)

EFFEKT VON ALUMINIUMTOXIZITÄT AUF WURZELHAARE VON SOJABOHNEN

HECHT-BUCHHOLZ, CH.

Humboldt-Universität zu Berlin
Landwirtschaftlich-Gärtnerische Fakultät
Institut für Grundlagen der Pflanzenproduktion
Fachgebiet Pflanzenernährung
Lentzeallee 55-57
14 195 Berlin

Einleitung

Aluminium wird bei niedrigem pH in die Bodenlösung freigesetzt (vgl. SCHEFFER-SCHACHTSCHABEL 1992). Erhöhte Aluminiumkonzentrationen hemmen das Wurzelwachstum (MacLEOD und JACKSON 1967). Aluminiumtoxizität ist ein Hauptfaktor bei der Ertragsminderung auf sauren Böden der humiden Tropen (MARSCHNER 1986). Aber auch im gemäßigten Klima unter humiden Standortbedingungen kann Aluminiumtoxizität ein zu beachtender Faktor sein. Aluminiumtoxizität wurde auch als eine der Ursachen für die "neuartigen Waldschäden" in die Diskussion gebracht (ULRICH et al. 1979).
Wurzelhaare entstehen wenige Millimeter hinter der Wurzelspitze (vgl. STRASBURGER 1983), etwa dort, wo das Streckungswachstum der Wurzel beginnt. Die Wurzelhaare erleichtern durch Oberflächenvergrößerung die Stoffaufnahme der Wurzeln. Sie durchdringen Hohlräume des Bodens und sind in Kontakt mit Bodenteilchen (CHAMPION and BARLEY 1969). Wurzelhaare sind nicht nur für die Stoffaufnahme zuständig. Bei Leguminosen sind Wurzelhaare wichtig für den Infektionsvorgang bei der Rhizobium/Bradyrhizobium-Fabales-N_2-Bindungssymbiose. Wurzelhaare sind der Ort des ersten Zusammentreffens von Makro- und Mikrosymbiont beim Infektionsprozeß (DART 1974).
Ausgangspunkt unserer Untersuchungen an Wurzelhaaren war die Tatsache (SUTHIPRADIT 1988), daß durch Aluminium die Knöllchenbildung stärker geschädigt wird als die Wirtspflanze. Bei Sojabohne trat eine 10%ige Reduktion der Knöllchenbildung schon bei einer kritischen Aktivität der monomeren Aluminium-species (Al^{3+}, $Al(OH)_2^+$ und $Al(OH)^{2+}$) von 2 µM ein, eine 10% Reduktion des Pflanzenwachstums erst bei 9,8 µM. Weiterhin wurde bei Sojabohne festgestellt (BRADY et al. 1990), daß ein schädigender Effekt einer Aluminiumbehandlung auf die Knöllchenbildung schon innerhalb der ersten 3-12 Stunden nach der Inokulation eintritt. Innerhalb dieser Zeit erfolgt bei Sojabohne die Adhäsion der Bradyrhizobien an das Wurzelhaar und die Bildung des Infektionsfadens (TURGEON und BAUER 1982). Wegen der Beteiligung der Wurzelhaare bei frühen Stadien der Knöllchenbildung wurde untersucht, inwiefern die Wurzelhaare durch Al geschädigt werden. Rasterelektronenmikroskopische Aufnahmen zeigten eine starke Schädigung der Wurzelhaare nach Al-Behandlung (HECHT-BUCHHOLZ et al. 1990). Auch war die Zahl der Wurzelhaare und die Länge der Wurzelhaarzone vermindert. Dabei war die Wurzelhaarbildung zunächst stärker geschädigt durch Al als das Längenwachstum der Wurzel. Daß niedrige Al-Aktivitäten von monomeren Al-species die Wurzelhaarbildung beeinträchtigen, wurde in einer weiteren Arbeit mit Sojabohne von BRADY und Mitarbeitern (1993) bestätigt. Gleichzeitig wurde ein meliorierender Effekt von Calcium auf die durch Aluminium gestörte Wurzelhaarbildung festgestellt.

Von der gleichen Arbeitsgruppe (BRADY et al. 1994) konnte eine negative Beeinflussung der Wurzelhaarbildung durch Al auch bei Erdnußpflanzen festgestellt werden. Die normalerweise für Erdnuß typische Rosettenbildung durch mehrzellige Wurzelhaare war durch Al empfindlich gestört. In der vorliegenden Arbeit wurde der Einfluß von Aluminiumtoxizität auf Wurzelhaare unter Einsatz von Licht- und Fluoreszenzmikroskopie sowie von Transmissions-Elektronenmikroskopie untersucht.

Material und Methoden

Sojabohnenpflanzen, (Glycine max (L.) Merr.cv. Maple Arrow) wurden auf mit 200µM $CaSO_4$ x $2H_2O$ angefeuchtetem Filterpapier in einer Klimakammer gekeimt. Nach 4 Tagen wurden die Keimlinge in 5 l - Gefäße mit einer konstant belüfteten Nährlösung transferiert. Die Nährlösung hatte folgende Zusammensetzung (in µM): 160 N als KNO_3, 40 N als $(NH_4)_2SO_4$, 8 P als NaH_2 PO_4, 500 Ca als $CaSO_4$ x 2 H_2O, 250 K als 160 KNO_3 und 90 K als K_2SO_4, 100 Mg als $MgSO_4$ x 7 H_2O, 5 Si als Na_2 SiO_3 x 5 H_2O, 2 Fe als Fe EDTA, 0.5 Zn als $ZnSO_4$ x 7 H_2O, 0.25 Mn als $MnSO_4$ x 5 H_2O, 0.1 Cu als $CuSO_4$ x 5 H_2O, 0.05 Mo als Na_2 MoO_4 x H_2O, 0.04 Co als $CoCl_2$ x 6 H_2O. Der pH-Wert wurde täglich auf pH 4,5 eingestellt. Die nominale Al-Konzentration der Behandlungen war: 0 µM, 5 µM und 20 µM Al als
KAl $(SO_4)_2$ x 12 H_2O. Nach 4 Tagen der unterschiedlichen Behandlung mit Al wurden Wurzelschnitte mit Wurzelhaaren für Licht- und Fluoreszenzmikroskopie sowie für Transmissions-Elektronenmikroskopie präpariert. Die Präparation für die Transmissions-Elektronenmikroskopie erfolgte nach bewährten Methoden (vgl. HECHT-BUCHHOLZ et al. 1990). Für den Nachweis von Kallose wurden die Schnitte (SMITH und McCULLY 1978) mit entfärbtem Anilinblau (0,05% w/v in 0,067 M K_3PO_3, pH 8,5) gefärbt und mit einem Epifluoreszenz-Mikroskop (Zeiss-Standard, Quecksilberlampe, Filterkombination G 365, LP 420, FT 395) untersucht.

Ergebnisse und Diskussion

Lichtmikroskopisch wurde nach Behandlung von Sojabohnenpflanzen mit 20 µM Al festgestellt, daß sich an der Spitze der Wurzelhaare eine "innere Kappe" bildet. Diese "innere Kappenbildung" bei Wurzelhaaren wurde von Botanikern schon vor 100 Jahren beschrieben als eine Reaktion auf Streßfaktoren (REINHARDT 1892). Anhand der Beobachtung der Cytoplasmaströmung wurde festgestellt, daß das Cytoplasma trotz Kappenbildung noch am Leben war und daß die Kappen offenbar einen Schutz des Cytoplasmas vor Streß darstellten. Bei den vorliegenden Untersuchungen wurde mittels Fluoreszenzmikroskopie nach Anilinblaufärbung festgestellt, daß es sich bei der bei Al-Streß gebildeten "inneren Kappe" an der Wurzelhaarspitze offenbar um Kallose handelt. Die elektronenmikroskopische Untersuchung der Wurzelhaare nach Al-Behandlung ergab, daß diese "innere Kappe" aus einem irregular zusammengesetzten Material besteht und, daß sich diese Ablagerungen zwischen Zellwand und Plasmamembran befinden. Dabei zeigte sich in Übereinstimmung mit den Beobachtungen der alten Botaniker (s.o.), daß das Cytoplasma noch intakt war und Ultrastrukturen wie Mitochondrien, Kern und ER noch gut zu erkennen waren. Zum Vergleich dazu hatten die Wurzelhaare der nicht mit Al behandelten Pflanzen keine Kallose-Ablagerungen. Auch die Wurzelepidermiszellen von Sojabohne zeigten nach Al-Behandlung eine starke Kalloseablagerung zwischen Zellwand und Plasmalemma und einen noch gut erhaltenen Cytoplasmasaum mit Mitochondrien und ER-Anschnitten.
Kallose enthält (1,3)-ß-Glucan, welches möglicherweise wie (1,4)-ß-Glucan (Cellulose) vom Plasmalemma synthetisiert wird (vgl. DELMER 1987). Die Kalloseablagerung gilt als "Kittsubstanz", induziert durch Wundreiz und lagert sich ab zwischen Zellwand und

Plasmalemma. Die Kalloseablagerung ist nicht spezifisch für einen bestimmten Streß (vgl. WISSEMEIER et al. 1987), gilt aber als Frühindikator von Schädigungen, insbesondere auch im Fall von Aluminiumtoxizität (HORST et al. 1992). Die beobachtete Kalloseablagerung in Wurzelhaaren und Wurzelepidermiszellen der Sojabohne zeigt somit einen frühen toxischen Effekt von Aluminium auf die Pflanzenzelle an. Al-induzierte Kallosebildung bei Al-Toxizität wurde bereits von anderen Autoren gefunden, wie z.B. bei Sojabohne (WISSEMEIER et al. 1987, HORST et al. 1992) und bei Fichte (JORNS et al. 1991). Auch bei Mn-Toxizität wurde Kalloseablagerung festgestellt (WISSEMEIER und HORST 1987). Nach einer Theorie von KAUSS (1987) soll die Stimulierung der Kallosebildung durch Al-Toxizität darauf beruhen, daß die Ca-Konzentration im Cytoplasma erhöht wird. Die Erhöhung der Ca-Konzentration im Cytoplasma kann spekulativ so erklärt werden, daß Al-Toxizität den aktiven Ca^{2+}-Efflux vom Cytoplasma in den Apoplasten vermindert und gleichzeitig der passive Influx von Ca^{2+} in das Cytoplasma erhöht wird (HORST et al. 1992, KINRAIDE et al. 1993). Es wird aber auch eine Erhöhung der Ca-Konzentration im Cytoplasma lediglich durch eine Al-bedingte Erhöhung der Ca-Konzentration im Apoplasten angenommen (HORST 1994). Nach KAUSS et al. (1989) ist Ca^{2+} ein wichtiges, aber nicht das einzige Signal für die Kallose-Synthese. Andere Autoren (OHANA et al. 1993) fanden als Signal für die Kallosesynthese Veränderungen des Kallosesynthetase-Aktivators ß-Furfuryl-ß-glucosid in bezug auf seine interzelluläre Verteilung. Sie verwendeten Suspensionskulturen von Gerste (Hordeum bulbosum L.) und fanden, daß ß-Furfuryl-ß-glucosid, das normalerweise in der Vakuole lokalisiert ist, unter Stress in das Cytoplasma transportiert wird.

Zusammenfassung

Der Einfluß von Aluminiumtoxizität auf Wurzelhaare von Sojabohne zeigte sich in einer Hemmung der Wurzelhaarbildung. Licht- und fluoreszenzmikroskopisch sowie elektronenmikroskopisch wurde nach Al-Behandlung Kallosebildung in den Wurzelhaaren und in den Epidermiszellen der Wurzeln beobachtet. Kallose ist ein Frühindikator für Schädigungen und zeigt daher frühzeitig die Schädigung der Zelle durch Aluminiumtoxizität an.

Literatur

BRADY, D.J., HECHT-BUCHHOLZ, CH., ASHER, C.J. and EDWARDS, D.G. (1990): Effects of low activities of aluminium on soybean (Glycine max). I. Early growth and nodulation. In: van Beusichem ML, ed. Plant nutrition-physiology and applications. Dordrecht: Kluwer Academic, 329-334.

BRADY, D.J., EDWARDS, D.G., ASHER, C.J. and BLAMEY, F.P.C. (1993): Calcium amelioration of aluminium toxicity effects on root hair development in soybean (Glycine max (L.) Merr.) New Phytol. 123, 531-538.

BRADY, D.J., EDWARDS, D.G. and ASHER, C.J. (1994): Effects of aluminium on the peanut (Arachis hypogaea L.)/Bradyrhizobium symbiosis. Plant and Soil 159, 265-276.

CHAMPION, R.A. and BARLEY, K.P. (1969): Penetration of clay by root hairs. Soil Sci. 108, 402-407.

DART, P.J. (1974): The infection process. In: QUISPEL, A, ed. The biology of nitrogen fixation. Amsterdam: North-Holland, S. 382-429.

DELMER, D.P. (1987): Cellulose biosynthesis. Ann. Rev. Plant Physiol. 38, 259-290, zit. nach MENGEL (1991): Ernährung und Stoffwechsel der Pflanze. Gustav Fischer Verlag Jena, S. 95.

HECHT-BUCHHOLZ, CH., BRADY, D.J., ASHER, C.J. and EDWARDS, D.G. (1990): Effects of low activities of aluminium on soybean (Glycine max). II. Root cell structure and root hair development. In: van Beusichem ML, ed. Plant nutrition-physiology and applications. Dordrecht: Kluwer Academic, 335-343.

HORST, W.J., ASHER, C.J., CAKMAK, I., SZULKIEWICZ, P. and WISSEMEIER, A.H. (1992): Short-term responses of soybean roots to aluminium. J.Plant Physiol. 140, 174-178.

HORST, W.J. (1994): Physiology of aluminium toxicity and tolerance in higher plants. Fifth International Symposium. Genetics and Molecular Biology of Plant Nutrition, Davis, Calif., USA, July 17-24. Proc. S. 34.

JORNS, A.C., HECHT-BUCHHOLZ, CH. and WISSEMEIER, H. (1991): Aluminium-induced callose formation in root tips of Norway Spruce (Picea abies (L.) Karst.). Z. Pflanzenernähr. Bodenk. 154, 349-353.

KAUSS, H. (1987): Some aspects of calcium-dependent regulation in plant metabolism. Annu. Rev. Plant Physiol. 38, 47-72.

KAUSS, H, WALDMANN, T. JEBLICK, W., EULER, G., RANJEVA, R. and DOMARD, A. (1989): Ca^{2+} is an important but not the only signal in callose synthesis induced by chitosan, saponins and polyene antibiotics. NATO ASI Series, Vol. H 36, 107-116.

KINRAIDE, T.B., RYAN, P.R., KOCHIAN, L.V. (1993): Al^{3+}-Ca^{2+} interactions in aluminium rhizotoxicity. II. Evaluating the Ca^{2+}-displacement hyphothesis. Planta 192, 104-109.

MacLEOD, L.B. and JACKSON, L.P. (1967): Aluminium tolerance of two barley varieties in nutrient solution, peat and soil culture. Agron.J. 59, 359-363.

MARSCHNER, H. (1986): Mineral Nutrition of Higher Plants. Academic Press, S. 484.

OHANA, P., BENZIMAN, M. and DELMER,D.P. (1993): Stimulation of callose synthesis in vivo correlates with changes in intercellular distribution of the callose synthase activator ß-Furfuryl-ß-Glucoside. Plant Physiol. 101, 187-191

REINHARDT, M.O. (1892): Das Wachstum der Pilzhyphen. Ein Beitrag zur Kenntnis des Flächenwachstums vegetabilischer Zellmembranen (Jahrbuch. f. wiss. Bot. 23, 479) zit. bei. KÜSTER, E.: Die Pflanzenzelle, VEB Gustav Fischer Verlag Jena 1956, S. 833.

SCHEFFER/SCHACHTSCHABEL (1992): Lehrbuch der Bodenkunde. Ferdinand Enke Verlag Stuttgart, S. 315.

SMITH, M.M. and McCULLY, M.E. (1978): Enhancing aniline blue fluorescent staining of cell wall structures. Stain Techn 53., 79-85.

STRASBURGER (1983): Lehrbuch der Botanik. Gustav Fischer Verlag Stuttgart, New York, S. 122, 184.

SUTHIPRADIT, S. (1988): Effects of aluminium on growth and nodulation of some tropical grain legumes. Ph. D. Thesis, University of Queensland.

TURGEON, B.G. and BAUER, W.D. (1982): Early events in the infections of soybeans by Rhizobium japonicum: Time course and cytology of the initial infection process. Can. J. Bot. 60, 152-161.

ULRICH, B., MAYER, R., KHANNA, P.K. (1979): Depositionen von Luftverunreinigungen und ihre Auswirkungen in Waldökosystemen im Solling. Schriften Forstl. Fak. Univ. Göttingen 58.

WISSEMEIER, A.H., KLOTZ, F. and HORST; W.J. (1987): Aluminium induced callose synthesis in roots of soybean (Glycine max, L.). J. Plant Physiol. 129, 487-492.

WISSEMEIER, A.H. and HORST, W.J. (1987): Callose deposition in leaves of cowpea (Vigna unguiculata (L.) Walp.) as a sensitive response to high Mn supply. Plant and Soil 102, 282-286.

Ökophysiologie des Wurzelraumes Nr. 5 (1994)

EIN NEUES MODELL DES WASSERTRANSPORTES IN WURZELN

STEUDLE, E.

Lehrstuhl Pflanzenökologie, Universität Bayreuth, 95440 Bayreuth

In herkömmlichen Modellen des Wassertransportes in Pflanzenwurzeln ist die Endodermis die entscheidende osmotische Barriere. Ihr kommt die Funktion einer "Wurzelmembran" zu, die Wasser leicht, Nährionen hingegen praktisch nicht permeieren läßt. Analog zur Zelle werden der Wurzel Eigenschaften eines fast idealen Osmometers zugeschrieben mit einem Reflexionskoeffizienten von nahe Eins. Nährsalze werden aktiv über die osmotische Barriere in das Xylem transportiert, von wo aus sie mit dem Transpirationsstrom in den Sproß gelangen. Das Wasser folgt in der Wurzel dem Wasserpotentialgradienten zwischen Bodenlösung und Xylem.

Das einfache Modell bedarf einer Korrektur, da

(1) Wurzeln einen variablen hydraulischen Widerstand (eine variable hydraulische Leitfähigkeit, Lp) besitzen,

(2) osmotische und hydraulische (hydrostatische) Kräfte (Drücke) gleicher Größe ganz unterschiedliche radiale Wasserflüsse bewirken und

(3) die Reflexionskoeffizienten (σ_S) von Wurzeln (im Gegensatz zu Zellosmometern) deutlich kleiner sind als eins.

Variable hydraulische Widerstände, d.h. Befunde, nach denen sich mit erhöhtem Wasserdurchsatz durch die Pflanze der hydraulische Widerstand der Wurzel verringert, sind seit langem bekannt. Sie wurden als eine zweckmäßige Anpassung der Pflanze an einen erhöhten Wasserbedarf des Sprosses gedeutet. Die Mechanismen sind nicht klar. Es werden vor allem ein Verdünnungseffekt im Xylem diskutiert, d.h. ein osmotischer Effekt (Fiscus, 1975) und ein Effekt des hydrostatischen Druckgradienten zwischen Wurzelxylem und Bodenlösung, der ein Öffnen von Plasmodesmen bewirken soll (Passioura, 1998). Unterschiede in Abhängigkeit von der treibenden Kraft wurden vor allem nach der Einführung der Wurzeldrucksonde eingehend quantitativ untersucht. Die Effekte sind hier bei einigen Arten gering oder nicht nachweisbar. Bei anderen (z.B. Baumwurzeln) können sie bis zu drei Größenordnungen ausmachen, wobei die osmotischen Flüsse kleiner sind als die hydraulischen.

Mit den großen Unterschieden zwischen dem hydraulischen und osmotischen Wasserfluß geht eine Abnahme des Reflexionskoeffizienten einher. Bemerkenswert ist, daß trotz niedriger Reflexionskoeffizienten die Permeabilität von Wurzeln (der Permeabilitätskoeffizient, P_S) für Nährsalze relativ gering ist, d.h., einmal aufgenommene Nährionen werden im Wurzelxylem zurückgehalten.

Erklärt werden die Befunde durch das neue "**composite-transport model**" der Wurzel. Das Modell geht von einer "zusammengesetzten" Transportbarriere aus und trägt damit der Anatomie der Wurzel besser Rechnung als das einfache Osmometermodell. Wichtig ist vor allem das Vorhandensein paralleler Transportwege, d.h. eines symplasmatischen, transzellulären und apoplasmatischen Transportweges des Wassers in den Wurzelgeweben. Der durch die Plasmodesmen vermittelte symplasmatische und der transzelluläre Transportweg werden zweckmäßigerweise zu einem "zellulären" Weg zusammengefaßt, da zur Zeit nur letzterer der direkten Messung zugänglich ist. Im Apoplasten wirkt sich der Einfluß der Casparyschen Streifen in der Endo- und Exodermis aus. Das Modell ist schematisch in der Abb. 1 dargestellt.

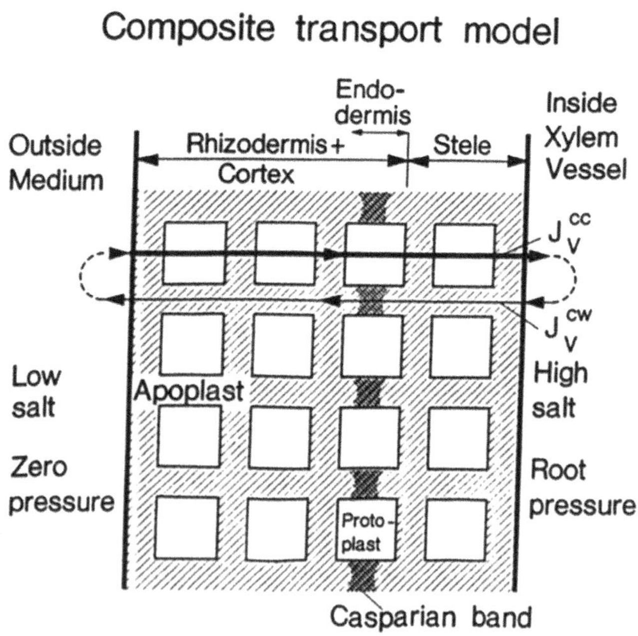

Abb.1: 'Composite-transport'-Modell der Wurzel (schematisch). Die Akkumulation von Nährsalzen im Xylem bewirkt eine osmotische Wasseraufnahme längs des zellulären Transportweges (cell-to-cell path; J_V^{cc}). Sobald sich jedoch ein Wurzeldruck aufbaut, erfolgt ein teilweiser Rückfluß über den Apoplasten (J_V^{cw}), so daß insgesamt der Wurzeldruck niedriger ist als die osmotische Druckdifferenz zwischen Medium und Xylem ($\sigma_S < 1$). Bei Nettowasserfluß Null durch die Wurzel heben sich die entgegengesetzt gerichteten Wasserflüsse gerade auf und der apparente hydraulische Widerstand ist hoch. Bei hohem Transpirationssog sind beide Flüsse in die Wurzel hinein gerichtet, und der hydraulische Widerstand ist gering.

Der zelluläre Wasserfluß durchquert viele Zellmembranen. Der hydraulische Widerstand auf diesem Weg sollte daher hoch sein, obwohl die Querschnittsfläche groß ist und der Reflexionskoeffizient nahe bei Eins liegt, so daß sich osmotische Druckgradienten zwischen der Bodenlösung und dem Xylem voll auswirken. Bei fehlender oder sehr geringer Transpiration erfolgt die Wasseraufnahme vor allem osmotisch über den zellulären Weg. Sie bedingt den positiven Wurzeldruck, der sich unter diesen Bedingungen im Xylem aufbaut. Nach dem Modell entspricht der hydrostatische Druckunterschied, der maximal erreicht wird, nicht dem osmotischen Druckunterschied (wie bei einem Osmometer mit semipermeabler Membran). Da ein apoplasmatischer By-pass existiert, ist er kleiner, d.h., auch der Reflexionskoeffizient ist kleiner als Eins. Ein apoplasmatischer Rückfluß ist deshalb möglich, weil im Apoplasten der Reflexionskoeffizient nahe Null ist und sich das osmotische Gleichgewicht bei einem niedrigen hydrostatischen Druck einstellen sollte. Letzten Endes resultiert im Wasserflußgleichgewicht ein Kreisstrom des Wasssers in der Wurzel (Abb.1). Ein apoplasmatischer By-pass sollte vor allem in den Bereichen der Wurzel möglich sein, in denen noch kein Casparyscher Streifen ausgebildet ist (Wurzelspitze und Initialen von Seitenwurzeln), aber auch durch den Caspary-Streifen hindurch.

Im Gegensatz zum zellulären Transportweg ist die Querschnittsfläche des Apoplasten gering, die spezifische hydraulische Leitfähigkeit dürfte aber (abhängig von der Endodermisentwicklung) hoch sein, so daß insgesamt der Beitrag zur Gesamtleitfähigkeit ebenfalls erheblich sein kann.

Das Modell erklärt die niedrigen Reflexionskoeffizienten als einen Mischwert aus dem apoplasmatischen ($\sigma_S \approx 0$) und dem zellulären Weg ($\sigma_S \approx 1$). Die Unterschiede zwischen dem osmotischen und dem hydraulischen Wasserfluß kommen dadurch zustande, daß bei niedrigem Wasserfluß durch die Wurzel vor allem der osmotische Druckunterschied die treibende Kraft darstellt. Diese bewirkt im Apoplasten (wegen $\sigma_S \approx 0$) nur eine sehr kleine treibende Kraft, so daß trotz hoher potentieller Leitfähigkeit das osmotische Lp viel kleiner ist als das hydraulische. Variable hydraulische Widerstände ergeben sich ebenfalls hierdurch.

Evidenz für die Richtigkeit des Modells kommt derzeit aus:

(1) Kombinierten Messungen auf der Zell- und Wurzelebene, die einen direkten Hinweis auf den Beitrag des Apoplasten liefern.

(2) Experimenten an jungen Maiswurzeln, bei denen durch Punktieren der Endodermis zusätzlich ein By-pass erzeugt wurde. Die beobachteten Änderungen in Lp, P_S und σ_S entsprachen den Vorhersagen aus dem Modell.

(3) Anatomischen Untersuchungen: Querschnittsflächen des apoplasmatischen Transportes.

(4) Schließlich ergibt der Vergleich zwischen den Transporteigenschaften der Wurzeln krautiger und holziger Pflanzen erheblich niedrigere Permeabilitäten (Lp und P_S) bei Baumwurzeln, was (im Einklang mit dem Modell) die niedrigen σ_S-Werte der holzigen Pflanzen bedingt.

Physiologische und ökologische Bedeutung:
Das Modell erlaubt der Pflanze eine an die Bedürfnisse des Sprosses angepaßte Wasseraufnahme durch die Wurzel bei gleichzeitig genügend großem Rückhaltevermögen der Wurzel für einmal aufgenommene Nährionen. Es liegt eine Optimierung von verschiedenen Transporteigenschaften vor, die den Wasserhaushalt und den Nährstoffhaushalt betreffen.

Literatur:

Birner TP, Steudle E (1993) Effects of anaerobic conditions on water and solute relations, and on active transport in roots of maize (*Zea mays* L.). Planta **190:** 474-483.

Fiscus EL (1975) The interaction between osmotic- and pressure-induced water flow in plant roots. Plant Physiol. **55:** 917-922.

Melchior W, Steudle E (1993) Water transport in onion roots. Changes of axial and radial hydraulic conductivities during root development. Plant Physiol. **101:** 1305-1315.

Passioura JB (1988) Water transport in and to roots. Annu. Rev. Plant Physiol. Plant Mol. Biol. **39:** 245-265.

Peterson CA, Murrmann M, Steudle E (1993) Location of the major barrier(s) to the movement of water and ions in young roots of *Zea mays* L. Planta **190:** 127-136.

Peterson CA, Steudle E (1993) Lateral hydraulic conductivity of early metaxylem vessels in *Zea mays* L. roots. Planta **189:** 288-297.

Rüdinger M, Hallgren SW, Steudle E, Schulze ED (1994) Hydraulic and osmotic properties of spruce roots. J. Exp. Bot., in press.

Steudle E. (1993) Pressure probe techniques: basic principles and application to studies of water and solute relations at the cell, tissue, and organ level. In: Smith JAC, Griffith H, eds. *Water deficits: plant responses from cell to community.* Oxford: Bios Scientific Publishers. pp. 5-36.

Steudle E. (1994) The regulation of plant water at the cell, tissue, and organ level: role of active processes and compartimentation. In: Schulze ED, ed. *Flux control in biological systems: from enzymes to populations and ecosystems.* San Diego: Academic Press, pp. 237-299.

Steudle E, Murrmann M, Peterson CA (1993) Transport of water and solutes across maize roots modified by puncturing the endodermis: further evidence for the composite transport model of the root. Plant Physiol. **103:** 335-349.

Computersimulation der Wasseraufnahme in Wurzeln

Melchior, W.

Lehrstuhl Pflanzenökologie
Universität Bayreuth
95440 Bayreuth

In einer Fülle von Untersuchungen mit der Wurzeldruckmeßsonde (s. Steudle 1992) wurden zwei Phänomene beobachtet, die mit dem herkömmlichen Bild der Wurzel nicht in Einklang zu bringen sind:

1) Viele Nährsalze, für die Zellmembranen nahezu ideal semipermeabel sind, führten bei Zugabe zum Außenmedium zu einer Änderung im Wurzeldruck, die geringer war als die vorgegebene Änderung im osmotischen Druck. Das bedeutet, daß die Wurzel keine 100%ige Selektivität für diese Salze (gegenüber Wasser) aufwies, obwohl die passive Permeabilität (d.h. das Leck) sehr gering war.

2) Wasserflüsse können grundsätzlich auf zwei Arten induziert werden: durch Änderungen im hydrostatischen oder im osmotischen Druck. Die Flüsse sollten dabei nach der herrschenden Meinung unabhängig von der Art der treibenden Kraft sein. In Experimenten mit der Wurzeldruckmeßsonde waren dagegen die hydrostatisch induzierten Flüsse bis zu 3 Größenordnungen größer als die Flüsse in osmotischen Experimenten (s. Beiträge von Murrmann und Rüdinger in diesem Tagungsband).

Als Lösung wurde ein „**Composite Transport Model**" vorgeschlagen, das parallele Transportwege im Proto- und Apoplasten berücksichtigt. Nach diesem Modell bewirken osmotische Gradienten in der Zellwand nur kleine Wasserflüsse, da die Selektivität der Wand sehr gering ist. Bei positivem Wurzeldruck kann es zu einem Zirkulationsfluß von Wasser kommen (über die Protoplasten nach innen und im Apoplasten nach außen), der die geringe Selektivität der Wurzel und die niedrigen osmotischen Leitfähigkeiten erklärt. Ein hydrostatischer Druckgradient als treibende Kraft sollte dagegen auch in der Zellwand voll wirksam sein und somit zu einer hohen hydraulischen Leitfähigkeit in hydrostatischen Experimenten führen.

Dieses Modell wurde mit Hilfe numerischer Simulationen getestet. Beispielhaft wurden die Verhältnisse für Maiswurzeln modelliert, da mit dieser Art bereits eine Vielzahl von Experimenten, sowohl an einzelnen Zellen wie auch an ganzen Wurzeln, durchgeführt wurden.

In der Computer-Simulation, die nur den radialen Transport vom Medium in das Xylem abbildete, bestand die Wurzel aus 14 konzentrischen Zellschichten, deren innerste das Xylem war. Innerhalb jeder Zellschicht wurden Protoplast und Zellwand als kleinste Kompartimente unterschieden.

In jedem Zeitschritt (0.01 - 100 ms) wurde für jede Zellschicht berechnet:

-) der Wassertransport (Volumenflüsse) in Protoplast und Apoplast nach innen und nach außen sowie der Austausch zwischen Protoplast und Apoplast;

-) der Transport osmotisch aktiver Stoffe im Apoplasten durch Diffusion und durch „Solvent Drag";

-) Volumenänderungen wurden über die Elastizität (dP/dV) in Druckänderungen umgerechnet;

-) die Menge der osmotisch aktiven Substanzen ($n = \frac{\pi \cdot V}{R \cdot T}$) in Protoplast und Zellwand wurde als konstant angenommen;

-) Nährstoffflüsse zwischen Protoplast und Zellwand (aktive Aufnahme, Lecks) wurden nicht betrachtet.

Das Xylem wurde insofern als Sonderfall behandelt, als zu jedem Zeitpunkt hydrostatischer und osmotischer Druck des „Protoplasten" denen der Xylemwand angeglichen wurden.

Von den Ausgangsdaten der Simulation waren **bekannt:**

Protoplast: Volumen, Oberfläche, Konzentration (osmotischer Druck), hydraulische Leitfähigkeit, Elastizität (dP/dV), Reflexionskoeffizient (Selektivität);

Zellwand: Volumen, Oberfläche; hydraulische Leitfähigkeit der äußersten 3 Zellschichten.

Die Daten stammten überwiegend aus Zhu und Steudle (1991). Die Durchmesser der Zellen von Endodermis und Zentralzylinder wurden auf photographierten Querschnitten vermessen.

Unbekannte Parameter waren:

Protoplast: Hydraulische Leitfähigkeit und Elastizität der Zellen von Endodermis und Zentralzylinder;

Zellwand: Konzentration, hydraulische Leitfähigkeit (von der viert-äußersten Zellschicht an), Elastizität, Reflexionskoeffizient, Diffusionskoeffizient der Nährstoffe.

Hier wurden folgende Annahmen getroffen:

-) Die hydraulische Leitfähigkeit und die Elastizität der Protoplasten der inneren Zellschichten sind gleich denen der Rindenschichten.

-) Die Konzentration im Apoplasten wurde gleich der des Nährmediums (5 mol m^{-3}) gesetzt.

-) Die hydraulische Leitfähigkeit der Zellwand war in allen Zellen der Rinde und des Zentralzylinders gleich (evtl. mit Ausnahme der Endodermis, s.u.)

-) Die Elastizität der Zellwand wurde so gewählt, daß die Änderungen im osmotischen Druck gering gegenüber den Änderungen im Wasserpotential waren: $d\pi/d\Psi = -0.1$ bzw. -0.2.

-) Der Reflexionskoeffizient des Apoplasten für die Nährsalze (gegenüber Wasser) war sehr niedrig, aber nicht Null : $\sigma_w = 0.05$.

-) Der Diffusionskoeffizient der Nährstoffe war in etwa ein Zehntel von dem in freier Lösung: $D_{s,w} = 10^{-10}$ m^2 s^{-1}.

Aus den Experimenten mit der Wurzeldruckmeßsonde war bekannt, daß sich bei Maiswurzeln hydrostatisch und osmotisch gemessene hydraulische Leitfähigkeiten um einen Faktor von ≈7 unterschieden, während der gemessene Reflexionskoeffizient der Wurzeln für Nährsalze zwischen 0.3 und 1.0 lag (Steudle und Frensch 1989). Da die Barrierefunktion der Endodermis noch immer strittig ist, wurden 4 Extremfälle berechnet, und zwar die Endodermiswand jeweils völlig durchlässig bzw. völlig undurchlässig für Wasser bzw. Nährsalze.

Nur wenn die Endodermiswand durchlässig für Nährstoffe war, lagen die Reflexionskoeffizienten der gesamten Wurzel unter 1.0. Sie bewegten sich dann zwischen 0.15 und 0.52, je nachdem, ob die Endodermiswand für Wasser permeabel oder impermeabel war. Die gemessenen Reflexionskoeffizienten der Maiswurzeln von 0.3 - 1.0 konnten also durch eine verminderte, jedoch nicht völlig eingeschränkte Permeabilität der Endodermiswand für Nährsalze erklärt werden. Der vorhergesagte Zirkulationsfluß von Wasser im stationären Zustand (über die Protoplasten in das Xylem und über die Zellwand zurück in das Medium) wurde, wie erwartet, nur in den Fällen gefunden, in denen der Reflexionskoeffizient der Wurzel unter 1.0 lag.

In allen vier Fällen waren die berechneten hydrostatisch induzierten Wasserflüsse um nahezu 4 Größenordnungen größer als die osmotisch getriebenen. Dies zeigt zwar prinzipiell die Richtigkeit des „Composite Transport Model“, da der Effekt deutlich simuliert werden konnte. Es müssen aber weitere Anpassungen in den zugrundegelegten Parametern erfolgen, bis die Simulationen die experimentelle Wirklichkeit widerspiegeln.

Weitere Untersuchungen werden sich vor allen Dingen mit dem Einfluß der hydraulischen Leitfähigkeit und der Elastizität der Zellwand auf die Wasserleitfähigkeiten (hydrostatisch und osmotisch) der Wurzel beschäftigen.

Literatur :

Steudle E (1992) The biophysics of plant water: compartmentation, coupling with metabolic processes, and flow of water in plant roots. *In:* GN Somero, CB Osmond, CL Bolis (eds.) Water and Life: Comparative Analysis of Water Relationships at the Organismic, Cellular, and Molecular Levels. Springer Verlag, Berlin, pp. 173 - 204.

Steudle E, Frensch J (1989) Osmotic responses of maize roots. Water and solute relations. Planta **177:** 281 - 295

Zhu GL, Steudle E (1991) Water transport across maize roots. Simultaneous measurement of flows at the cell and root level by double pressure probe technique. Plant Physiol. **95:** 305 - 315

Ökophysiologie des Wurzelraumes Nr. 5 (1994)

Hydraulische und osmotische Eigenschaften junger Walnußwurzeln

M. MURRMANN & E. STEUDLE

Lehrstuhl für Pflanzenökologie, Universität Bayreuth, D-95440 Bayreuth, Germany

Hydraulische und osmotische Eigenschaften junger Walnußwurzeln wurden mit Hilfe der Druckmeßmethode untersucht. Die verwendeten Walnußbäumchen (*Juglans regia*) waren 2 bis 25 Wochen alt. Sie wurden in Sandkultur angezogen und in einer Klimakammer unter kontrollierten Bedingungen gehalten. Durch die Druckmeßsonde konnten der Wurzeldruck, die hydrostatischen und osmotischen Leitfähigkeiten (Lp_{rw} bzw. Lp_{ro}), wie auch die Reflexionskoeffizienten (σ) bestimmt werden. Die Leitfähigkeiten berechneten sich dabei aus transienten Flüssen. In einigen Vorversuchen wurde die Wasserleitfähigkeit auch durch stationäre Flüsse ermittelt (z.B. im Drucktopf, durch Exsudation unter Druck, oder durch sog. "Pressure Clamp", wobei Druck von oben auf die Wurzel gegeben wurde). Die Walnußwurzeln entwickelten Drücke zwischen 0.03 und 0.13 MPa, wobei die jüngsten Wurzeln die geringsten Werte zeigten. Die hydrostatische Leitfähigkeit lag bei $(1.8 \pm 1.1) \cdot 10^{-8}$ [m/(s·MPa)], wohingegen die osmotische Leitfähigkeit Werte von $(0.0004 \text{ bis } 0.97) \cdot 10^{-8}$ [m/(s·MPa)] erreichte. Die geringsten Werte für Lp_{ro} wurden dabei für die jüngsten, noch nicht voll ausdifferenzierten Wurzeln gemessen. Werte für Lp_{rw}, die über stationäre Drücke bestimmt wurden (s. auch M. Rüdinger, S.W. Hallgren & E. Steudle[1)]) lagen im Bereich von 10^{-8} [m/(s·MPa)] und entsprechen damit den Lp_{rw}- Werten, die mit der Druckmeßsonde ermittelt wurden. Die Reflexionskoeffizienten lagen zwischen 0.03 und 0.69 und waren unabhängig vom zugegebenen Osmotikum und dem Alter der Wurzel. Die niedrigen Werte für σ sowie die beträchtlichen Unterschiede der hydrostatischen und osmotischen Leitfähigkeit weisen auf unterschiedliche Wege im Wassertransport hin, je nachdem, welche treibende Kraft wirkt (hydrostatischer oder osmotischer Druckgradient). Diese Ergebnisse werden durch das "CompositeTransport Model" der Wurzel erklärt (Steudle[2)]).

[1)] Seite 103 in diesem Band
[2)] Seiten 93-96 in diesem Band

Ökophysiologie des Wurzelraumes Nr. 5 (1994)

Turgor regulation and expansion growth of maize roots during adjustment to water stress

Jürgen FRENSCH[1,2] and Theodore C. HSIAO[1]

[1] Department of Land, Air and Water Resources, University of California, Davis, CA 95616, USA

[2] Lehrstuhl für Pflanzenökologie, Universität Bayreuth, 95440 Bayreuth

Transient responses of turgor (P) and growth to water stress were studied in maize roots to evaluate mechanisms that enable plants to adjust growth under limited water supply. Using a cell pressure probe, P was measured across the cortex throughout the expansion zone (3 to 10 mm behind the root tip). Upon exposure of roots to hyperosmotic solutions (KCl or mannitol), P declined rapidly due to water loss to the medium and elongation stopped as soon as P dropped below the yield threshold of growth (Y). However, elongation resumed within minutes, and continuous P measurements during this period indicated two mechanisms that enabled the recovery of growth: a) a reduction of Y from initially 0.6 MPa to values as low as 0.3 MPa, and b) an increase of P during the period of zero growth, presumably due to solute accumulation (transport). The rate of P increase declined with increasing osmotic pressures of the medium (π_m), suggesting that solute accumulation was turgor-sensitive. P recovery was confined to younger parts of the elongation zone at $\pi_m = 0.6$ MPa, which was associated with a shortening of the elongation zone from initially 10 to 7 mm. The results indicate that solute accumulation could become a rate-limiting process for growth under water stress.

HYDRAULISCHE UND OSMOTISCHE EIGENSCHAFTEN DER FICHTENWURZELN

M. RÜDINGER[1], S.W. HALLGREN[2] & E. STEUDLE[1]

[1] Lehrstuhl für Pflanzenökologie, Universität Bayreuth, D-95440 Bayreuth, Germany
[2] Department of Foresty, Oklahoma State University, Stillwater, OK 74078, USA

Hydraulische und osmotische Eigenschaften von zwei Jahre alten Fichten (*Picea abies* (L.) KARST) wurden mit zwei unabhängigen Methoden bestimmt: (1) durch stationäre Flüsse (Exsudation unter Druck, "Pressure Clamp" und Saugversuch) und (2) durch transiente Flüsse (Wurzeldruckmeßsonden, hydrostatisch und osmotischer Druckgradient). Der Wurzeldruck wurde mit der Druckmeßsonde bestimmt und erreichte nur einen Bruchteil des Wurzeldruckes (-1 bis 4 kPa), der normalerweise in krautigen Pflanzen (50 bis 600 kPa; Kramer 1983) oder Laubbäumen (200 bis 300 kPa; Murrmann & Steudle, in Arbeit; Kramer 1983) gemessen wird. Die hydraulische Leitfähigkeit (Lp_r; $m \cdot s^{-1} \cdot MPa^{-1}$) lag im Bereich zwischen 0.2 und $8 \cdot 10^{-8}$ $m \cdot s^{-1} \cdot MPa^{-1}$, abhängig von der verwendeten Methode. In Experimenten, in denen die Leitfähigkeit über die Messung des stationären Flusses bestimmt wurde, lag der Wert für Lp_r zwischen $0.19 \cdot 10^{-8}$ und $1.2 \cdot 10^{-8}$ $m \cdot s^{-1} \cdot MPa^{-1}$ für angelegte Drücke zwischen 0.2 und 0.4 MPa. Bei angelegten Drücken zwischen 0.8 und 1.0 MPa erreichte Lp_r den Wert $(1.5 \pm 1.3) \cdot 10^{-8}$ $m \cdot s^{-1} \cdot MPa^{-1}$. Messungen, bei denen Druck oder Vakuum an der Kapillare angelegt worden war, ergaben die gleichen Werte. Die mit Hilfe der Druckmeßsonde ermittelten Lp_r-Werte (transiente Wasserflüsse) waren in der gleichen Größenordnung wie die aus den Exsudationsmessungen im hohen Druckbereich. Eine um zwei bis drei Größenordnungen geringere hydraulische Leitfähigkeit ergaben Versuche, in denen ein osmotischer Druckgradient die treibende Kraft des Wasserflusses war ("osmotische" Lp_r-Werte). Diese Werte passen in das Bild, daß Bäume einen großen Unterschied in den beiden Arten der Bestimmung haben im Gegensatz zu krautigen Pflanzen, die dieses Phänomen nicht zeigen (Steudle, 1994). Aus den osmotischen Experimenten ergab sich außerdem für die Fichtenwurzel ein sehr niedriger Reflexionskoeffizient ($\sigma_{sr} = 0.14$ bis 0.25) für Stoffe, für die eine einzelne Wurzelzelle einen Reflexionskoeffizienten nahe Eins zeigen. Diese sehr großen Unterschiede in den hydraulischen Leitfähigkeiten und der niedrige Reflexionskoeffizient lassen sich mit Hilfe eines "composite transport" Modells der Wurzel erklären.

Literatur

Kramer, **P**.**J**. 1983. Water relations of plants. Orlando: Academic Press.
Steudle, **E**. 1989. Water transport in roots. In: Plant water relations and growth under stress. Eds.: M. Tazawa, M. Katsumi, M. Masuda and Y. Okamoto, Yamada Science Foundation,
Osaka, und Myu, K.K., Tokyo, pp. 253-260

Ökophysiologie des Wurzelraumes Nr. 5 (1994)

FELDUNTERSUCHUNGEN IN NORDINDIEN ZUR CHARAKTERISIERUNG VON "LOW-INPUT"-WEIZENGENOTYPEN MIT HILFE VON SPROSS- UND WURZELPARAMETERN

LÜTTGER, A.B.,* MANSKE, G.G.B.,** BEHL, R.K. & VLEK, P.L.G.

Institut für Pflanzenbau und Tierhygiene in den Tropen und Subtropen (IAT), Universität Göttingen, Grisebachstr. 6, 37077 Göttingen, Germany

* gegenwärtige Adresse: CIMMYT, Lisboa 27, Colonia Juarez, Apart. Postal 6-641, C.P. 06600 México, D.F., México
** Department of Plant Breeding, Haryana Agricultural University, Hisar 125004, India

1. Einleitung

Im Nordwesten Indiens, insbesondere in den Bundesstaaten Haryana und Punjab, wird mit der höchsten landwirtschaftlichen Produktivität über 50% des indischen Weizens erzeugt. Mit Hilfe von Hochertragssorten, leistungsfähiger Bewässerungssysteme, dem intensiven Einsatz mineralischer Dünger und der gezielten Anwendung von Pestiziden werden trotz hohem Produktionsniveau immer noch Ertragssteigerungen erzielt. Zunehmend tauchen jedoch auch Probleme durch nachlassende Bodenfruchtbarkeit, ungünstige Bodenstrukturen, Nährstoffverluste und Resistenzen auf. Um dieser Gefahr entgegenzuwirken, sollten nachhaltige Produktionssysteme entwickelt werden, in denen neue, leistungsstarke Sorten mit hoher Nährstoffeffizienz eine wichtige Rolle spielen.
Im Rahmen einer Deutsch-Indischen Zusammenarbeit wurde der Einfluß des Wurzelsystems und der Infektion der Pflanze mit vesikulär-arbuskulärer Mykorrhiza (VAM) auf die Nährstoffeffizienz und auf den Ertrag von Weizen untersucht.

2. Material und Methoden

Auf der Versuchsfarm der Haryana Agricultural University (HAU) wurden 1991-93 Feldversuche mit Weizen, hauptsächlich indischen Sorten, bei verschiedenen Düngeintensitäten durchgeführt. Der Boden war ein sandig-lehmiger Sierozem mit hohem Boden-pH (pH 7,2), sowie geringen C-und N-Gehalten (0,7% bzw. 0,06 %). Bedingt durch die Alkalität des Bodens, wird der gedüngte Phosphor schnell in Form von nicht pflanzenverfügbaren Calciumphosphaten festgelegt. Der P-Gehalt des Bodens lag bei Versuchsbeginn bei 4 ppm (Olsen).
Im Versuchsjahr 1991/92 wurden 20 Weizensorten bei zwei unterschiedlichen Düngestufen angebaut, im darauffolgenden Versuchsjahr 1992/93 wurden aus diesem Sortiment 9 Sorten mit ebenfalls zwei Düngeintensitäten untersucht. Die Versuche in beiden Jahren wurden als split-plot Design angelegt und in zwei Blöcke aufgeteilt:
1) Hohe Düngeintensität: 120 kg N, 60 kg P, 25 kg Zn
2) Mittlere Düngeintensität: 60 kg N, 30 kg P, 12,5 kg Zn
Während der Vegetationszeit des Weizens von Dezember bis April wurden zu drei Zeitpunkten von je 10 Einzelpflanzen pro Parzelle Wurzel- und Sproßproben genommen (Schoßbeginn, Beginn Ährenschieben und Blühbeginn) (LÜTTGER et al., 1993).

3. Ergebnisse und Diskussion

Im Versuchsjahr 1991/92 war neben dem Einfluß der Sorten und der Düngungsintensität hauptsächlich die Gesamtwurzellänge und die mit VAM infizierte Wurzellänge zu Blühbeginn für die Ertragsbildung von Bedeutung. Daneben gab es auch einen Einfluß der Calcium- bzw. Magnesiumgehalte des Sprosses zur Bestockung, welcher jedoch eng mit der Gesamtwurzellänge verknüpft war.

Tab. 1: Varianzanalyse für Kornertrag, Wurzellänge und VAM-infizierte Wurzellänge zu Blühbeginn 20 Weizengenotypen bei zwei Düngeniveaus, F-Werte und deren Signifikanz (*,**,*** und ns sind signifikant P < 0,1, 0,05, 0,01 und nicht signifikant)

	FG	Ertrag	Wurzellänge zu Blühbeginn	Infizierte Wurzellänge (Blühbeginn)
Düngung	1	62,76**	0,06 ns	9,37*
Sorte	19	6,76***	2,26***	2,21***
Düngung x Sorte	19	2,09**	1,65*	1,39*
CV%		19,08	33,48	59,39

Tabelle 1 zeigt die Ergebnisse der Varianzanalyse für 20 Weizengenotypen über beide Düngungsstufen im Versuchsjahr 1991/92. Die Variation der Gesamtwurzellänge, aber auch die mit VAM infizierte Wurzellänge waren doppelt so groß wie der Variationskoeffizient für den Kornertrag. Trotz der hohen Variation gab es signifikante Unterschiede zwischen den Sorten und für die Interaktionen von Sorte und Düngung bei Parametern wie Wurzellänge und VAM-infizierte Wurzellänge. Ein Screening der Weizengenotypen hinsichtlich wurzelspezifischer Parameter (Wurzellänge, VAM-Effizienz) könnte die Frage der Ertragsstabilität bestimmter Sorten bei hoher und niedriger Düngeintensität zu erklären helfen.

Bei reduzierter Düngung zeigte sich zu Anfang der Vegetationszeit (Stadium der Bestockung) eine positive Korrelation zwischen Kornertrag und der mit VAM infizierten Wurzellänge (r = 0,48**, P<0,05). Diese positive Beziehung kehrte sich zu Blühbeginn in eine negative Korrelation um (r = -0,43*, P<0,1) (Abb. 1). Ebenso waren die Gesamtwurzellänge zu Blühbeginn und der Kornertrag negativ korreliert (r = -0,39*, P<0,1). Bei genauerer Analyse wurde jedoch deutlich (Cluster-Analyse), daß die Sorten sich in bezug auf Wurzellänge und Kornertrag in zwei Gruppen ordnen lassen. In beiden Gruppen getrennt verrechnet, ergab sich eine positive Beziehung zwischen Gesamtwurzellänge und Kornertrag (Abb. 1). In der Gruppe B, stellvertretend für die Mehrzahl der Sorten, war zumeist eine geringe Wurzellänge bzw. eine geringe VAM-infizierte Wurzellänge mit einem hohen Ertrag korreliert (r = 0,49*, P<0,1). Die Gruppe A, bestehend aus Sorten mit höherer Wurzellänge und zumeist höherer infizierter Wurzellänge, welche ebenfalls positiv mit dem Ertrag korreliert waren (r = 0,56), setzte sich ausschließlich entweder aus extrem kurzstrohigen Genotypen (S 948 A1, Norin 10) oder langstrohigen bzw. älteren Landsorten (C 591, PBW 226) zusammen.

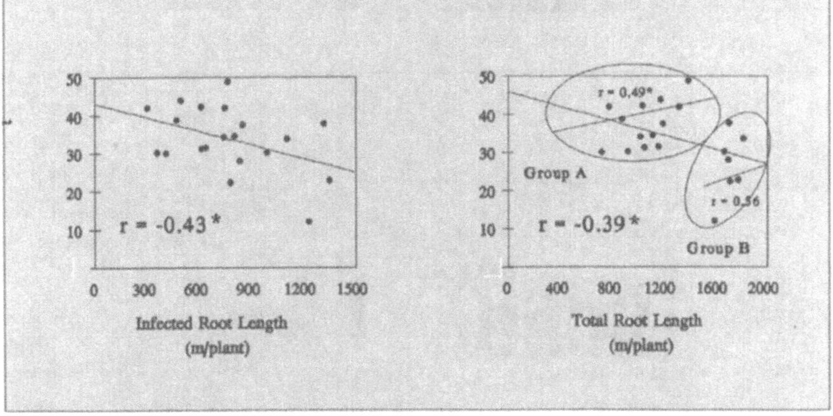

Abb. 1: Zusammenhang zwischen Kornertrag und VAM-infizierter Wurzellänge zu Blühbeginn (Infektionen durch native VAM-Pilzpopulation im Feld) bzw. Gesamtwurzellänge zu Blühbeginn von 20 Weizengenotypen, bei reduziertem Düngeaufwand, Feldversuch in Hisar, Indien, 1991/92.

Die Länge des Wurzelsystems und die Höhe der Mykorrhizierung einer Weizensorte sind neben Umweltfaktoren auch vom Weizengenotyp abhängig. Im zweiten Versuchsjahr 1992/93 wurden an Hand des Kornertrages, der Gesamtwurzellänge und VAM-infizierter Wurzellänge 9 Weizengenotypen aus dem Sortiment der 20 Sorten ausgewählt und ein weiterer Feldversuch angelegt. Die Daten aus beiden Versuchen wurden zweijährig verrechnet. Die Standorte beider Versuchsjahre unterschieden sich erheblich hinsichtlich ihrer Bodenfruchtbarkeit, was sich im Ertragsniveau (Mittelwerte der Standorte) widerspiegelte. Im ersten Jahr erzielten sechs Weizensorten (IWP 72, Harrier, HD 2285, C 306, WH 157 und R 3077) einen über dem Mittel liegenden Kornertrag bei reduzierter Düngung (Abb. 2). Im folgenden Versuchsjahr waren es die Sorten HD 2285, C 306, WH 157 und R 3077, die den höchsten Ertrag erbrachten. Die Sorten waren hinsichtlich ihrer Wurzellänge in denen durch die Cluster-Analyse vorgegebenen Gruppen Gruppe A und B vertreten. Sowohl die Länge des Wurzelsystems als auch die Höhe der infizierten Wurzellänge schienen für die Ertragsbildung nicht unmittelbar von Bedeutung zu sein. Aufgrund des besseren Standortes 1992/93 war das Wurzelwachstum im 2. Jahr verringert, und es gab geringere signifikante Unterschiede zwischen den Sorten. Wohl aber unterschieden sich die Sorten hinsichtlich ihrer infizierten Wurzellänge in beiden Jahren signifikant, und hier war es die Sorte C 306, die in beiden Jahren die höchste infizierte Wurzellänge zu Blühbeginn aufwies.

Die Fähigkeit einer Weizensorte, unterschiedlichen Anbaubedingungen, wie der Bodenfruchtbarkeit und der Höhe der Düngung, durch eine Plastizität des Wurzelsystems zu begegnen, schien für die Ertragsrealisierung auf reduziertem Düngeniveau von großer Bedeutung zu sein. Aufgrund der Wurzelparameter (Gesamtwurzellänge und VAM-infizierter Wurzellänge) und der damit verbundenen Ertragshöhe wiesen die Sorten C 306, HD 2285, R 3077 und WH 157 die größte Anpassungsfähigkeit sowohl auf hohem als auch auf niedrigem Düngeniveau auf und wären als nährstoffeffizient zu bezeichnen.

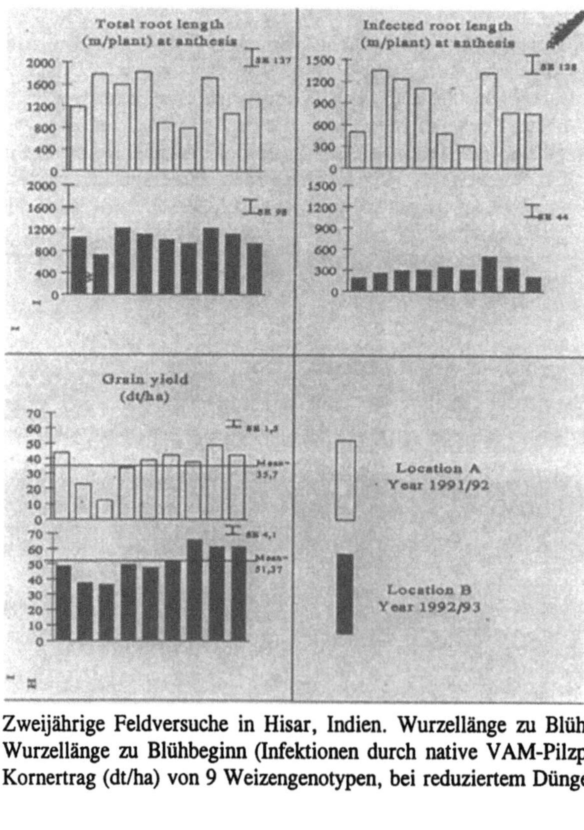

Abb. 2: Zweijährige Feldversuche in Hisar, Indien. Wurzellänge zu Blühbeginn, VAM-infizierte Wurzellänge zu Blühbeginn (Infektionen durch native VAM-Pilzpopulation im Feld) und Kornertrag (dt/ha) von 9 Weizengenotypen, bei reduziertem Düngeaufwand

4. Schlußfolgerungen

Die starke Zunahme der Bevölkerung in Indien und der damit verbundene Zwang, kurzfristig noch mehr Nahrungsmittel zu produzieren, werden die Bodenfruchtbarkeit zunehmend gefährden. Die Selektion von nährstoffeffizienten Weizensorten, die sich bei reduziertem Input als ertragsstabil erweisen, wird somit vorangetrieben werden müssen.

Zur Realisierung eines hohen Kornertrages bei reduzierter Düngung spielt die Plastizität des Wurzelsystems eine große Rolle. Ein intensives Wurzelsystem hat bei ungünstigeren Bodenbedingungen zusammen mit einer hohen VAM-Effizienz durchaus Bedeutung. Bei zunehmender Bodenfruchtbarkeit verliert jedoch VAM an Relevanz. Weizensorten mit einer Anpassungsfähigkeit hinsichtlich des Wurzelsystems und einer Mykorrhizaeffizienz könnten für eine Selektion von 'low-input' Weizengenotypen von Bedeutung sein und zu stabilen Erträgen beitragen.

5. Literatur

LÜTTGER, A.B., MANSKE, G.G.B., BEHL, R.K. & VLEK. P.L.G., (1993): Nährstoffaneignung von Weizengenotypen in Abhängigkeit von VA-Mykorrhiza und Gesamtwurzellänge: Felduntersuchungen in Nordindien. In: 4. Wissenschaftl. Arbeitstagung, 30.8. - 1.9.1993, Borkheide, S. 49-52.

3

Wurzelbürtige organische Verbindungen und Stoffumsatz in der Rhizosphäre

^{15}N-FREISETZUNG VON WEIZENWURZELN UNTER BODENBEDINGUNGEN

REINING, E.; MERBACH, W.; KNOF, G.

Zentrum für Agrarlandschafts- und Landnutzungsforschung (ZALF) e.V.
Institut für Ökophysiologie der Primärproduktion
Eberswalder Str. 84
15374 Müncheberg

Bekanntlich geben Pflanzen über die Wurzeln Stoffe ab und üben damit einen starken Einfluß auf die Wurzelumgebung aus. Während zur Kohlenstoffabgabe aus Wurzeln bereits etliche Befunde vorliegen (HELAL u. SAUERBECK 1989, MERBACH et al. 1990), ist über die Stickstoffabgabe bisher nur wenig bekannt (vgl. aber JANZEN u. BRUINSMA 1989). Bei vielen der bisher beschriebenen Versuche wurden die Pflanzen in z. T. steriler Flüssigkeitskultur gehalten. Es ist jedoch bekannt, daß in feste Substrate größere Stoffmengen abgegeben werden als in Flüssigkeiten (BARBER u. GUNN 1974). Ferner hat sich in Untersuchungen von BIONDINI et al. (1988) gezeigt, daß auch die Mikrobenbesiedlung der Wurzeln einen Einfluß auf die Höhe der Rhizodeposition haben kann. Es lag deshalb nahe, die Stickstoffabgabe in das natürliche Substrat, also in den Boden, zu untersuchen. Eines der Probleme bei derartigen Untersuchungen liegt darin, daß man eine Möglichkeit finden muß, den im Boden befindlichen Stickstoff von dem wurzelbürtigen N zu unterscheiden. Bei geeigneter Versuchsanstellung bietet sich eine Möglichkeit hierzu durch Einsatz von Tracern. Im vorliegenden Experiment wurde daher mit Hilfe von ^{15}N versucht, die Stickstoffabgabe von Weizenwurzeln in Split-root-Gefäßen zu quantifizieren und die im Boden gefundenen ^{15}N-Verbindungen zu charakterisieren.

Material und Methoden

Die Versuche wurden mit Sommerweizen "Mario" durchgeführt. Als Pflanzbehälter dienten Split-root-Gefäße (Abb. 1), die mit 1400 g lehmigem Sand (je Kompartiment 700 g) gefüllt wurden. Der Boden wurde wie folgt aufgedüngt: pro kg Boden 110 mg N als NH_4NO_3, 95 mg P als $CaHPO_4 \times 2H_2O$, 240 mg K als K_2SO_4, 54 mg Mg als $MgSO_4 \times 7 H_2O$, 3 mg Fe als $FeCl_3$ und 0,18 ml A-Z-Lösung (a+b) nach HOAGLAND. Dabei wurde der Boden je eines Kompartimentes der Gefäße mit ^{14}N (77 mg NH_4NO_3 in 700 g Boden), der des anderen Kompartimentes mit der gleichen Menge der entsprechenden ^{15}N-Verbindung (95 at.-% ^{15}N exc.) gedüngt.

Die Pflanzen wurden auf Filterpapier angezogen, bis ihre Wurzeln etwa 2 cm Länge erreicht hatten (beginnendes Austreten des 1. Blattes aus der Koleoptile). Aus dem Material wurden Pflanzen mit 4 Wurzeln ausgewählt und diese so auf die Trennwand der Gefäße gesetzt, daß je 2 Wurzeln in den Boden der beiden Kompartimente reichten. Nach 7 Wochen (Schossen) wurden die Pflanzen geerntet, wobei der Sproß sowie Wurzeln und Boden aus den beiden Kompartimenten getrennt wurden. Das Material wurde getrocknet und gewogen und anschließend nach Kjeldahl auf den Gesamt-N-Gehalt und emissionsspektrometrisch auf den ^{15}N-Gehalt untersucht.

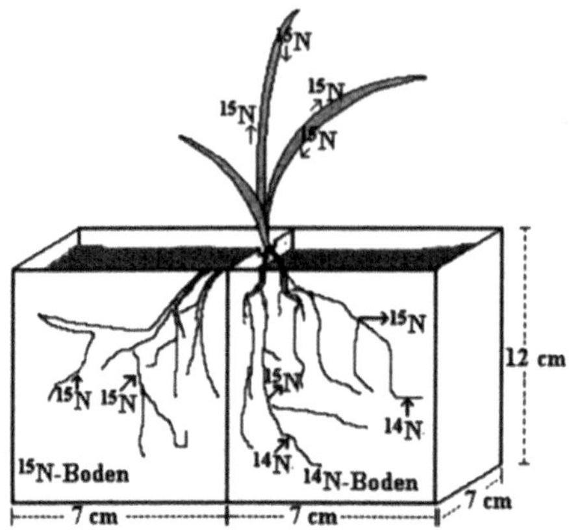

Abb. 1: Schema der im Versuch verwendeten Split-root-Gefäße

Der Boden-N wurde weiterhin (vgl. BREMNER 1965) aufgetrennt durch:

a) Extraktion der löslichen und austauschbaren anorganischen N-Verbindungen (NO_3^- und NH_4^+) mit 2M KCl
b) Extraktion der hydrolysierbaren organischen N-Verbindungen durch Säurehydrolyse (12 Stunden Kochen am Rückfluß mit 6M HCl)

Ergebnisse und Diskussion

Die in Pflanze und Boden gefundenen ^{15}N- Mengen sind in Tabelle 1 aufgeführt. Hierbei sind das mit ^{15}N gedüngte Boden-Kompartiment sowie der hierin befindliche Wurzelteil (Applikationsorgan) nicht berücksichtigt. Die aufgeführten Mengen stellen damit nur den Teil des ^{15}N dar, der in die Pflanze aufgenommen wurde und dort verblieb oder über die Wurzel wieder an den Boden des mit ^{15}N versorgten Kompartimentes abgegeben wurde.

Tabelle 1: ^{15}N-Mengen in Sproß, unbehandeltem Wurzelteil (Wurzel(^{14}N)), Gesamtpflanze ohne behandelten Wurzelteil, mit ^{14}N gedüngtem Boden (Boden(^{14}N)) sowie im Gesamtsystem

Gefäß Nr.	mg ^{15}N Sproß	mg ^{15}N Wurzel(^{14}N)	mg ^{15}N Pflanze	mg ^{15}N Boden(^{14}N)	mg^{15}N Gesamt
1	11,55	0,17	11,72	0,97	12,69
2	9,23	0,33	9,56	0,77	10,33
3	11,18	0,43	11,62	0,71	12,33
4	10,72	0,35	11,07	0,72	11,78
Mittelwert	10,67	0,32	10,99	0,79	11,78
Standard-Abw.	1,02	0,11	1,00	0,12	1,04

Wie die Werte ausweisen, beträgt die im Versuch ermittelte ^{15}N-Rhizodeposition pro Pflanze etwa 0,8 mg. Da dies nur die Menge ist, die vom unbehandelten Wurzelteil abgegeben wurde, ist größenordnungsmäßig von einer etwa doppelt so hohen Gesamtabgabe auszugehen.

Die Verteilung des ^{15}N im System Pflanze-Boden (ausschließlich ^{15}N-gedüngtem Kompartiment und behandeltem Wurzelteil) geht aus Tabelle 2 hervor.

Tabelle 2: Prozentuale Anteile der ^{15}N-Verteilung in Sproß, unbehandeltem Wurzelteil und mit ^{14}N gedüngtem Boden - Absolutwerte siehe Tabelle 1

Gefäß	% des Gesamt- ^{15}N in:			
Nr	Sproß	Wurzel(^{14}N)	Pflanze	Boden(^{14}N)
1	91,00	1,34	92,33	7,67
2	89,36	3,15	92,51	7,49
3	90,71	3,52	94,24	5,76
4	91,00	2,93	93,93	6,07
Mittelwert	90,52	2,74	93,25	6,75
Standard-Abw.	0,78	0,96	0,97	0,97

Über 90 % des ^{15}N im Gesamtsystem (Sproß, Wurzel(^{14}N) und Boden(^{14}N)) befanden sich im Sproß, dagegen nur 2 bis 3 % im unbehandelten Wurzelteil. An den Boden wurden etwa 6 bis 8 % abgegeben.

Die chemische Fraktionierung des Bodens des nicht mit ^{15}N gedüngten Kompartimentes ergab die in Tabelle 3 dargestellten Ergebnisse.

Tabelle 3: Verteilung des von Weizenpflanzen an den Boden abgegebenen ^{15}N auf einzelne Boden-N-Fraktionen im mit ^{14}N gedüngten Teils der Split-root-Gefäße

Boden-N-Fraktion	Absolutwerte (μg/Gefäß)	Prozentwerte
Gesamt-^{15}N im Boden	800	100
KCl-Extrakt (2M)		
NH_4^+-N	12,6	1,6
NO_3^--N	58,9	7,4
Summe	71,5	8,9
HCl-Hydrolyse (6M)	485,7	60,7
davon:		
NH_4^+-N	155,5	19,4
Aminosäure-N	155,1	19,4
Σ KCl + HCl-Extrakte	557,2	69,7

Es zeigt sich, daß im KCl-Auszug (Summe der löslichen und austauschbaren anorganischen N-Verbindungen) ca. 9 % und in der Fraktion des hydrolysierbaren organischen N (Säurehydrolyse mit 6M HCl) ca. 60 % der durch die Wurzeln freigesetzten ^{15}N-Verbindungen enthalten waren. Bei der chemischen Fraktionierung des Bodenstickstoffs ist zu beachten, daß die von der Wurzel abgegebenen Verbindungen im Boden durch die Mikroflora sekundär verändert worden sein könnten. Einen genaueren Aufschluß über die primär von den Wurzeln abgegebenen Stoffgruppen kann man daher nur durch Versuche mit sterilem Boden gewinnen.

Zusammenfassung

Sommerweizenpflanzen wurden vom Stadium des Auflaufens an in Split-root-Gefäßen mit Boden als Substrat über eine Wurzelhälfte mit ^{15}N ($^{15}NH_4{}^{15}NO_3$, 95 at.-% ^{15}N exc.) versorgt. Zum Schossen ließen sich etwa 90 % des während der Versuchszeit durch die Pflanzen aufgenommenen ^{15}N in den Sprossen, ca. 3 % in der nicht mit ^{15}N versorgten Wurzelhälfte und etwa 7 % im Boden dieser Gefäßhälfte wiederfinden. Davon befanden sich etwa 60 % in der Fraktion des hydrolysierbaren organischen Boden-N (HCl-Hydrolysat) und etwa 6 % im KCl-Extrakt (löslicher und austauschbarer Boden-N).

Literatur:

BARBER, D. A.; GUNN, K. B.: The effect of mechanical forces on the exudation of organic substances by the roots of cereal plants grown under sterile conditions. New Phytol. **73**, 39-45 (1974)

BIONDINI, M.; KLEIN, D. A.; REDENTE, E. F.: Carbon and nitrogen losses through root exudation by Agropyron cristatum, A. smithii and Bouteloua gracilis. Soil Biol. Biochem. **20**, 477-482 (1988)

BREMNER, J. M.: Organic forms of nitrogen. In: BLACK, C. A.; EVANS, D. D.; WHITE, J. L.; ENSMINGER, L. E.; CLARK, F. E.: Methods of soil analysis. Part 2: Chemical and microbiological properties. American Society of Agronomy Inc. Madison, Wisconsin, USA (1965)

HELAL, H. M.; SAUERBECK, D.: Carbon turnover in the rhizosphere. Z. Pflanzenern. Bodenk. **152**, 211-216 (1989)

JANZEN, H. H.; BRUINSMA, Y.: Methodology for the quantification of root and rhizosphere nitrogen dynamics by exposure of shoots to N-labelled ammonium. Soil Biol. Biochem. **21**, 189-196 (1989)

MERBACH, W.; KNOF, G.; MIKSCH, G.: Quantifizierung der C-Verwertung im System Pflanze-Rhizosphäre-Boden. Tag.-Ber. Akad. Landw. Wiss. Berlin **295**, 57-63 (1990)

Ökophysiologie des Wurzelraumes Nr. 5 (1994)

RÄUMLICHE VERTEILUNG VON WURZELBÜRTIGEM ^{15}N IN VERSCHIEDENEN BODENZONEN

V. TOUSSAINT, W. MERBACH, E. REINING

Zentrum für Agrarlandschafts- und Landnutzungsforschung (ZALF) e. V.
Institut für Ökophysiologie der Primärproduktion
Eberswalder Straße 84
D - 15374 Müncheberg

In einer vorangegangenen Arbeit (REINING et al. 1994) wurde mit Hilfe der "Split-root"-Technik gezeigt, daß die Wurzeln junger Weizenpflanzen ca. 7 % des aus einer (mit $^{15}NH_4{}^{15}NO_3$ gedüngten) Gefäßhälfte aufgenommenen ^{15}N an den Boden der anderen (nicht mit ^{15}N versorgten) Gefäßhälfte wieder abgeben können. Bekanntlich ist aber mit dieser Methodik eine vollständige Bilanzierung des im System Pflanze-Boden befindlichen ^{15}N nicht möglich, da die ^{15}N-"behandelte" Gefäßhälfte (und die zugehörige Wurzelhälfte sowie deren ^{15}N-Freisetzung) nicht in die Berechnung einbezogen werden kann. In der vorliegenden Arbeit sollte daher versucht werden, den Pflanzen mit Hilfe einer $^{15}NH_3$-Begasung ^{15}N über die Sprosse zuzuführen. Dieses Vorgehen erschien insofern gerechtfertigt, als in der Literatur die Fähigkeit von Pflanzen zur Assimilation und Verwertung von Ammoniak nachgewiesen worden ist (JANZEN u. BRUINSMA 1989, REINING et al. 1992). Dabei waren solche $^{15}NH_3$-Konzentrationen einzusetzen, die einerseits keine phytotoxischen Effekte ausüben, andererseits jedoch eine für den analytischen Nachweis im Boden ausreichend hohe ^{15}N-Anreicherung im System erzielen. Da über die Beweglichkeit der (primär) wurzelbürtigen N-Verbindungen im Boden im Unterschied zu derjenigen der C-Verbindungen (vgl. HELAL u. SAUERBECK 1981, 1989) bisher nichts bekannt ist, sollte neben der Menge des freigesetzten N auch dessen Verteilung in verschiedenen Entfernungen von den Wurzeln untersucht werden.

Material und Methoden

Als Versuchspflanze diente Sommerweizen (Triticum aestivum L., cv. Mario). Die Pflanzenanzucht erfolgte in Gefäßen mit einer Dreiteilung des Wurzelraumes (modifiziert nach HELAL u. SAUERBECK, 1981), die eine gasdichte Separierung mittels Silikonkautschuk von Sproß und Wurzel erlaubten (Abb. 1). Die einzelnen Bodenzonen, die Zentralzone mit 1 cm Breite sowie die wurzelnahe und die wurzelferne Zone mit jeweils 0,5 cm Breite, waren voneinander durch Gazenetze mit 0,035 mm Maschenweite getrennt, so daß in die wurzelnahen Zonen noch Wurzelhaare einwachsen konnten. Als Substrat diente Müncheberger Boden (anlehmiger Sand, albic luvisol, nähere Angaben vgl. TOUSSAINT et al. 1995). Die Versuchsgefäße wurden mit 700 g Boden gefüllt und erhielten pro kg Boden eine Düngung von 110 mg N als NH_4NO_3, 95 mg P als $CaHPO_4*2H_2O$, 240 mg K als K_2SO_4, 54 mg Mg als $MgSO_4$, 3 mg Fe als $FeCl_3$ und 0,18 ml A-Z-Lösung nach Hoagland (a+b). Die Wasserversorgung entsprach 60 % der maximalen Wasserkapazität. Drei Bohrungen im Gefäßdeckel dienten der Pflanzung von Keimlingen der Sommerweizensorte "Mario", die bis zum Vierblattstadium herangezogen wurden. Der Versuch wurde in 5 Wiederholungen angelegt.

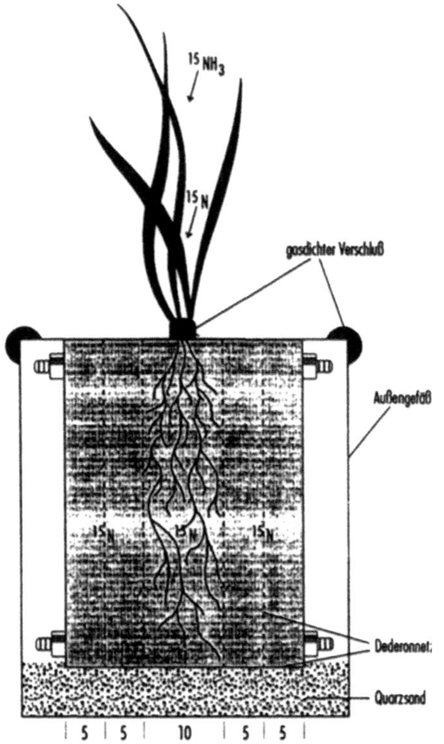

Abb. 1: *Schematische Darstellung der Gefäße zur Untersuchung der ^{15}N-Verteilung in unterschiedlicher Entfernung von der Wurzel (modifiziert nach HELAL u. SAUERBECK 1981)*

Die Markierung mit ^{15}N erfolgte durch eine Begasung mit Ammoniak, das durch Einleiten von $(^{15}NH_4)_2SO_4$ (95 at-% exc.) in Natronlauge erzeugt und mittels einer Laborpumpe in die Begasungsküvette geleitet wurde (vgl. REINING et al. 1992). Für eine gleichmäßige Verteilung sorgte ein Ventilator. Die Weizenpflanzen erhielten in 2-tägigem Wechsel 6 Pulsmarkierungen (4 h Dauer, maximal 15 ppm) von $^{15}NH_3$ verabreicht.
Zwei Tage nach dem letzten Begasungstermin (Schoßbeginn) wurden die Sprosse an der Silikondichtung abgeschnitten und die Gefäße zerlegt. An den Wurzeln anhaftender Boden konnte durch vorsichtiges Abschütteln und kurzzeitiges Eintauchen in Wasser entfernt werden; das Waschwasser wurde dem Boden aus der zentralen Wurzelzone zugefügt. Nach dem Trocknen erfolgte die Bestimmung der Gesamtstickstoff- und ^{15}N-Gehalte. Diese geschah bei den Pflanzenproben nach Kjeldahlaufschluß emissionsspektrometrisch (FAUST et al. 1981). Die Bodenproben wurden aufgrund der geringen ^{15}N-Anreicherung im Massenspektrometer analysiert.

Ergebnisse

Die angewendeten $^{15}NH_3$-Konzentrationen riefen in Vorversuchen keine phytotoxischen Effekte bei den Weizenpflanzen hervor (vgl. auch REINING et al. 1992). Sie erlaubten eine ^{15}N-Markierung der Sommerweizenpflanzen, die zu einer meßbaren ^{15}N-Anreicherung noch in der äußeren, wurzelfernen Bodenzone führte. Die Bestimmung der Wiederfindungsquote ergab, daß 65 % des applizierten ^{15}N aufgenommen und im Gesamtsystem verblieben waren (hier nicht zahlenmäßig dargestellt). Die Stickstoff- und ^{15}N-Gehalte der Pflanzen sind in Tabelle 1 dargestellt. Die ^{15}N-Anreicherung in der Wurzel betrug nur etwa 40 % der Anreicherung im Sproß (13,1 zu 5,1 at-% $^{15}N_{exc.}$). Dies befindet sich in Übereinstimmung mit Literaturbefunden (JANZEN u. BRUINSMA 1989).
Tabelle 2 gibt einen Überblick über die Verteilung des ^{15}N im Gesamtsystem. Die Werte sind die Mittel aus den fünf Wiederholungen und beziehen sich auf ein Versuchsgefäß mit jeweils drei Pflanzen. Es zeigt sich, daß der größte Teil der ^{15}N-Markierung in den Sprossen verblieben war. Nur jeweils etwa 5 % wurde in den Wurzeln und im Boden wiedergefunden. Die Verteilung des pflanzenbürtigen Stickstoffs in den 3 Bodenzonen läßt sich dem unteren Teil der Tabelle 2 entnehmen. Die ^{15}N-Menge nahm von der Wurzel nach außen hin kontinuierlich ab. Im wurzelfernen Kompartiment konnten noch 12 % des pflanzenbürtigen Stickstoffs gefunden werden. Dieser Befund ist das Nettoresultat aus Abgabe- und Aufnahmeprozessen während 2 Wochen. Hochrechnungen über die tatsächliche Stickstoffabgabe eines Weizenbestandes während der Vegetationsperiode sind deshalb mit Zurückhaltung zu bewerten. Sie dürfte mit etwa 10 bis 20 kg pro ha und Jahr (vgl. MERBACH et al. 1994) aber signifikante Werte erreichen.

Tabelle 1: Trockenmasseertrag, Gesamt-N- bzw. ^{15}N-Gehalte bzw. -Mengen von Weizenpflanzen nach Sproßbegasung mit $^{15}NH_3$
(Gefäßversuche mit 700 g anlehmigem Sandboden als Substrat, Wachstumsbedingungen: 60 % der maximalen Wasserkapazität, 25 klux, 15/20 °C (Nacht/Tag).
Versuchsbeginn: 4-Blatt-Stadium. Pulsmarkierung mit max. 15 ppm $^{15}NH_3$-95 at-% $^{15}N_{exc}$. 6 mal 4 h.

Meßgröße	Sproß	Wurzel	Gesamtpflanze
Trockenmasse (g/Gefäß)	0,88	0,52	1,40
% N in der TS	3,7	1,0	2,7
N-Menge (mg/Gefäß)	32,56	5,2	37,76
^{15}N-Abundanz (at-% $^{15}N_{exc.}$)	13,1	5,1	12,0
^{15}N-Menge (mg/Gefäß)	4,265	0,256	4,521

Tabelle 2: ^{15}N-Verteilung in Weizenpflanzen nach $^{15}NH_3$-Begasung (Details zu den Versuchsbedingungen siehe Tabelle 1).

Fraktion	µg ^{15}N/Gefäß	rel. zu 1	rel. zu 3
1 Gesamt-System Pflanze-Boden	4752	100,0	-
2 Pflanze gesamt, davon:	4521	95,1	-
a) Sproß	4265	(89,8)	-
b) Wurzeln	256	(5,3)	-
3 Netto-^{15}N-Abgabe in den Boden, davon:	231	**4,9**	100,0
a) Wurzelzone	142	(3,0)	61,5
b) wurzelnahe Zone	61	(1,3)	26,4 } 38,5
c) wurzelferne Zone	28	(0,6)	12,1

Literatur

FAUST, H.; BORNHACK, H.; HIRSCHBERG, K.; JUNG, K.; JUNGHANS, P.; KRUMBIEGEL, K.: ^{15}N-Anwendung in der Biochemie, Landwirtschaft und Medizin. - Eine Einführung. Schriftenreihe Anwendungen von Isotopen und Kernstrahlungen in Wissenschaft und Technik. Isocommerz Berlin **5**, 1-93 (1981)

HELAL, H.M.; SAUERBECK, D.: Ein Verfahren zur Trennung von Bodenzonen unterschiedlicher Wurzelnähe. Z. Pflanzenernährg. Bodenk. **144**, 524-527 (1981)

HELAL, H.M.; SAUERBECK, D.: Carbon turnover in the rhizosphere. Z. Pflanzenernährg., Bodenk. **152**, 211-216 (1989)

JANZEN, H.H.; BRUINSMA, Y.: Methodology for the quantification of root and rhizosphere nitrogen dynamics by exposure of shoots to ^{15}N labelled ammonia. Soil Biol. Biochem. **21**, 189-196 (1989)

MERBACH, W.; REINING, E.; KNOF, G.: Quantifizierung und Teilcharakterisierung wurzelbürtiger ^{15}N-Verbindungen im Boden, untersucht am Beispiel von Triticum aestivum L.. Spuren- und Mengenelemente (Jena) **14**, 485-490 (1994)

REINING, E.; MERBACH, W.; AUGUSTIN, J.: ^{15}N-Bilanzierung im System Pflanze-Boden nach $^{15}NH_3$-Begasung. In: MERBACH, W. (Hrsg.): Ökophysiologie des Wurzelraumes (Borkheide, Müncheberg) **3**, 58-62 (1992)

REINING, E.; MERBACH, W.; KNOF, G.: ^{15}N-Freisetzung von Weizenwurzeln unter Bodenbedingungen. In: MERBACH, W. (Hrsg.): Ökophysiologie des Wurzelraumes (Borkheide, Schmerwitz, Müncheberg) **5**, 111-114 (1994)

TOUSSAINT, V.; MERBACH, W.; REINING, E.: Deposition of ^{15}N into soil layers of different proximity to roots by wheat plants. Isotopenpraxis Environm. Health Stud. **31** (1995), im Druck

FLAVONOIDE IM WURZELRAUM VON *ROBINIA PSEUDOACACIA* - ISOLIERUNG, IDENTIFIKATION, INTERAKTION

WETZEL, A. SCHEIDEMANN, P. UND WERNER, D
Philipps-Universität Marburg, Fachbereich Biologie - Botanik, Karl-von-Frisch-Straße, 35032 Marburg

Einleitung: *Robinia pseudoacacia* als Vertreter der Baum-Leguminosen zählt zu den wenigen Baumarten, die bei verhältnismäßig hohen jährlichen Zuwachsraten (bis zu 2,5 m) gleichzeitg relativ dichtes und widerstandsfähiges Holz aufweisen.
Aufgrund ihrer Toleranz gegenüber Streßfaktoren wie Schwermetallbelastung und SO_2-Immissionen, wird die Robinie gerne zur Aufforstung ehemaliger Industrieflächen verwendet. Ihre Fähigkeit zur Bildung stickstoffixierender Wurzelknöllchen und die verbesserte Phosphataufnahme durch Mykorrhizierung mit Endomykorrhizen (EAM) verschaffen ihr darüber hinaus Vorteile bei der Besiedlung nährstoffarmer Standorte. Ökologen und Naturschützer beobachten die rasche Ausbreitung der Robinien mit gemischten Gefühlen, inbesondere dort, wo ehemals magere Standorte durch die Besiedlung mit Robinien eutrophieren. Zudem sind einmal etablierte Robinienbestände nur schwer wieder zu eliminieren. Stockausschläge und Erneuerungsknospen an horizontalen Wurzeln machen die Robinie zu einem regelrechten "Unkraut". Für Ökophysiolgen ist die Robinie jedoch aufgrund ihrer hohen Anpassungsfähigkeit an verschiedenste Umweltbedingungen ein lohnendes Forschungsobjekt.
Die Bildung von Allelochemikalien und die Bildung von antibakteriellen und antimykotischen Wirkstoffen wird für die hohe Resistenz des Robinienholzes gegenüber mikrobiellen Zersetzungsprozessen verantwortlich gemacht. Als antimykotisch sind im Kernholz der Robinie neben Tanninen u.a. die Flavonoide Robinin und Robinetin nachgewiesen. In der symbiotischen Interaktion zwischen Leguminosen und Rhizobien (und vermutlich auch in der vesikulär-arbuskulären Mykorrhiza) sind bestimmte Flavonoide hingegen als Signalstoffe beim wechselseitigen Erkennungsprozeß zwischen Makro- und Mikrosymbionten bekannt geworden. Bestimmte Flavonoide sind verantwortlich für die *nod*-Gen-Induktion, also für die Induktion von Genen, deren Genprodukte z.B. direkt oder indirekt an der Auslösung von Wurzelhaardeformationen und der Ausbildung meristematischer Strukturen in der frühen Infektionsphase beteiligt sind.

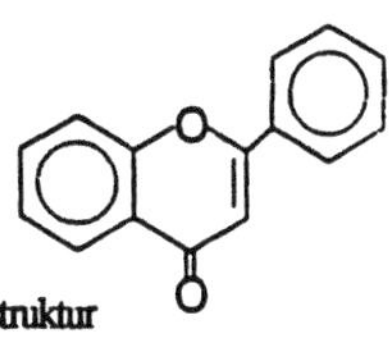

Abb. 1: Flavon-Grundstruktur

Die Wechselwirkung der Leguminosen und ihrer symbiontischen Bakterien mit Hilfe der Flavonoide ist für ein-, bzw. zweijährige Pflanzen, wie *Glycine max* und *Medicago sativa* gut bekannt, über die phenolischen Komponenten im Wurzelexsudat der Robinie und die spezifischen Bedingungen langlebiger Wurzelsysteme von Baumleguminosen liegen jedoch unseres Wissens keine Arbeiten vor. Im folgenden wird berichtet über a) die Isolierung von Flavonoiden aus dem Wurzelexsudat von *R. pseudoacacia*, b) die Identifikation der Flavonoide mittels HPTLC, HPLC und GC/MS und die *nod*-Gen-induzierende Aktivität der isolierten Flavonoide.

Methoden: Zur **Isolierung** von Flavonoiden bietet sich die Filtermethode an, bei der steril vorgezogene Robinienkeimlinge auf einem Celluloseacetat-Filter exponiert und kultiviert werden. Unabhängig von ihrer jeweiligen Hydrophobizität binden Flavonoide an diesen Filter und können nach Ende der Inkubationszeit mit Methanol abgewaschen werden. Der Extrakt wird mittels Speed-Vac-Konzentrator eingeengt und in einer zweidimensionalen Chromatographie über HPTLC-Platten gereinigt bzw. aufgetrennt (Nano-Sil 20 UV_{254}, Schichtdicke 0,2 mm; Laufmittel I: 93 Chloroform, 6 MeOH, 1 Formiat;

Laufmittel II: 75 Toluol, 25 Ethylacetat, 4 MeOH, 1 Acetat). Anhand der typischen UV-Spektren (Densitometer CD 600, Desaga) und der R_f-Werte läßt sich eine erste Zuordnung zu Flavonen, Flavonolen, Flavanonen, Chalconen etc. vornehmen. Die **Identität** der Spots wurde anschließend mittels Referenzsubstanzen durch Co-Chromatographie verifiziert. Analog dazu wurde eine Auftrennung und Einzelsubstanzanalyse über HPLC vorgenommen, wobei ein Acetonitril/Wasser-Gradient Verwendung fand (ODS-Hypersil 250 x 4 mm/5 µm; Acetonitril in 25 min von 18 % auf 55 %, pH 3). Für die Erstellung von Massenspektren (Massenspektrometer Finnigan ITD 800) wurden die über Dünnschicht- oder Säulenchromatgraphie vorgereinigten Substanzen zu Trimethylsilylethern derivatisiert (über Nacht bei 60 °C in BSTFA mit 1% TMS). Auf einer unpolaren Säule kann in der Regel bei Temperaturen um 300 °C eine saubere Trennung und Darstellung der Molmassen erreicht werden (DB1; 60 auf 280°C in 5°C /min, 280 auf 320°C in 5° C/min; Injektor 280 °C, splitless).
Für den ***nod*-Gen-Induktionstest** wurde ein broad-host-range Stamm verwendet, *Rhizobium NGR* 234 pa 27 (Broughton t al. 1986), der außer Robinien noch über 200 andere Leguminosen nodulieren kann (W.J. Broughton, pers. Mitteilung). Die *nod*-box/*LacZ* Fusion auf dem Plasmid *pA* 27 führt zur Expression der ß-Galaktosidase bei Anwesenheit *nod*-Gen induzierender Flavonoide. Die Aktivität der ß-Galaktosidase wird mit Hilfe einer Indikatorreaktion bestimmt, bei der 2-Nitrophenyl-beta-o-Galacto-Pyranosid gespalten wird. Die auftretende Gelbfärbung wird photometrisch quantifiziert und als Miller-Units angegeben (Miller, 1972).

Ergebnisse: Nach Auftrennung der vom Celluloseacetat-Filter extrahierten Wurzelexsudate waren nach 2-dimensionaler Auftrennung 34 Spots zu erkennen, von denen zehn, die nach Farbe und Rf-Werten Charakteristika der Flavonoide zeigten, näher analysiert wurden. Sie wurden als Komponenten 1-10 bezeichnet. Nach saurer und enzymatischer Hydrolyse zeigte sich keine Veränderung der Spots, so daß es sich mit großer Wahrscheinlichkeit um Aglyka und nicht um Flavonoidglykoside handelte. Die Identifikationsmerkmale sind in der folgenden Tabelle zusammengefaßt.

Tab. 1: Eckdaten der Identifikation von Flavonoiden aus dem Wurzelexsudat von *Robinia pseudoacacia*.

Standard / Komponente	UV-Spektrum [nm]	HPLC-Retentionszeit [min]	GC-Retentionszeit [min]
4',7-Dihydroxyflavon /	246sh/328	15,7	20,10
Komponente 1	248sh/328	15,82	20,10
Apigenin /	265/336	/	21,10
Komponente 4	265/336	/	21,60
Naringenin /	218/288/328sh	19,43	18,9
Komponente 5a	221/288/328	19,65	18,87
Isoliquiritigenin /	236/300sh/366	21,75	19,03
Komponente 5b	231/300sh/366	21,84	19,10

Tab. 2: MS-Analyse von Flavonoiden als Trimethylsilylderivate. Der rFit (reverse fit) gibt die relative Übereinstimmung mit dem Standard an. Bei biologischem Probenmaterial ist nach Konvention ein rFit von > 700 als Identitätsnachweis ausreichend.

Komponente	Mr	Anzahl OH-Gruppen	Mr TMS-Derivate	Mr Basis-Peak	rFit
4',7-Dihydroxyflavon	254	2	399	384	728
Apigenin	270	3	487	472	741
Naringenin	272	3	489	474	712
Isoliquiritigenin	256	3	473	458	786

Die anderen Komponenten im Wurzelexsudat sind noch nicht zweifelsfrei identifiziert. Sie wurden jedoch in die Untersuchung der *nod*-Gen-induzierenden Wirkung des Wurzelexsudates von *Robinia pseudoacacia* mit einbezogen. Mit Hilfe des *nod*-Gen-Induktionstests konnte gezeigt werden, daß fast alle der untersuchten Wurzelextrakt-Komponenten (Spot 1-10) in der Lage sind, die *nod*-Gene des Rhizobium-Stammes *NGR* 234 *pA* 27 zu induzieren. Die Intensität der *nod*-Gen- Induktion war konzentrationsabhängig und erreichte in den meisten Fällen ihr Optimum bei 10^{-4} bis 10^{-5} M (Abb. 2; nicht identifizierte Substanzen nicht dargestellt). Von den noch nicht identifizierten Spots wiesen 2 weitere Substanzen eine starke (> 3 fache der Hintergrundaktivität der endogenen ß-Galaktosidase ohne Flavonoideinwirkung), und drei eine schwache *nod*-Gen-induzierende Wirkung auf. Die anderen Komponenten waren im Test nicht induzierend.
Da vom Wurzelexsudat anderer Leguminosen bekannt ist, daß sich verschiedene Flavonoide in iher *nod*-Gen induzierenden Wirkung gegenseitig aufheben können, wurde überprüft, ob auch der Gesamt-Wurzelexsudat-Extrakt im Vergleich zu den isolierten Einzelkomponenten induzierende Wirkung aufweist (Abb. 3) Das Wurzelexsudat wurde in 4 verschiedenen Verdünnungen im Test eingesetzt. Die Verdünnung 1: 100, bei der die dem Anzuchtgefäß adäquaten Konzentrationen erreicht sind, wies die höchste *nod*-Gen-induzierende Aktivität auf.

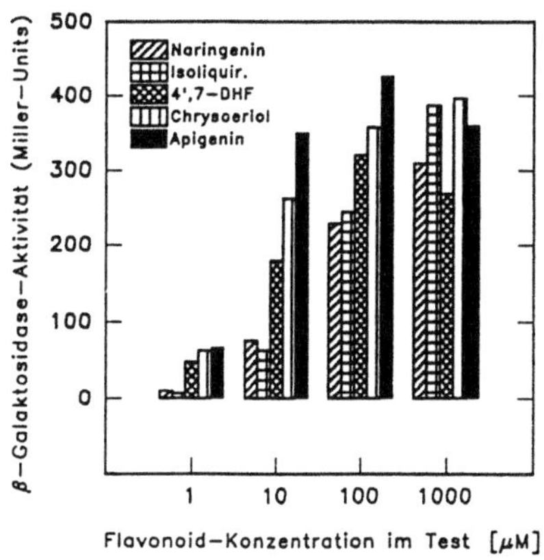

Abb. 2: Abhängigkeit der nod-Gen-Induktion in Rhizobium *NGR 234 pA* 27 von der eingesetzten Flavonoid-Konzentration

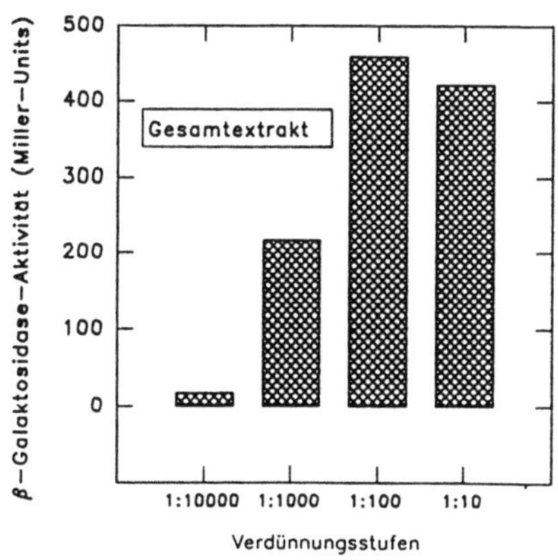

Abb. 3 Abhängigkeit der nod-Gen-Induktion von der eingesetzten Verdünnung des Gesamtexsudat-Extraktes.

Ob sich ähnliche Konzentrationen auch in situ, d.h. am natürlichen Standort einstellen, ist ungeklärt. Flavonoide können prinzipiell abgebaut werden (z.B. von Pseudomonaden) oder an Bodenbestandteile adsorbieren. Sie werden allerdings auch sehr schnell und effektiv von Rhizobien aufgenommen. Bei dieser Aufnahme handelt es sich nicht unbedingt um Metabolisierung. Vielmehr konnte gezeigt werden, daß die Flavonoide Apigenin und Naringenin in einer Rhizobium-Flüssigkultur während der exponentiellen Wachstumsphase an die Membran des verwendeten Rhizobium-Stammes adsorbieren, während der stationären Wachstumsphase aber langsam wieder an das Medium abgegeben werden (M. Meinhold, persönliche Mitteilung). Ob es sich bei der Adsorption an Membranen um eine spezifische Bindung an das NodD-Protein handelt (siehe Abb. 4), muß in weiteren Experimenten geklärt werden.

Diskussion: Der Vergleich mit dem Flavonoidmuster von *Vicia faba* und *Lupinus angustifolius* (die mit identischen Kultur- und Isolierungsmethoden gewonnen wurden) zeigt eine fünf- bis sechsfach höhere Anzahl von Spots im Wurzelexsudat der Robinie. Wahrscheinlich steht die Vielzahl der Substanzen in Verbindung mit i) Anpassungsmechanismen an das ausgedehnte Wurzelsystem eines Baumes, das sehr unterschiedlichen biotischen und abiotischen Faktoren ausgesetzt sein kann, wie auch ii) mit der wenig ausgeprägten Spezifizierung hinsichtlich der erfolgreich infizierenden Rhizobienstämme. Während die meisten Leguminosen nur von wenigen Rhizobienstämmen erfolgreich noduliert werden können (wobei die Wirtsspezifität u.a. von den Flavonoiden bestimmt wird), scheint die Robinie mit ihrer Vielzahl exsudierter Flavonoide auch eine große Anzahl verschiedenener Rhizobien-Stämmen attraktieren zu können. Nachgewiesen sind Infektionen von 37 verschiedenen Rhizobium ssp. - Gruppen, die sich hinsichtlich ihrer Generationszeit, Antibiotika-Resistenz, Kohlenhydrateverwertung und pH-Präferenzen unterscheiden (Batzli et al. 1992)

Aus den Versuchen zur Abhängigkeit der *nod*-Gen-Induktion von der Flavonoid-Konzentration schließen wir, daß die Pflanzen über die Modulation verschiedener Konzentrationsverhältnisse der exsudierten Flavonoide ein Mittel zur Feinregulation in der frühen Infektionsphase besitzen. Mit unserem Testdesign konnte nicht geklärt werden, ob sich die Konzentrationsverhältnisse von Flavonoiden auch im Wurzelrindenbereich (z.B. durch Neu-Synthese) ändern. Schmidt et al. (1992) konnten jedoch an Sojabohne zeigen, daß die Produkte der *nod*-Gene - die sogenannten Nod-Faktoren - eine *de novo*-Synthese von Flavonoiden auslösen und damit einhergehend auch Wurzelhaarkrümmungen und Meristembildung im äußeren Rindenbereich auftreten. Inkubationen mit einem sehr hohen Titer eines kompatiblen Stammes oder Inkubation mit inkompatiblen Stämmen führen hingegen zu einem Shift des Phenylpropanstoffwechsels hin zu erhöhter Produktion von Phytoalexinen (Im Falle der Sojabohne handelt es sich dabei um Glyceollin I) und damit verbundener Pathogenabwehr. Diese Beispiele verdeutlichen, daß den Phenylpropan-Derivaten zahlreiche Funktionen zukommen. Eine Betrachtung lokal unterschiedlicher Flavonoidkonzentrationen in der Wurzel könnte neben einem Verständnis der Pflanze-Mikroorganismen-Interaktion auch der Schlüssel zum Verständnis der morphologischen Effekte, wie z.B. Meristembildung, sein.

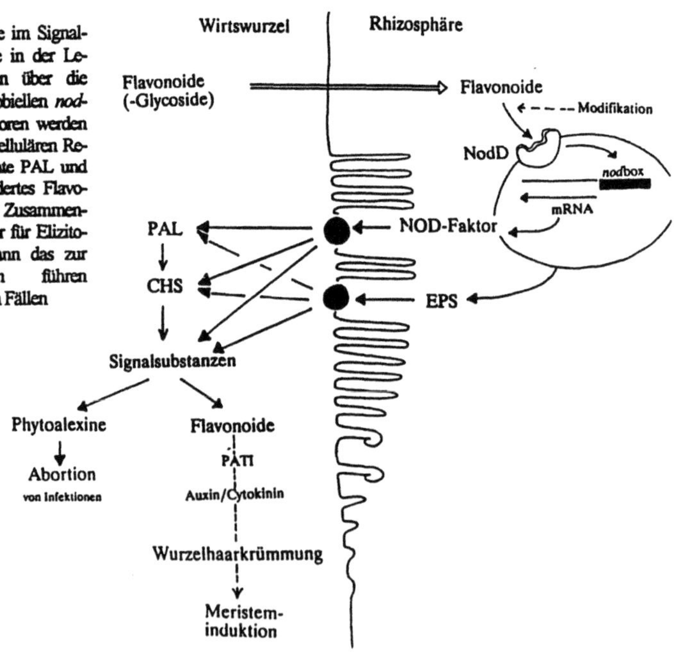

Abb. 4: Die Rolle der Flavonoide im Signaltransduktions-Modell: Flavonoide in der Leguminosenrhizosphäre induzieren über die Aktivierung von NodD die rhizobiellen *nod*-Gene. Wirtsspezifische Nod-Faktoren werden produziert und binden an einen zellulären Rezeptor. Diese Bindung löst erhöhte PAL und CHS-Aktivität und damit verändertes Flavonoidmuster in der Wurzel aus. In Zusammenspiel mit einem weiteren Rezeptor für Elizitoren (z.B. Exopolysaccharide) kann das zur Abortion von Infektionen führen (Nodulationskontrolle), in anderen Fällen wirken die gebildten Flavonoide wie Inhibitoren des polaren- Auxin-Transports (PATI) und verändern damit das Auxin-Cytokinin-Verhältnis in der Zelle. Diese veränderten Verhältnisse induzieren mitotische Aktivität - ein Knöllchenprimordium wird gebildet, in das der Infektionsschlauch eindrängt und die Bakterien entläßt.

Literatur:

Batzli, J.M., Graves, W.R., van Berkum, P. 1992. Diversity among Rhizobia effective with *Robinia pseudoacacia*. Appl. Environ. Microbiol. 58: 2137-2143 / Broughton, W.J., Wong, C.H., Lewin, A., Samrey, V., Myint, H., Meyer, H., Dowling, D.N., and Simon, R. 1986. Identification of Rhizobium plasmid sequences involved in recognition of *Psophocarpus*, *Vigna* and other Legumes. J. Cell. Biol. 102: 1173-1182 / Miller, J.H. 1972. Experiments in molecular genetics. Cold Spring Harbor Laboratory Press, Cold Spring Harbor, New York. / Schmidt, P.E. Parniske, M. and Werner D. 1992. Production of the phytoalexin glyceollin I by soybean roots in response to symbiotic and pathogenic infection. Botanica Acta 105: 18-25

Ökophysiologie des Wurzelraumes Nr. 5 (1994)

EINFLUSS EINER VORBEHANDLUNG VON MAIS MIT AMINOALKOHOLEN AUF WURZELWACHSTUM UND WURZELEXSUDATION UNTER TROCKEN-STRESS

LIPPMANN, B., BERGMANN, H.

Institut für Ernährung und Umwelt der Friedrich-Schiller-Universität Jena
LB Pflanzliche Lebensmittel
Naumburger Straße 98
07743 Jena

EINLEITUNG:

Die streß-abschwächende Wirkung des Aminoalkohols Monoethanolamin (Colamin, 2-Aminoethanol) und seines Metaboliten Cholin ist durch Untersuchungen an mehreren Pflanzenarten belegt (Fujii et al., 1972; Horvath und Van Hasselt, 1985; Eckert, 1988; Bergmann, 1989; Wejnar, 1989; Bergmann und Eckert, 1990). Glycinbetain als Endprodukt des Abbaus von Monoethanolamin wird durch Pflanzen bei Wassermangel akkumuliert.

Wassermangel als Stressor führt zu einer über den Phytohormonhaushalt koordinierten komplexen Antwortreaktion der Pflanze, in die kurzfristige metabolische und langfristige morphogenetische Maßnahmen einbegriffen sind, die der Streß-Dämpfung dienen und lebenserhaltend wirken (Larcher, 1987).

Wie die Antwortreaktion der Pflanzen auf Trocken-Streß durch eine Vorbehandlung mit Monoethanolamin und seine Metaboliten beeinflußt wird, ist bisher kaum verstanden. Neben einem positiven Einfluß auf die Stabilität pflanzlicher Membranen (Davtyan, 1981; Horvath und Van Hasselt, 1985) und einer Verminderung des streßbedingten Chlorophyllabbaus (Wejnar, 1989) wird auch eine Wirkung auf die Assimilatverteilung (Eckert, 1988) beschrieben.

Wir wollten an Maispflanzen in der Jugendentwicklung morphogenetische und metabolische Anpassungsreaktionen an ein mäßiges Wasserdefizit untersuchen und den Einfluß einer Vorbehandlung der Pflanzen mit Ethanolamin, Cholinchlorid und Glycinbetain auf diese Anpassungsreaktionen studieren.

Teil-Ergebnisse eines Gefäßversuchs sollen hier vorgestellt werden.

MATERIAL und METHODEN:

Pflanzenanzucht und Bewässerungsregime:

Für den Gefäßversuch wurde Mais (Zea mays L.) der Sorte 'Bekelux' eingesetzt. Die

Kultivierung der Pflanzen erfolgte in 2,5 kg Substrat-fassenden Plaste-Gefäßen im Gewächshaus. Als Substrat diente Quarzsand, der vor dem Auslegen des Maises wie folgt gedüngt wurde (je kg Quarzsand): 0,2 g N ; 0,2 g P; 0,16 g K; 0,06 g Mg; 0,5 mg B; 0,2 mg Cu; 0,5 mg Mn; 0,25 mg Zn; 0,1 mg Mo und 5 mg Fe. Außerdem wurde jedem Gefäß 1,0 g $CaCO_3$ zugesetzt. 6 Pflanzen wurden je Gefäß und 5 Gefäße je Variante kultiviert.

Die Substratfeuchte aller Gefäße wurde bis zu einem Zeitpunkt von 27 Tagen nach der Aussaat auf 80 % n WK gehalten. Die Versuchsvarianten, die einem mäßigen Trocken-Streß ausgesetzt werden sollten, wurden dann vom 28. bis zum 33. Tag nach der Aussaat bei einem Wasserangebot von nur 40 % n WK weiterkultiviert. Am 34. Tag nach der Aussaat wurde die Substratfeuchte der Streß-Varianten wieder auf 80 % n WK angehoben. Die Kontrollvarianten erhielten von der Aussaat bis zur Ernte ein gleichmäßiges Wasserangebot im Substrat von 80 % n WK. Am 35. Tag nach der Aussaat wurden alle Versuchsvarianten geerntet. Die Applikation der Wirkstoffe wurde als Bodenapplikation vorgenommen (0,5 mg Wirkstoff/-Pflanze in wäß riger Lösung). Sie erfolgte bei den Varianten mit Wirkstoffvorbehandlung am 21. Tag nach Aussaat der Pflanzen.

Ermittlung der Wurzeloberflächen der Versuchspflanzen:

Die Ermittlung der Wurzeloberflächen erfolgte mit Hilfe eines Wurzelmeßsystems (ausgerüstet mit einem rechnergestützten optoelektrischen Scanner zur 2-dimensionalen Bildauswertung).

Die Oberflächen der drei Wurzeltypen des Mais-Wurzelsystems (Keimwurzel, Mesokotylwurzeln, Kronwurzeln) wurden voneinander getrennt ermittelt.

Gewinnung und Fraktionierung der Wurzelexsudate:

Nach dem vorsichtigen Herauslösen der Wurzelsysteme der Maispflanzen bei der Ernte wurden die wasserlöslichen Verbindungen aus dem Quarzsand mit A. bidest. extrahiert und einer Fraktionierung über eine Kationen-/Anionen-Austauscher-Kombination unterworfen und getrennt quantitativ bestimmt.

<u>ERGEBNISSE:</u>

1. Maispflanzen, die ohne Vorbehandlung über 5 Tage einem mäßigen Trocken-Streß ausgesetzt worden waren, zeigten bei Versuchsernte eine gegenüber der Kontrolle verringerte Sproßtrockenmasse-Produktion. Die Vorbehandlung der Pflanzen mit Ethanolamin, Cholinchlorid, b.z.w. Glycinbetain steigerte die Sproßtrockenmassebildung unter Streß-Bedingungen.

2. Trocken-Streß führte bei den jungen Maispflanzen zu einer gegenüber den Kontrollpflanzen erhöhten Gesamtwurzeloberfläche. Die Keimwurzeln zeigten von allen drei Wurzeltypen die stärkste Reaktion. Diese Kompensationsreaktion der Wurzel wurde durch die Vorbehandlung der Pflanzen mit den Wirkstoffen noch verstärkt. Die Applikation von Glycinbetain führte bei den Pflanzen, die einem Trocken-Streß ausgesetzt waren, zu einer für alle Wurzeltypen signifikanten Erhöhung der Wurzeloberflächen gegenüber der Kontrolle (Pflanzen ohne Trocken-Streß).

3. Die Sproß/Wurzel-Relationen wurden unter dem Einfluß von mäßigem Trocken-Streß zugunsten der Wurzel verschoben. Die Behandlung mit den Wirkstoffen resultierte in einer entsprechend stärkeren Verschiebung dieser Relation.

4. Die Maispflanzen, die Trocken-Streß ausgesetzt waren, hatten mehr Aminosäuren an das Substrat abgegeben als die bei normaler Wasserversorgung kultivierten. Unter dem Einfluß einer Vorbehandlung mit Ethanolamin, Cholinchlorid oder Glycinbetain kam es zu einer Verminderung dieses streß-bedingten Exsudationsanstiegs. Am wirksamsten war hierbei eine Vorbehandlung der Pflanzen mit Ethanolamin.

5. Die Exsudation von Zuckern war unter Trocken-Streß nicht erhöht. Die Vorbehandlung mit Ethanolamin senkte die Abgabe von Zuckern unter Streß-Bedingungen noch unter das Niveau der Pflanzen, die keinem Trocken-Streß ausgesetzt worden waren.

DISKUSSION:

Die Ergebnisse zeigen, daß durch eine Vorbehandlung mit Ethanolamin oder seine Metaboliten Cholin und Glycinbetain die Toleranz von Maispflanzen im Jugendstadium gegenüber einem später gesetzten mäßigen Trocken-Streß erhöht werden kann. Dabei kommt es durch die Vorbehandlung mit diesen Verbindungen offenbar zur Verstärkung einer Anpassungsreaktion von Maispflanzen an ein vermindertes Wasser-Angebot im Substrat, die auch bei den unbehandelten Pflanzen zu beobachten ist: einer Vergrößerung der Wurzeloberflächen.

Bemerkenswert ist die Abstufung der eingesetzten Verbindungen hinsichtlich ihrer Wirksamkeit. Die stärkste streß-abschwächende Wirkung hatte die Applikation von Glycinbetain, weniger wirksam in Richtung einer Stabilisierung des Biomasse-Ertrags waren Cholinchlorid und Ethanolamin. Eine positive Ertragswirkung von Glycinbetain hatten Bergmann und Eckert (1984) auch schon für Winterweizen gefunden. Glycinbetain-Applikation bewirkte eine gegenüber nicht behandelten Pflanzen bessere Wasserausnutzung im Prozeß der biologischen Stoffproduktion. Welcher Mechanismus der Verschiebung der Sproß/Wurzel-Relation unter

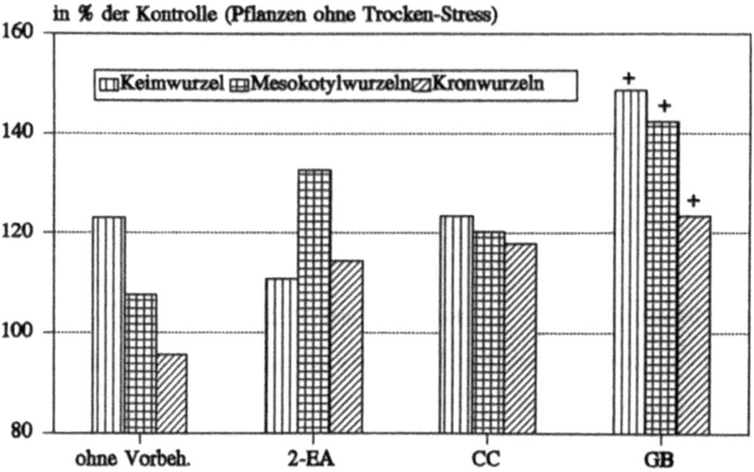

Wurzeloberflächenentwicklung von Maispflanzen in der Jugendphase unter Trocken-Streß
Effekt einer Vorbehandlung mit 2-Ethanolamin, Cholinchlorid oder Glycinbetain .
+ : signifikant verschieden von der Kontrolle (Tukey -Test ; p= 5 %)

Trocken-Streß zugrundeliegt, ist noch unklar. Möglicherweise fungieren erhöhte endogene Konzentrationen von Glycinbetain oder seinen Vorstufen als Signal für Änderungen der Assimilatverteilung in der Pflanze zugunsten der Wurzel.

Durch eine vorausgegangene Applikation dieser Verbindungen könnten schon vorab einzelne Schritte dieses Anpassungsmechanismus der Pflanze ausgelöst worden sein, so daß das folgende Streß-Ereignis besser toleriert wurde.

Wie gezeigt wurde, kommt es auch beim Mais unter Trocken-Streß zu einer erhöhten Abgabe von Aminosäuren an das Substrat (Leakage), die besonders durch eine Vorbehandlung mit Ethanolamin vermindert wird. Dieser Effekt könnte als Streß-Abschwächung auf biochemischer Ebene bewertet werden und dürfte vor allem der membranstabilisierenden Wirkung dieser Verbindung zuzuschreiben sein.

LITERATUR:

BERGMANN, H. (1989): In: Vančura, V. und F. Kunc (eds.), Interrelationships between microorganisms and plants in soil, pp. 475 - 480. Publishing House Czech. Acad. Sci. Praha and Elsevier Publishers Amsterdam.
BERGMANN, H. und ECKERT, H. (1984): Biol. Plant. (Praha) 26 (5): 384 -387.
BERGMANN, H. und ECKERT, H. (1990): Plant Growth Regulation 9: 1 - 8.
ECKERT, H. (1988): Diss. B. AdL, Berlin.
DAVTYAN, L. V. (1981): Tr. Erevan Zoovet. Inst. 50 , 15 - 24.
FUJII, K., M. KOBAYASHI and E. TAKAHASHI (1972): Nippon Dojo Hirogeku Zasski 43, 211 - 217.
HORVATH, I. und P. R. van HASSELT (1985): Planta 164, 83 - 88.
LARCHER, W. (1987): Naturwissenschaften 74, 158 - 167.

Ökophysiologie des Wurzelraumes Nr. 5 (1994)

UNTERSUCHUNGEN ZUM STICKSTOFFUMSATZ IN DER RHIZOSPHÄRE

SCHERER, H.W. und G. AHRENS

Agrikulturchemisches Institut der Universität Bonn
Meckenheimer Allee 176
D 53115 Bonn

Problemstellung

Zur Optimierung der N-Düngung werden verschiedene chemische und biologische Methoden eingesetzt, mit denen der im Boden bereits in mineralischer Form vorliegende Stickstoff bzw. das N-Nachlieferungsvermögen der Böden erfaßt wird. Gemeinsam ist diesen Methoden, daß sie den Einfluß der wachsenden Pflanzen, d.h. der Wurzeln, auf die N-Dynamik in der Rhizosphäre nicht erfassen. In den vorliegenden Untersuchungen sollte deshalb der N-Umsatz im Kontaktraum Wurzel-Boden untersucht werden.

Material und Methoden

Zur Kompartimentierung der Rhizosphäre wurde die von Kuchenbuch (1983) entwickelte Methode eingesetzt. Die Versuchsgefäße bestehen aus einem zweigeteilten PVC-Rohr (Durchmesser 50 mm). Auf dem unteren mit Versuchsboden gefüllten Teil ist ein Nylongewebe mit einer Maschenweite, das nur das Durchwachsen der Feinwurzeln erlaubt, fest aufgespannt. Im oberen Teil befinden sich die Pflanzen (Versuchspflanze Raps) in einer dünnen Schicht Versuchsboden. Oberhalb des Gewebes bildet sich ein Wurzelfilz, wodurch die Rhizosphäre simuliert wird. Die Bewässerung der Versuchsgefäße erfolgt über keramische Platten bei einer Saugspannung von pF 1,6. Zu Versuchsende wird der untere Bodenmonolith nach Gefrieren in flüssiger Luft mittels Gefriermikrotom in die entsprechenden Segmente (nähere Einzelheiten sind den Abbildungen zu entnehmen) zerlegt.

1. Dynamik anorganischer N-Verbindungen : Der Tongehalt der Versuchsböden (n = 10) bewegte sich zwischen 16 und 57 %, wobei Böden mit höheren Gehalten an aufweitbaren Tonmineralen bzw. Böden, in denen Illite dominierten, in die Untersuchungen miteinbezogen wurden. Die Bestimmung des spezifisch gebundenen NH_4^+-N erfolgte nach Silva und Bremner (1966) und des HCl-extrahierbaren NH_4^+-N nach Dressler und Mengel (1985).

2. Dynamik organischer N-Verbindungen: Zur Untersuchung des Umsatzes organischer N-Verbindungen in der Rhizosphäre wurde die Dimethyl-Sulfoxid-Methode (Alef und Kleiner 1989) [nach Zugabe von Dimethyl-Sulfoxid (DMSO) zum Boden wird Dimethyl-Sulfid (DMS) gebildet;

aus der DMS-Bildung wird auf die mikrobielle Aktivität geschlossen], die Arginin-Desaminase-Aktivität (Alef und Kleiner 1986) [die nach dem Proteinabbau im Boden vorliegenden Aminosäuren werden von Mikroorganismen assimiliert und durch metabolische Abspaltung von NH_4^+ und CO_2 weiter abgebaut; die Aktivität des Enzyms ist ein Parameter für die Netto-Mineralisation] und die Bestimmung von N_{org} nach $CaCl_2$-Extraktion (Houba et al. 1986) herangezogen. N_{min} wurde nach der VDLUFA-Methode (1991) bestimmt. Alle Untersuchungen wurden 7, 14 und 21 Tage nach Versuchsbeginn durchgeführt.

Ergebnisse und Diskussion

1. Dynamik anorganischer N-Verbindungen: Die Freisetzung von spezifisch gebundenem NH_4^+-N geschieht durch Austausch mit aufweitenden Kationen. Dabei setzt die Diffusion der NH_4^+-Ionen aus den Zwischenschichten der Tonminerale ein Diffusionsgefälle voraus, d.h. die Mobilisationsrate dieser N-Fraktion hängt in großem Maße von der NH_4^+-Konzentration der Bodenlösung ab. Die Diffusion in den Zwischenschichten wird vom Abstand der Schichtpakete sowie der Ladungsverteilung in den Tonmineralen beeinflußt. Aus diesem Grund wurde bei der Auswahl der Versuchsböden neben dem Tongehalt - dieser hat einen Einfluß auf den Gehalt an spezifisch gebundenem NH_4^+-N - auch die Tonmineralzusammensetzung mit herangezogen.

In Böden, in denen aufweitbare Tonminerale dominieren, konnte beim spezifisch gebundenen NH_4^+-N nach etwa 30 Tagen Versuchszeit ein deutlich ausgeprägtes Verarmungsprofil nachgewiesen werden. 3 mm von der Wurzeloberfläche entfernt wurde annähernd der Ausgangsgehalt der Böden erreicht, wie in Abbildung 1 exemplarisch für einen Auengley dargestellt ist.

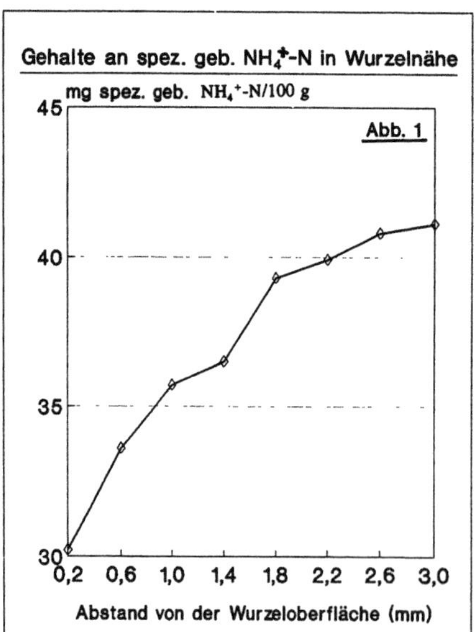

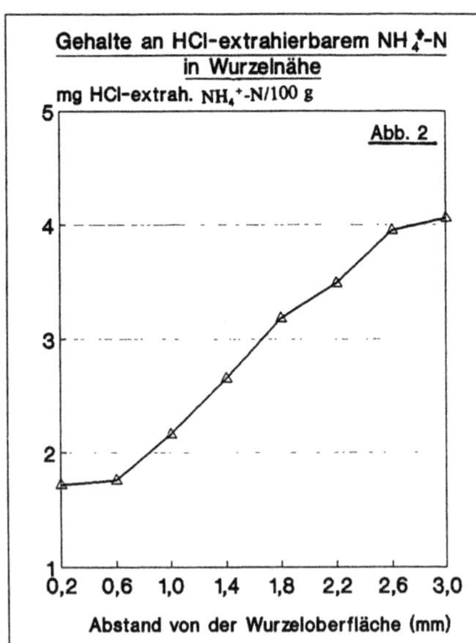

Bei illitreichen Böden war dagegen das Verarmungsprofil nur sehr schwach ausgeprägt. Illite sind nicht aufweitbar, so daß bei ihnen der Kationenaustausch nur auf die Randzonen begrenzt ist. Bei illitreichen Böden ist deshalb nur mit einer geringen Mobilisierungsrate von spezifisch gebundenem NH_4^+-N zu rechnen. Vermiculite dagegen sind quellfähig und spielen somit bei der Festlegung von Ammonium in den Zwischenschichten als auch bei der Mobilisierung von spezifisch gebundenem Ammonium eine wichtigere Rolle.

Neben dem spezifisch gebundenen NH_4^+N wurde das mittels 1 N HCl extrahierbare Ammonium in die Untersuchungen miteinbezogen. In dieser Fraktion ist das potentiell pflanzenverfügbare spezifisch gebundene Ammonium sowie das austauschbare Ammonium enthalten. Auch diese N-Fraktion zeigt ein Verarmungsprofil (Auengley), das dem des spezifisch gebundenen NH_4^+-N ähnlich ist (Abb. 2). Allerdings wird durch die HCl-Extraktion die tatsächlich freigesetzte Menge an Zwischenschichtammonium unterbewertet.

2. Dynamik organischer N-Verbindungen: Die DMS-Bildung war bereits 7 Tage nach Versuchsbeginn in der Rhizosphäre (0-3 mm) am höchsten und stieg hier im Laufe des Versuches weiter an. In weiterer Entfernung zur Wurzel, wo ein intensiver N-Umsatz für die N-Ernährung der Pflanzen nicht in gleichem Maße von Bedeutung ist wie in der Rhizosphäre, lag die DMS-Bildung auf niedrigerem Niveau (Abb. 3). Dieser Befund steht zum Teil im Widerspruch zu in der Literatur vorliegenden Ergebnissen (Wheatley et al. 1990), bei denen allerdings diese differenzierte Kompartimentierung des Bodens wie in den vorliegenden Untersuchungen nicht vorgenommen wurde.

Übereinstimmend mit den Ergebnissen der DMSO-Reduktion wurde auch eine erhöhte Arginin-

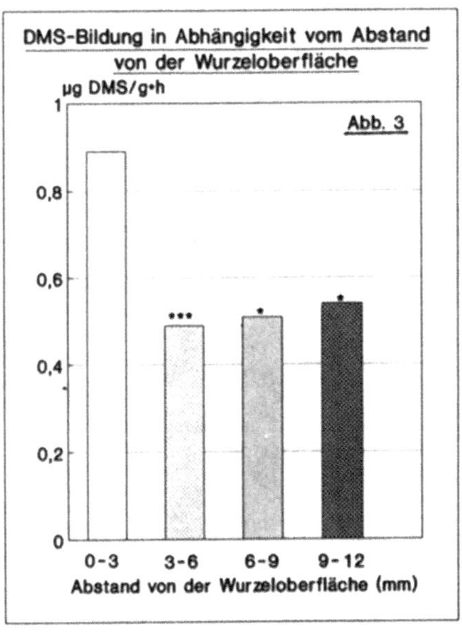

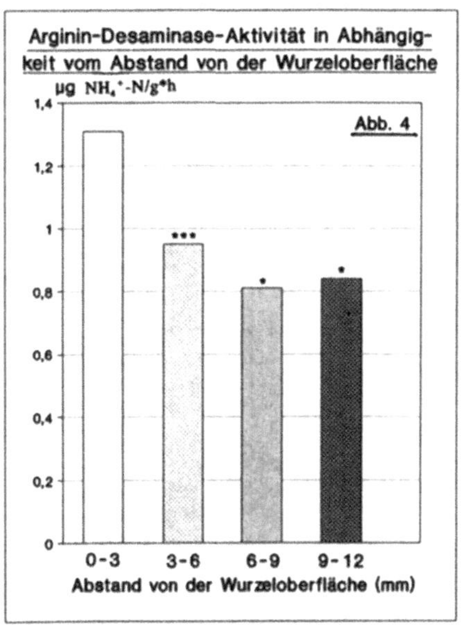

Desaminase-Aktivität in der Rhizosphäre gegenüber den Schichten 3-6 mm und 6-9 mm festgestellt (Abb. 4). Nach Schinner et al. (1991) wird mittels Bestimmung der Arginin-Desaminase-Aktivität und der Erfassung der N-Mineralisation der Nettobetrag der N-Freisetzung (Netto-N-Mineralisation) erfaßt. Einschränkend ist jedoch zu vermerken, daß die Umsetzung des Arginins bei der methodisch bedingten Bebrütung der Bodenprobe nach der Probenahme wahrscheinlich von der Umsetzung unter Bewuchs abweicht. Beispielsweise bleibt unberücksichtigt, daß Pflanzen möglicherweise mit Mikroben um mineralischen Stickstoff konkurrieren (Wang und Bakken 1989), wodurch es zu einer verminderten N-Immobilisierung kommen kann.

Der N_{org}-Gehalt ist in der Rhizosphäre im Vergleich zum wurzelferneren Boden niedriger. Die Unterschiede zwischen den einzelnen Schichten sind zwar nicht gesichert, geben aber die Tendenz wieder (Abb. 5). Wahrscheinlich hat die intensivere mikrobielle Aktivität in der Rhizosphäre, wie sie anhand der höheren DMSO-Reduktion und der höheren Arginin-Desaminase-Aktivität nachgewiesen wurde, zum Abbau der leicht verfügbaren organischen N-Verbindungen beigetragen.

Die N_{min}-Fraktion - sie bestand in erster Linie aus NH_4^+-N - wurde in Wurzelnähe verarmt. Abbildung 6 zeigt exemplarisch den Verlauf nach 14 Tagen Versuchszeit. Der Verlauf für die beiden anderen Termine war ähnlich, jedoch auf einem niedrigeren bzw. höheren Niveau. Bemerkenswert ist die offenbar gehemmte Nitrifikation in den bepflanzten Gefäßen, die allerdings nicht zu erklären ist.

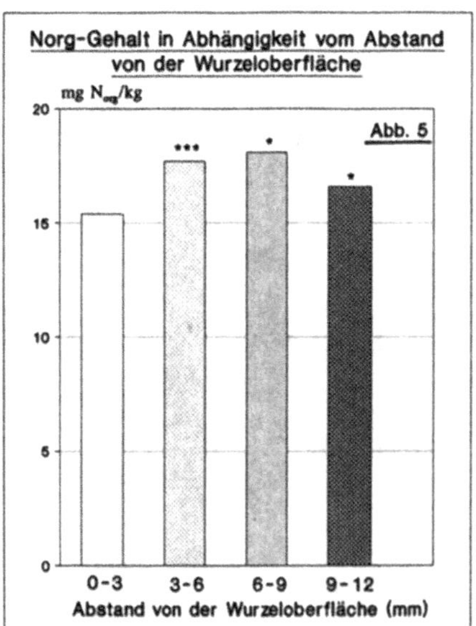

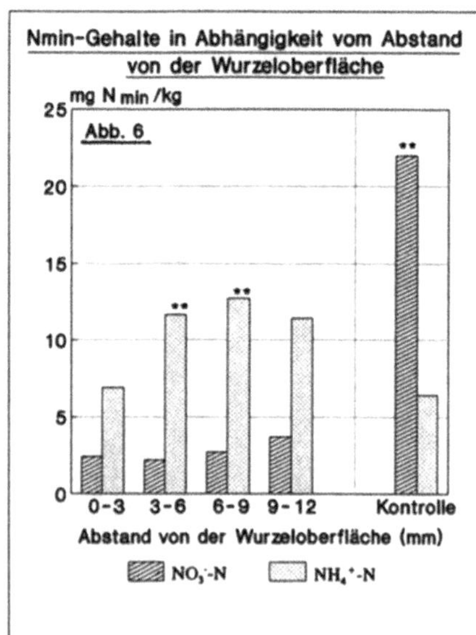

Zusammenfassung

Insgesamt zeigen die Ergebnisse, daß der Umsatz organischer N-Verbindungen in der Rhizosphäre deutlich erhöht ist und daß spezifisch gebundener NH_4^+-N im Kontaktraum Boden-Wurzel bei Böden mit höheren Gehalten an aufweitbaren Tonmineralen stark verarmt wird. Dies läßt sich durch ein Verarmungsprofil, das sich etwa über 3 mm von der Wurzeloberfläche entfernt erstreckt, beschreiben.

Literatur

Alef, K. und D. Kleiner (1986): Arginine ammonification, a simple method to estimate microbial activity potential in soils. Soil Biol. Biochem. 18, 233-235.

Alef, K. und D. Kleiner (1989): Rapid and sensitive determination of microbial activity in soils and in soil aggregates by dimethylsulfoxid reduction. Biol. Fertil. Soils 8, 349-355.

Dressler, A. und K. Mengel (1985): Bedeutung des peripher spezifisch gebundenen NH_4^+ von Löß- und Alluvialböden für die Düngerbedarfsermittlung. VDLUFA-Schriftenreihe 16, 137-146.

Houba, V.J.G., I. Novozamsky, A.W.M. Huybregts und J.J.Van der Lee (1986): Comparison of soil extractions by 0.01 M $CaCl_2$, by EUF and by some conventional extraction procedures. Plant Soil 96, 433-437.

Schinner, F., R. Öhlinger und E. Kandeler (1991): Bodenbiologische Arbeitsmethoden. Springer Verlag, Berlin.

Silva, J.A. und J.M. Bremner (1966): Determination and isotope-ratio analysis of different forms of nitrogen in soils. 5. Fixed ammonium. Soil Sci. Soc. Amer. Proc. 30, 587-593.

VDLUFA (1991): Methodenbuch, Band 1: Die Untersuchung von Böden. VDLUFA-Verlag, Darmstadt.

Wang, J. und L.R. Bakken (1989): Nitrogen mineralization in rhizosphere and non-rhizosphere soil, effect of spatial distribution of N rich and N poor plant residues. In: Hansen, J.A. und K. Henriksen (Hrsg.): Nitrogen in organic wastes applied to soils. p. 81-97, Academic Press, London.

Wheatley, R., K. Ritz und B. Griffith (1990): Microbial biomass and mineral N transformation in soil planted with barley, ryegrass, pea and turnips. Plant Soil 127, 157-167.

ERFASSUNG VON MIKROBIELL GEBUNDENEM STICKSTOFF IN BEPFLANZTEN BÖDEN

OLFS, H.-W., und H.W. SCHERER

Agrikulturchemisches Institut der Universität Bonn
Meckenheimer Allee 176
D - 53115 Bonn

Einleitung

Der N-Turnover in landwirtschaftlich genutzten Böden wird wesentlich durch die mikrobielle Biomasse beeinflußt. Die Mikroorganismen steuern durch ihre Aktivität N-Mineralisations- und Immobilisationsprozesse (Transformator-Funktion) und stellen dabei gleichzeitig einen bedeutenden Pool an leicht mineralisierbaren N-Verbindungen dar (Jansson und Persson 1982). Durch die Bestimmung der mikrobiellen Biomasse kann daher ein Beitrag zur Charakterisierung der N-Umsetzungsprozesse im Boden erbracht werden.

Seit Mitte der 80er Jahre wird neben der von Jenkinson und Powlson (1976) vorgestellten "Fumigations-Inkubations-(FI)-Methode" in vielen Untersuchungen die "Fumigations-Extraktions-(FE)-Methode" nach Brookes et al. (1985) eingesetzt. Die Anwendung dieser FE-Methode zur Bestimmung der mikrobiellen Biomasse in Böden, in denen frische, intakte Pflanzenwurzeln vorliegen, kann jedoch zu Fehlergebnissen führen. Durch die Begasung mit Chloroform werden auch die Zellmembranen von Wurzelzellen angegriffen und Zellinhaltsstoffe können extrahiert werden (Sparling et al. 1985). Nach Zugabe von ^{14}C-markiertem Wurzelmaterial konnten Müller et al. (1992) nachweisen, daß eine "Naßabsiebung" des Bodens dieses Problem bei der Biomasse-C-Bestimmung umgeht.

Ziel der vorliegenden Untersuchungen war es, die Eignung dieses Verfahrens (Vorextraktion mit anschließender Siebung) zur Bestimmung von Biomasse-N in Böden mit lebenden Wurzeln zu überprüfen. Dies ist speziell in Zeitreihenuntersuchungen zur N-Dynamik unter wachsenden Pflanzenbeständen von großer Bedeutung.

Material und Methoden

Für den Gefäßversuch (Kick-Brauckmann-Gefäße; 10 kg Boden je Gefäß) wurde Boden aus der Krume einer Löß-Parabraunerde (7,4 % Sand, 75,7 % Schluff, 16,9 % Ton, 1,4 % C_t, 0,14 % N_t, pH($CaCl_2$) 5,9) entnommen, luftgetrocknet und auf 4 mm gesiebt. In der Mitte jedes Gefäßes wurden 2 mit ca. 200 g Boden gefüllte "Diffussionsringe" horizontal abgelegt. Dabei handelt es sich um PVC-Zylinder (Innendurchmesser 10 cm, Höhe 2,8 cm), die oben und unten entweder mit Edelstahlnetzen mit einer Maschenweite von 0,025 mm ("ohne Wurzeln" = "-W") oder mit grobmaschigen Kunststoffnetzen ("mit Wurzeln" = "+W") verschlossen wurden. 14 Tage nach Einstellung der Bodenfeuchte auf 50 % der maximalen Wasserkapazität wurde Gras (Lolium multiflorum italicum cv. *Turilo*) in zwei Aussaatstärken gesät, um eine differenzierte Durchwurzelung des Gefäßvolumens ("locker" bzw. "dicht") zu erreichen (jeweils 3 Gefäßwiederholungen). Nach einer 3-wöchigen Vegetationszeit wurde das Gras geerntet, die Diffussionsringe entnommen und das darin befindliche Bodenmaterial bei -18° C bis zur Analyse gelagert.

Als Standardmethode zur Bestimmung des mikrobiell gebundenen Stickstoffs (Biomasse-N) wurde die Fumigations-Extraktions-Methode (FE) nach Brookes et al. (1985) eingesetzt. Dazu wurde feuchter

Boden (entsprechend 25 g trockenem Boden) in 4-facher Wiederholung einerseits direkt mit 100 ml 0,5 M K_2SO_4 extrahiert und über Papierfilter (MN 261 G 1/4; Macherey-Nagel, Düren) filtriert. Parallelproben (ebenfalls in 4-facher Wiederholung) wurden vor der Extraktion für 24 Stunden bei Raumtemperatur (20 - 22° C) mit Chloroform (stabilisiert mit 2-Methyl-2-Buten; Merck, Darmstadt) in einem Exsikkator begast.

In Anlehnung an die Vorschläge von Müller et al. (1992) wurde zur Eliminierung von Wurzeln bei der modifizierten Methode eine Vorextraktion und eine Siebung vorgeschaltet (VS-FE). Dazu wird die 25 g TS entsprechende Menge feuchten Bodens (8 Wiederholungen) mit 100 ml einer 50 mM K_2SO_4-Lösung für 15 Minuten extrahiert und anschließend über ein Edelstahlnetz (3 mm Maschenweite) abgesiebt. Zurückbleibende Wurzeln wurden gründlich mit weiteren 75 ml der 50 mM K_2SO_4-Lösung abgespült. Es folgte eine Filtration der Bodensupension über Papierfilter MN 261 G 1/4. Die weitere Behandlung der Filterpapiere mit dem Bodenrückstand erfolgte entsprechend der FE-Methode. Um eine vollständige Abtötung aller Mikroorganismen zu gewährleisten, wurden auf die zu fumigierenden Proben jeweils zusätzlich 250 µl Chloroform appliziert (Widmer et al. 1989).

Alle Filtrate (d.h. Vorextrakte, Kontroll-Extrakte und Fumigations-Extrakte) wurden bis zur Analyse bei -18° C eingelagert. Die Bestimmung der Konzentrationen an Nitrat-N, Ammonium-N und Gesamt-N (N_t) in diesen Extrakten erfolgte mittels Continuous-Flow-Technik (Technicon Autoanalyser AAII, Bran & Lübbe, Hamburg). Organischer N in den Extrakten (N_{org}) errechnet sich wie folgt: $N_{org} = [N_t - (NO_3^-\text{-}N + NH_4^+\text{-}N)]$. Der Biomasse-N-Gehalt berechnet sich anhand der Menge an Gesamt-N im Extrakt nach Fumigation abzüglich der N-Menge im Kontrollextrakt unter Berücksichtigung eines Effektivitätsfaktors k_{EN} von 0,45 für die Extraktion (Brookes et al. 1985).

Die statistische Auswertung erfolgte getrennt für die Resultate der FE- und VS-FE-Methode bzw. für die Vorextrakte. Unterschiede für die Gehalte an verschiedenen N-Verbindungen (NO_3^--N, NH_4^+-N, N_{org} bzw. N_t) wurden mit dem *Scheffé-Test* (0,01 % Level) bzw. für die Biomasse-N-Werte mit dem *t-Test* abgesichert (Software "SPSS PC+"; SPSS Inc., Chicago, USA).

Ergebnisse

Bei Anwendung der FE-Methode zur Biomasse-Bestimmung zeigten sich keine Unterschiede für die verschiedenen N-Fraktionen (NO_3^--N, NH_4^+-N, N_{org} bzw. N_t) im Vergleich zwischen lockerer und dichter Bepflanzung (Abb. 1).

Der Vergleich der Bodenproben ohne bzw. mit Wurzeln (-W bzw. +W) ergab hingegen signifikant erhöhte Gehalte an organischen N-Verbindungen (und dem-

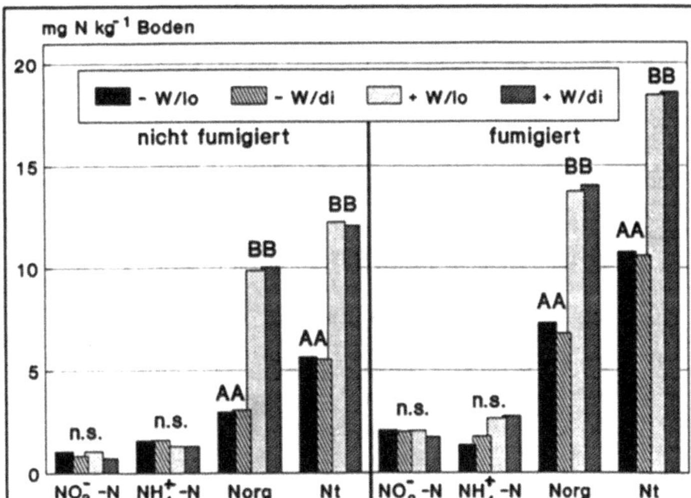

Abb. 1: Einfluß von Wurzeln (mit [+W] bzw. ohne [-W]) und Bepflanzungsdichte (locker [lo] bzw. dicht [di]) auf verschiedene N-Fraktionen im Extrakt von nicht fumigierten bzw. fumigierten Böden nach Anwendung der FE-Methode. Säulen mit unterschiedlichen Buchstaben sind signifikant verschieden (Scheffé-Test).

entsprechend auch an N_t) im Extrakt sowohl für die Kontrollproben als auch nach 24-stündiger Begasung mit Chloroform.

Die Mengen an extrahierbaren N-Verbindungen nach Modifikation der FE-Methode (VS-FE) lagen vor allem in den Böden mit Wurzeln deutlich niedriger (Abb. 2). Unterschiede zwischen -W und +W sind nicht signifikant.

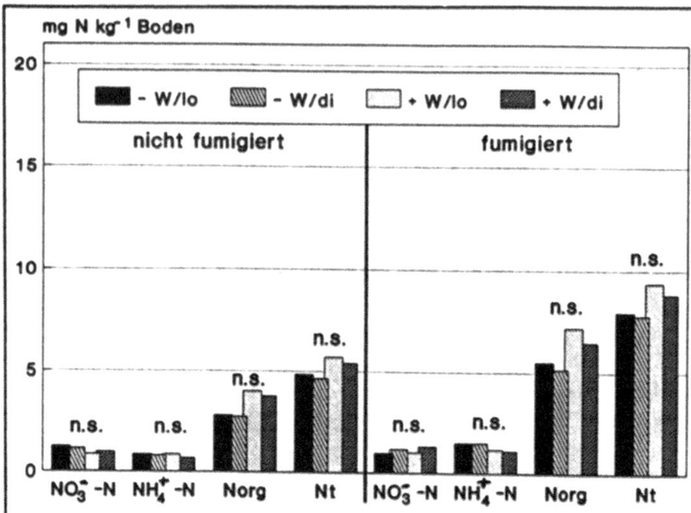

Abb. 2: Einfluß von Wurzeln (mit [+W] bzw. ohne [-W]) und Bepflanzungsdichte (locker [lo] bzw. dicht [di]) auf verschiedene N-Fraktionen im Extrakt von nicht fumigierten bzw. fumigierten Böden nach Anwendung der VS-FE-Methode. Säulen mit unterschiedlichen Buchstaben sind signifikant verschieden (Scheffé-Test).

Wie die Analyse der Vorextrakte zeigt, wurden in den Proben mit Wurzeln signifikant mehr organische N-Verbindungen erfaßt, während für Nitrat-N und Ammonium-N ein umgekehrtes Bild zu erkennen ist (Abb. 3).

Für die Gesamt-N-Fraktion ergab sich aufgrund der gegenläufigen Situation bei der mineralischen und der organischen Komponente kein signifikanter Unterschied.

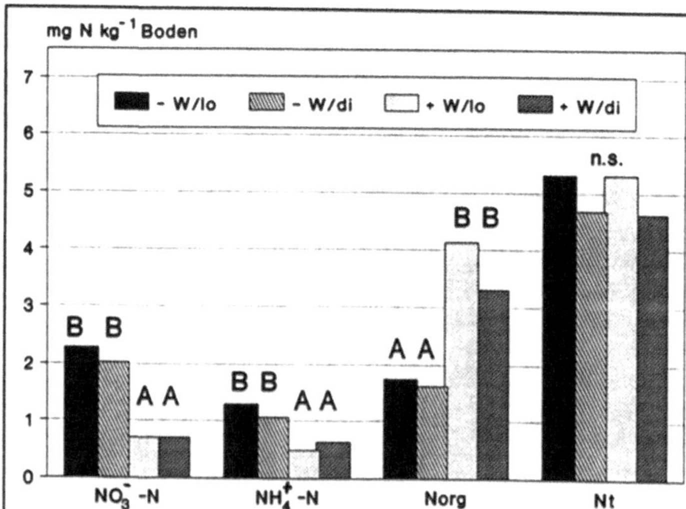

Abb. 3: Einfluß von Wurzeln (mit [+W] bzw. ohne [-W]) und Bepflanzungsdichte (locker [lo] bzw. dicht [di]) auf verschiedene N-Fraktionen nach Vorextraktion und Siebung. Säulen mit unterschiedlichen Buchstaben sind signifikant verschieden (Scheffé-Test).

Für die FE-Methode wurden deutliche Unterschiede im Gehalt an Biomasse-N zwischen den Behandlungsstufen ohne und mit Wurzeln festgestellt (Tab. 1). Die anhand der Resultate des VS-FE Verfahrens kalkulierte Menge an mikrobiell gebundenem Stickstoff lag ungefähr 50% niedriger. Durch die Vorextraktion kann beim modifiziertem Verfahren **VS-FE** der Einfluß lebender Wurzeln auf die Menge an Biomasse-N fast vollständig vermieden werden. Es zeigen sich deutlich geringere Unterschiede zwischen den Behandlungsstufen ohne und mit Wurzeln.

Tabelle 1: Biomasse-N (mg kg^{-1}) ermittelt mit der FE- bzw. VS-FE-Methode für Böden mit "lockerer" bzw. "dichter" Bepflanzung und "mit" bzw. "ohne" Wurzeln

	FE	VS-FE	t-Test
-W/locker	11.37	6.86	*[a]
-W/dicht	11.21	6.97	*
+W/locker	13.74	8.24	*
+W/dicht	14.45	7.66	*
Scheffé	n.s.[b]	n.s.	

[a] * = signifikant; [b] n.s. = nicht signifikant

Diskussion

Im vorliegenden Versuch wurde der Einfluß von Pflanzenwurzeln auf die mittels Fumigation-Extraktions-Methode erfaßbare Biomasse-N-Menge überprüft. Im Gegensatz zu Müller et al. (1992), die Wurzelmaterial von Hydrokulturpflanzen direkt vor den Laboruntersuchungen in den Boden eingemischt haben, wurde die Diffussionsring-Technik eingesetzt. Vorteil dieser Vorgehensweise ist einerseits die Anwesenheit sehr unterschiedlichen Wurzelmaterials (z.B. alte bzw. junge Wurzeln) im Boden und andererseits die Induktion eines Rhizosphärenmilieus, welches sich durch besonders günstige Bedingungen für mikrobielles Wachstum auszeichnet (Foster 1988). Somit dürften die in diesem Versuch eingestellten Bedingungen den Verhältnissen im Freiland unter wachsenden Pflanzenbeständen sehr nahe kommen.

Der Vergleich der Böden mit "niedriger" bzw. "hoher" Pflanzendichte ergab für alle untersuchten N-Fraktionen nur unbedeutende Unterschiede. Offensichtlich wurde unter den Bedingungen dieses Gefäßversuches der zur Verfügung stehende Boden bereits kurze Zeit nach Beginn des Versuches nahezu vollständig ausgenutzt, sodaß sich keine differenzierenden Wirkungen auf die Menge an mikrobieller Biomasse ausprägen konnten.

Im Vergleich zu Böden ohne lebende Wurzeln wurde bei Böden mit Wurzeln bei Anwendung der FE-Methode sowohl im Extrakt der nicht begasten Böden als auch nach Fumigation eine höhere Konzentration an N_{org} bestimmt. Vermutlich stammt dieser zusätzliche organische N in den nicht fumigierten Böden vorwiegend aus Wurzelexudaten sowie aus Wurzelzellen, die aufgrund des Probenhandlings (z.B. Homogenisation) kollabierten. Es ist nicht auszuschließen, daß auch N-Verbindungen aus Mikroorganismen der Rhizosphäre zu dieser Erhöhung beigetragen haben. Die weitere Erhöhung der N_{org}-Gehalte nach Fumigation ist auf die abgetöteten Wurzelzellen zurückzuführen. Der berechnete Biomasse-N-Gehalt unterscheidet sich folglich für Böden mit und ohne Wurzeleinfluß. Die Ergänzung der FE-Methode um eine Vorextraktion und anschließende Naßsiebung bewirkt, daß für keine der untersuchten N-Fraktionen signifikante Unterschiede zwischen den Bodenproben mit und ohne Wurzeleinfluß auftreten. Infolgedessen ergeben sich für die kalkulierten Biomasse-N-Gehalte in den verschiedenen Varianten ebenfalls identische Werte. Im Gegensatz zu Ergebnissen von Müller et al. (1992) für Biomasse-C wurden in Böden ohne Wurzelzusatz niedrigere

Biomasse-N-Gehalte nach Anwendung der modifizierten Methode ermittelt. Eine mögliche Erklärung könnte sein, daß durch die Vorextraktion nicht nur Wurzelmaterial aus dem Boden entfernt wurde, sondern auch in Mikroorganismen vorliegender N extrahiert wurde (z.B. Mikroorganismen der Rhizosphäre). Der Vergleich der N-Gehalte in den Vorextrakten zeigt für Böden mit Wurzeln höhere N_{org}-Gehalte und niedrigere NO_3^--N- bzw. NH_4^+-N-Gehalte an. Dies deutet darauf hin, daß der Boden in den "durchwurzelten" Diffussionsringen intensiver ausgenutzt wurde und sich eine größere Rhizosphärenzone ausgebildet hat. N von diesen Rhizosphären-Mikroorganismen hat vermutlich zu der Erhöhung der N_{org}-Gehalte im Vorextrakt geführt. Dies steht in Übereinstimmung mit Ergebnissen von Weyand (1994), die in Böden mit höheren Biomasse-Gehalten mehr N_{org} im Vorextrakt bestimmte. Die Extrahierbarkeit von Biomasse-N aus lebenden Mikroorganismen ohne vorherige Fumigation kann anhand der Arbeiten von Azam et al. (1989) belegt werden.

Ein weiterer Grund für die niedrigeren Biomasse-N-Werte nach Vorextraktion könnte eine aufgrund der gehemmten Diffusion des Chloroforms in die wassergesättigten Böden unzureichende Abtötung der Mikroorganismen sein. In den vorliegenden Untersuchungen wurde dies jedoch durch die zusätzliche Applikation von flüssigem Chloroform zu den Bodenproben vermieden (Widmer et al. 1989).

Die erzielten Ergebnisse zeigen, daß sowohl bei Anwendung der FE- als auch der VS-FE-Methode fehlerhafte Ergebnisse entstehen können (vgl. Martin und Foster 1985). Die FE-Methode ist vor allem für Böden mit engem Wurzel-Boden-Verhältnis (Böden aus Gefäßversuchen, Rhizosphärenböden oder Böden unter wachsenden Pflanzenbeständen) problematisch (Sparling et al. 1985). Im Gegensatz dazu scheinen die möglichen Abweichungen bei der VS-FE-Methode von geringerer Bedeutung zu sein. Weiterhin könnte das Ausmaß der Unterbestimmung an Biomasse-N bei dieser Vorgehensweise durch schonendere Vorextraktion (z.B. Verkürzung der Extraktionszeit) reduziert werden. In diesem Zusammenhang ist außerdem zu beachten, daß die Berechnung der tatsächlichen Biomasse-N-Gehalte entscheidend vom jeweiligen Effektivitätsfaktor k_{EN} abhängt. Unabhängig von dem z.Z. diskutierten Wert für k_{EN} (vgl. Jenkinson 1988) dürfte bei vergleichenden Untersuchungen der absolute Gehalt von untergeordneter Bedeutung sein. Die Vorextraktion mit Naßsiebung stellt daher eine geeignete methodische Ergänzung der FE-Methode zur Biomasse-N-Bestimmung speziell in Zeitreihenuntersuchungen dar.

Literatur

Azam, F., F.J. Stevenson und R.L. Mulvaney (1989): Chemical extraction of newly immobilized ^{15}N and native soil N as influenced by substrate addition rate and soil treatment. Soil Biol. Biochem. 21, 715-722.

Brookes, P.C., A. Landman, G. Pruden und D.S. Jenkinson (1985): Chloroform fumigation and the release of soil nitrogen: a rapid direct extraction method to measure microbial biomass nitrogen in soil. Soil Biol. Biochem. 17, 837-842.

Foster, R.C. (1988): Microenvironments of soil microorganisms. Biol. Fertil. Soils 6, 189-203.

Jansson, S.L. und J. Persson (1982): Mineralization and immobilization of soil nitrogen. In: F.J. Stevenson (Hrsg.) "Nitrogen in agricultural soils", 229-252; Agronomy Monograph No 22, American Society of Agronomy, Madison, WI, USA.

Jenkinson, D.S. (1988): Determination of microbial biomass carbon and nitrogen in soil. In: J.R. Wilson (Hrsg.) "Advances in nitrogen cycling in agricultural ecosystems", 368-386; CAB International, Wallingford, UK.

Jenkinson, D.S. und D.S. Powlson (1976): The effects of biocidal treatments on metabolism in soil. V. A method for measuring soil biomass. Soil Biol. Biochem. 8, 209-213.

Martin, J.K. und R.C. Foster (1985): A model system for studying the biochemistry and biology of the root-soil interface. Soil Biol. Biochem. 17, 261-269.

Müller, T., R.G. Jörgensen und B. Meyer (1992): Estimation of soil microbial biomass C in the presence of living roots by fumigation-extraction. Soil Biol. Biochem. 24, 179-181.

Sparling, G.P., A.W. West und K.N. Whale (1985): Interference from plant roots in the estimation of soil microbial ATP, C, N and P. Soil Biol. Biochem. 17, 275-278.

Weyand, B. (1994): Beeinflussung des N-Umsatzes in Böden mit unterschiedlichem N-Nachlieferungsvermögen durch gestaffelte N-Düngung. Diplomarbeit Agrikulturchemisches Institut, Bonn.

Widmer, P., P.C. Brookes und L.C. Parry (1989): Microbial biomass nitrogen measurements in soils containing large amounts of inorganic nitrogen. Soil Biol. Biochem. 21, 865-867.

Ökophysiologie des Wurzelraumes Nr. 5 (1994)

EINFLUß VON CITRAT AUF DIE MOBILISIERUNG UND AUFNAHME VON Zn UND Cu BEI WEIDELGRAS UND WEIßER LUPINE

MEYER, Ute; J. GERKE und W. RÖMER

Institut für Agrikulturchemie
von Siebold-Str. 6
37075 Göttingen

Einleitung:

Als Reaktion auf ein niedriges P-Angebot führt die Ausscheidung von mehrbasigen organischen Säuren bei einigen Pflanzenarten (z.B. Weiße Lupine, Rotklee) zu einer erhöhten P-Löslichkeit und P-Aufnahme. Dieser Mechanismus ist oft begleitet von einer höheren Eisen- und Aluminiumlöslichkeit. Auf schwermetallbelasteten Böden könnte die Ausscheidung von organischen Säuren auch diese Metalle mobilisieren und zur gesteigerten Aufnahme in die Pflanze führen. In zwei Gefäßversuchen wurde der Einfluß von Citrat, zum einen durch die künstliche Zugabe von Citrat (Weidelgras), zum anderen durch den induzierten Citrat-Efflux bei P-Mangel (Weiße Lupine), auf die Mobilisierung und Aufnahme von Cu und Zn untersucht.

Material und Methoden:

a) Pflanzenanzucht

Weidelgras:

6 kg lufttrockener Boden (Ton und Schluff: 10%, Sand: 90%; pH($CaCl_2$): 5.2; C_{org}: 3.3%) wurde mit einer NPK Grunddüngung und entweder 147 mg Zn/kg Boden ($ZnCl_2$) oder 67 mg Cu/kg Boden ($CuCl_2$) vermischt. Na-Citrat (20 µmol/kg Boden) wurde jeweils zu der Hälfte der Gefäße zugegeben. Gefäße ohne Cu- oder Zn-Düngung sowie Citrat dienten als Referenzgefäße. Nach vierwöchiger Inkubation wurde Weidelgras eingesät und in einem Gewächshaus angezogen.

Weiße Lupine:
3 kg lufttrockener Boden wurde mit 0.5 g K (K_2SO_4) und entweder Cu oder Zn (Mengen s.o.) vermischt. Eine Stickstoffdüngung erfolgte nicht. Das Saatgut wurde mit einem Rhizobienpräparat geimpft. Die P-Düngung wurde bei der Hälfte der Gefäße alle 2 Tage als Blattdüngung durchgeführt (NaH_2PO_4: 0.75%). Vor der Aussaat wurde der Boden 2 Wochen inkubiert. Die Pflanzenaufzucht erfolgte in der Klimakammer.

b) Ernte:
Nach 4 bzw. 8 und bei Weidelgras auch nach 16 Wochen Wachstumszeit wurden die Sprosse geerntet und bei 105°C getrocknet. Bei der letzten Ernte wurde ein Teil der Wurzeln vom anhaftenden Boden getrennt und getrocknet. Der wurzelnahe Boden sowie mit Boden behaftete Proteoidwurzeln der Weißen Lupine wurden zur Gewinnung der Verdrängungsbodenlösung verwendet (ADAMS, 1974).

Analysen

a) Bestimmung von Citrat, Cu und Zn in der Bodenlösung
Bei der Citratbestimmung wurde das in der Bodenlösung befindliche Citrat an sauren Anionenaustauschern (GERKE et al., 1994) aufkonzentriert. Die Elutionslösung wurde direkt zur Vermessung durch HPLC verwendet. Die Cu- und Zn-Bestimmung erfolgte mit der ICP-ES .

b) Bestimmung der Metalle in Sprossen und Wurzeln
Die getrockneten Wurzeln und Sprosse wurden mit einem Säuregemisch aufgeschlossen. Im Aufschluß wurden die Zn- und Cu-Gehalte mit ICP-ES bestimmt.

Ergebnisse:

In Abb.1 ist die Citratkonzentration der Bodenlösung (Proteoidwurzeln) dargestellt. Der Status der P-Versorgung beeinflußt deutlich die Citratexsudation der Pflanzenwurzeln. In allen drei ungedüngten Varianten ohne P ist die Citratkonzentration in der Bodenlösung 5 bis 10 mal höher. In der Bodenlösung von Weidelgras wurde keine Citronensäure bestimmt.

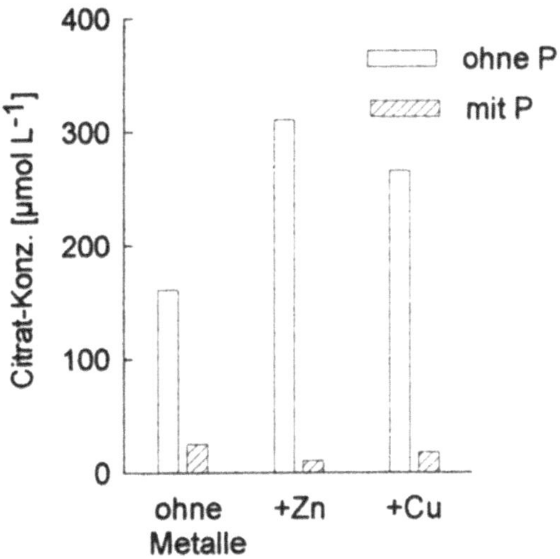

Abb. 1: Citratkonzentration der Bodenlösung des Rhizosphärenbodens bei Weißer Lupine in Abhängigkeit von der P-, Zn- bzw. Cu-Zugabe

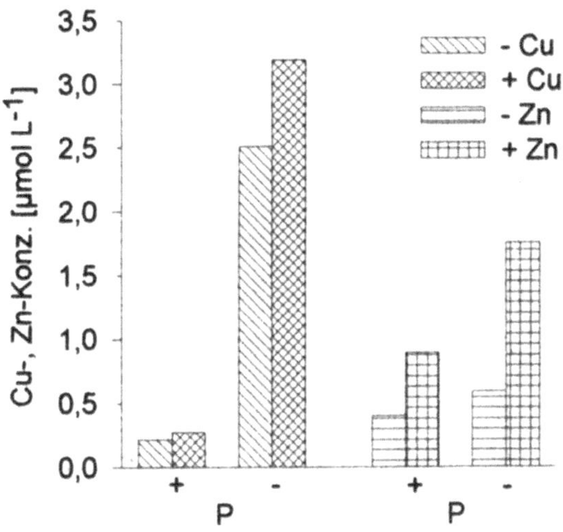

Abb. 2: Cu- und Zn-Konzentration der Bodenlösung bei Weißer Lupine in Abhängigkeit von der P-, Cu- bzw. Zn-Zugabe

Die Zn- und Cu-Gehalte in der Bodenlösung werden durch den höheren Citratgehalt (Abb. 2) beeinflußt. In der Rhizosphäre (Proteoidwurzeln) der nicht mit Phosphat versorgten Lupinenpflanzen ist die Zn- und Cu-Konzentration der Bodenlösung (bei Cu- und Zn-Düngung) 3 bis 10 mal höher als in den Gefäßen mit P-Düngung. Sogar in den Referenzgefäßen ohne Cu- und Zn-Düngung wird natives Zn und Cu mobilisiert. Die mobilisierende Wirkung des Citrates in der Bodenlösung spiegelt sich im Fall von Zn nicht in den Sprossen von Weidelgras und Lupine wider (Abb. 3 und 4).

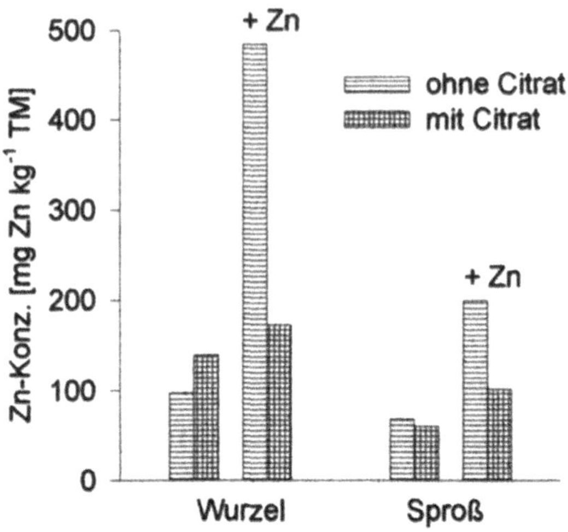

Abb. 3: Zn-Konzentration im Weidelgras in Abhängigkeit von der Zn- und Citratzugabe

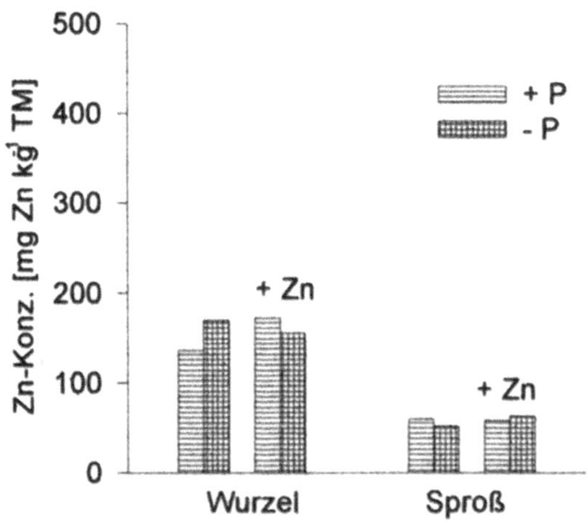

Abb. 4: Zn-Konzentration in den Weißen Lupinen in Abhängigkeit von der Zn- und P-Zugabe

In den Wurzeln und Sprossen von Weidelgras konnte sogar ein gegenläufiger Effekt beobachtet werden. In den Gefäßen mit Citrat und Zn-Düngung ist der Zn-Gehalt niedriger als in den Gefäßen ohne Citrat. Die Zn-Gehalte in den Wurzeln und

Sprossen von Weißer Lupine werden weder durch die Zn-Düngung noch durch die Citratexsudation und der damit einhergehenden höheren Zn-Konzentration in der Bodenlösung beeinflußt. Im Gegensatz zu Zn wird die Cu-Konzentration in den Wurzeln und Sprossen bei Weidelgras von der Cu-Konzentration in der Bodenlösung beeinflußt (Abb. 5). In den Citratvarianten ist, unabhängig von der Cu-Düngung, die Cu-Konzentration in den Sprossen und Wurzeln höher. Bei der Weißen Lupine konnte jedoch nur der Cu-Düngungseffekt beobachtet werden. Es gibt keinen Hinweis auf eine höhere Cu-Aufnahme durch Citrat (Abb. 6).

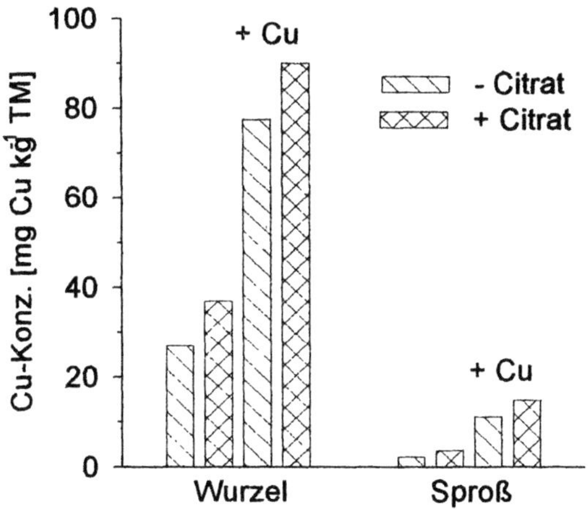

Abb. 5: Cu-Konzentration im Weidelgras in Abhängigkeit von der Cu- und Citratzugabe

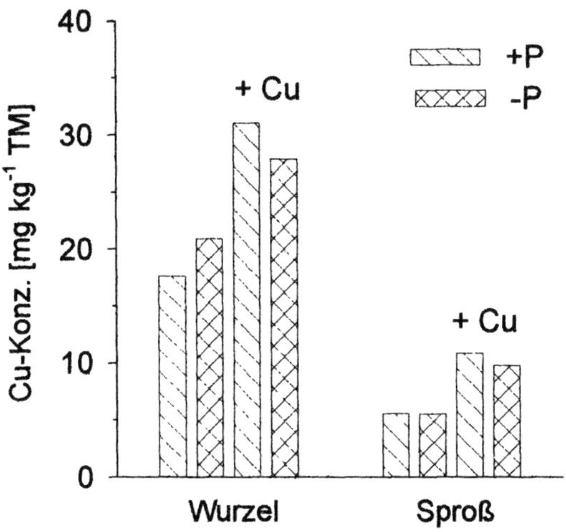

Abb. 6. Cu-Konzentration in den Weißen Lupinen in Abhängigkeit von der Cu- und P-Zugabe

Diskussion:

Betrachtet man Citratkonzentration, Bodenlösungskonzentrationen und Gehalte von Cu und Zn in Wurzeln und Sprossen von Weißer Lupine und Weidelgras, so wird deutlich, daß Citrat das Sorptions- und Lösungsverhalten von Cu und Zn und deren Aufnahme in die Pflanzen unterschiedlich beeinflußt.
Die Zugabe oder Ausscheidung von Citrat führt in der Bodenlösung zu höheren Zn- und Cu-Konzentrationen, was auf die Verkleinerung der Huminstoffmoleküle durch die Komplexierung der brückenbildenden Fe/Al-Ionen durch Citrat zurückgeführt werden kann (GERKE, 1992).
Der Citratzusatz führt weiterhin zur Bildung verschiedener Cu- bzw. Zn-Komplexe (M-L, M-H-L, M-H2-L) (MARTELL UND SMITH, 1977). Nach Speziesberechnungen liegt Cu in diesem Boden bei Citratkonzentrationen von 10^{-3} M zu 99% bzw. 10^{-5} M zu 70 % als Citratkomplex vor (pH 4;5;6). Bei Anwesenheit von Huminstoffen ist Cu jedoch bei verschiedenen Huminstoffkonzentrationen (10^{-3}, 10^{-5} eq COOH-Gruppen/L) und bei pH 4,5 und 6 zu 99% an die Huminstoffe gebunden.
Die durch die Citronensäure induzierten höheren Konzentrationen von Cu und Zn in der Bodenlösung führten nur bei Weidelgras zu höheren Cu-Gehalten in Wurzel und Sproß. Bei Gramineen wird Eisen und wahrscheinlich auch Cu (MARSCHNER et al., 1989) in Form von Phytosiderophorkomplexen aufgenommen. Diese Substanzen bilden auch mit Zn stabile Komplexe, wobei die Cu-Komplexe eine höhere Stabilität aufweisen (NOMOTO et al., 1987). Dies könnte zu einem Anstieg der Konzentration von Cu-Siderophorkomplexen (Umkomplexierung der Huminstoff-Cu-Komplexe) in der Bodenlösung führen und die Aufnahme von Cu gegenüber Zn in die Pflanze steigern.
Bei dikotylen Pflanzenarten findet man an der Wurzel Reduktasen, die Fe(III) zu Fe(II) reduzieren. Eine Reduktion von organisch komplexiertem Cu(II) zu Cu(I) und gleichzeitiger Verringerung der Komplexstabilität wäre ebenfalls als Mechanismus zur Freisetzung von kationischem Cu denkbar (WELCH et al., 1993).

LITERATUR:

ADAMS F., (1974): Soil solution. In: Carsons, E.W. (ed): The plant root and its environment. Univ. Press, Charlottesville, USA.

GERKE J., (1992): Phosphate, aluminium and iron in the soil solution of three different soils in relation to varying concentrations of citric acid. Z. Pflanzenernähr. Bodenk. 155, 339-343.

GERKE, J., W. RÖMER and A. JUNGK (1994): The excretion of citric and malic acid by proteoid roots of *Lupinus albus L.*. Z. Pflanzenernähr. Bodenk., 157, 289-294.

MARSCHNER, H., M. TREEBY and V. RÖMHELD (1989): Role of root induced changes in the rhizosphere for iron acquisition in higher plants. Z. Pflanzenernähr. Bodenk., 152, 197-204.

MARTELL, A.E. and R.M. SMITH (1977): Critical stability constants, Vol 3: Other organic ligands, Pergamon Press

NOMOTO, K.; Y. SIGIURA and S. TAKAGI (1987): Mucigenic acid, studies on phytosiderophores. In G. Winkelmann, D. van der Helm, J. Neilands (Hrg.): Iron transport in animals, plants and microorganisms. Verlag Chemie, Weinheim, 401-424

WELCH, R.; W.Novell; S. Schaefer, J. Shaff and L. Kochian (1993): Induction of iron (III) and copper (II) reduction in Pea (pisum sativum L.) roots by Fe and Cu status. Does the root-cell plasma Fe (III) chelate reductase perform a general role in regulating cation uptake? Planta 190, 555-561

Ökophysiologie des Wurzelraumes Nr. 5 (1994)

Der Einfluß von Wachstumssubstrat und Mikrobenbesatz der Wurzel auf die Ausscheidung und Umsetzung organischer Verbindungen in der Rhizosphäre von Maispflanzen

SCHULZE, J., GRANSEE, A., WITTENMAYER, L., PÖSCHEL, G., und SCHILLING, G.

Martin-Luther-Universität Halle-Wittenberg
Landwirtschaftliche Fakultät
Institut für Pflanzenernährung und Düngung
Adam-Kuckhoff-Str. 17 b
06108 Halle/Saale
Tel: 0345 818 347
Fax:: 0345 2031390

Zusammenfassung

Bei Maispflanzen wurden in Gefäßen mit getrennt begasbarem Wurzel- und Sproßraum (Gefäßgröße: h = 20 cm, ∅ = 8 cm) über 5 Tage ^{14}C-Bilanzen erstellt. Die Anzucht erfolgte einerseits in Quarzsand. Zum anderen gab es je eine Variante mit Quarzsand und Zusatz von Bakteriensuspensionen (Pantoea agglomerans [D 5/23] oder Pseudomonas sp. [PS I A 12]) oder einer Bodensuspension. Einer weiteren Variante wurde etwas Boden (Sandlehm-Braunschwarzerde, Julius-Kühn-Versuchsfeld; pH = 7, (0,1 N KCl), (Boden/Sand = 1/5) zugemischt. Die CO_2-Freisetzung aus dem Wurzelraum war in allen Varianten gegenüber der Sandvariante erhöht, besonders stark wirkte die Impfung mit den Bakteriensuspensionen. Eine hohe CO_2-Freisetzung aus dem Wurzelraum wurde von verstärkter Assimilatverlagerung in den Wurzelraum begleitet. In einem ethanolischen Wurzelextrakt (Extraktion mit Ethanol) und in der organischen Rhizodeposition erfolgte die Fraktionierung in die Stoffklassen Zucker, Aminosäuren und andere organische Säuren. In allen

Fällen war der Anteil der Zucker am höchsten. Wachstumssubstrat und Impfung beeinflussen den Anteil der Stoffklassen an der Gesamtfraktion.

Einleitung

Nach MERBACH et al. (1990) werden bis zu 85 % der von den Wurzeln abgegebenen organischen Substanzen innerhalb kurzer Zeit veratmet. Es gibt jedoch kaum Informationen, wie dieser Stoffumsatz durch das Wachstumssubstrat beeinflußt wird und ob man ihn durch eine Impfung mit Bakterien erhöhen kann.

Das Ziel der hier vorgestellten Untersuchungen war es, den Einfluß von Wachstumssubstrat und Impfung mit verschiedenen Bakterien auf die CO_2-Freisetzung aus dem Wurzelraum und die organische Rhizodeposition innerhalb einer vollständigen Kohlenstoffbilanz zu erfassen.

Material und Methoden

Je 4 Maispflanzen der Sorte "Bermasil" wurden in Glasgefäßen (h= 20 cm; ∅ = 8 cm) mit 4 Wiederholungen im Phytotron (12 h Licht/12 h Dunkelheit;20 °C; 80 % Luftfeuchte) über 4 Wochen angezogen. Bei vier Varianten erfolgte die Anzucht in sehr feinem Quarzsand (vgl., SCHULZE, 1993), während bei einer fünften Variante Boden (Sandlehm-Braunschwarzerde, Julius-Kühn-Versuchsfeld; pH = 7 (0,1 N KCl) im Verhältnis Boden/Sand = 1/5 hinzugemischt wurde. Als Düngung wurden je 6 kg Sand bzw. Sand/Boden-Gemisch zugesetzt: O,6 g N als KNO_3, 0,3 g Mg als $MgSO_4 \cdot 7H_2O$, 2 ml 10% $FeCl_3$-Lösung und 1 ml A-Z-Lösung nach HOAGLAND. 0,52 g P wurden dem trockenen Sand als $CaHPO_4 \cdot 2H_2O$ zugemischt.

Jeweils eine Sandvariante wurde 2 und 3 Wochen nach dem Auflaufen mit 8 ml/Gefäß Bakteriensuspension von D 5/23 (Pantoea agglomerans) oder PS I/25 (Pseudomonas sp.) geimpft, während einer dritten Variante 8 ml/Gefäß einer Bodensuspension (Aufschwemmen von 100 g Boden in 500 ml autoklaviertem Leitungswasser, Lößboden, Julius-Kühn-Versuchsfeld; pH = 7, 0,1 N KCl) zugesetzt wurden. Eine Sandvariante blieb unbehandelt. Die sich dadurch ergebenden Varianten sind Tabelle 1 zu entnehmen.

Nun wurde über 5 Tage die Netto-$^{14}CO_2$-Assimilation der Sprosse der einzelnen Varianten gemessen. Dies erfolgte, indem ein $^{14}CO_2$-haltiger Luftstrom durch die Plexiglaskammern geleitet wurde (Abb. 1), wobei sich aus der Differenz der $^{14}CO_2$-Menge vor und nach Durchgang durch die Küvette die $^{14}CO_2$-Aufahme berechnen ließ (vgl. SCHULZE, 1993).

Abb. 1: Doppelkompartimentgefäß zur getrennten Erfassung des CO_2-Gasaustausches im Sproß- und Wurzelraum.

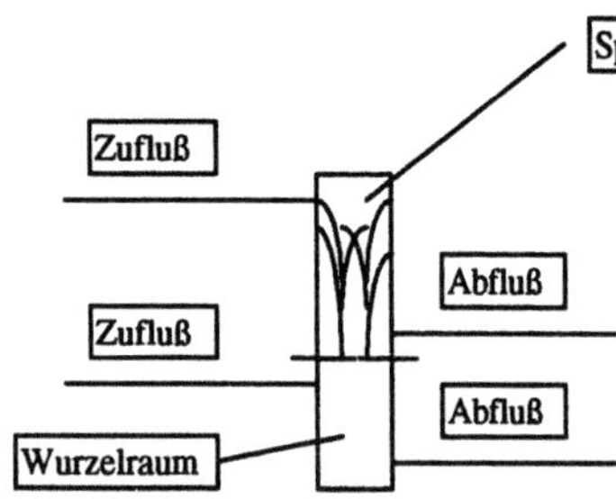

Der Verbleib der in das System eingeflossenen ^{14}C-Radioaktivität ist quantitativ erfaßt worden. Dies umfaßte zunächst die Atmung des Sprosses im Dunkeln und die Atmung im Wurzelraum. Beide Prozesse wurden nach dem oben beschriebenen Prinzip über 5 Tage gemessen. Am Ende des Untersuchungszeitraumes sind die Pflanzen geerntet, und die organische Rhizodeposition ist durch 20-minütiges Abstauchen der Wurzeln in 20 °C warmes micropurhaltiges Wasser gewonnen worden (vgl. WITTENMAYER und GRANSEE, 1992). Der Restsand des Gefäßes wurde mit Alkohol extrahiert und die darin befindliche Radioaktivität gemessen. Danach erfolgte die ^{14}C-Bestimmung in den Pflanzen. Zunächst wurden die Wurzeln mit Ethanol extrahiert, um den Anteil der löslichen ^{14}C-Verbindungen in ihnen zu bestimmen. Schließlich gelangten Sproß und Wurzel in einen Oxidizer mit

nachfolgender Flüssigkeitsszintillationsmessung, um den restlichen ^{14}C zu erfassen.
In Wurzel- und Restsandextrakt sowie in der organischen Rhizodeposition ist darüber hinaus eine Stoffklassentrennung nach Zuckern, Aminosäuren und anderen organischen Säuren über Ionenaustauschersäulen (WITTENMAYER und GRANSEE, 1992) vorgenommen worden. Tab. 1 und 2 enthalten sämtliche Meßgrößen in zusammengefaßter Form.

Ergebnisse und Diskussion

Betrachtet man Tabelle 1, so fällt zunächst auf, daß die Varianten gleiche Sproßtrockenmassen bildeten, lediglich die Sand-Boden-Variante erzeugte tendenziell mehr Sproßmasse. Gegenüber der Impfvariante mit D 5/23 war dieser Effekt sogar signifikant.
Eine klare Differenzierung trat bezüglich der CO_2-Freisetzung aus dem Wurzelraum (CF_{wr}) auf. Die Sandvariante zeigte hier den geringsten Wert. Signifikant darüber lagen die beiden "Bodenvarianten", wobei der Zusatz von Bodensuspension sogar einen stärkeren Effekt brachte als das Zumischen des Bodens. Klar am höchsten lagen die mit Bakteriensuspensionen beimpften Varianten, die sich allerdings voneinander nicht unterschieden. Die Varianten mit hoher CO_2-Freisetzung aus dem Wurzelraum wiesen eine stärkere Verlagerung von Assimilaten in die Wurzel auf, was dazu führte, daß in der Wurzel auch der Anteil löslicher Verbindungen höher war (vgl. Tab. 1, Punkt 4; 4.1 und 4.2). Möglicherweise steht ersteres im Zusammenhang mit dem etwas schwächeren Sproßwachstum der Variante D 5/23.
Tendenziell scheint eine hohe CO_2-Freisetzung aus dem Wurzelraum zu einer etwas geringeren organischen Rhizodeposition zu führen.
Zusammenfassend läßt sich sagen, daß Wachstumssubstrat und Mikrobenbesatz der Wurzel einen merklichen Einfluß auf die Kohlenstoffbilanz ausüben. Ob die Erhöhung der CO_2-Freisetzung aus dem Wurzelraum z.B. der

<u>Tabelle 1:</u> Kohlenstoffbilanz an Maispflanzen bei Anzucht in unterschiedlichem Substrat und nach Impfung der Wurzeln mit unterschiedlichen Mikroorganismen.

Angaben je Gefäß in % auf der Basis der ^{14}C-Verteilung nach 5-tägiger Fütterung mit $^{14}CO_2$, Mittel aus 4 Wiederholungen, Tukey-Test, $\alpha \leq 5\%$, gleiche Buchstaben = nicht signifikant verschieden.

	Varianten					
	Sand	**Sand/Boden (5/1)**	**Sand beimpft (D5/23)**	**Sand beimpft (Ps I A12)**	**Sand beimpft (Bodenextrakt)**	**Grenzdifferenz (Tukey)**
Trockensubstanz der Sprosse [g]	0,74 ab	0,89 b	0,59 a	0,70 ab	0,73 ab	0,23
Kohlenstoffbilanz [%]						
1) apparente CO_2-Ass. der Sprosse **(a.CO_2-Ass.)**	100 (1,36 g CO_2/5d)	100(1,64 g CO_2/5d)	100(1,18 g CO_2/5d)	100(1,32 g CO_2/5d)	100(1,34 g CO_2/5d)	
2) Atmung der Sprosse **(A_{sp})**	**4,9 a**	5,3 ad	8,1 b	6,2 c	5,8 cd	0,88
3) ΔTrockensubstanz der Sprosse **(Δ TS_{sp})**	74,6 a	69,0 a	47,7 b	54,1 c	56,3 c	5,86
4) ΔTrockensubstanz der Wurzeln **(Δ TS_{wu})**	13,0 a 100	9,8 a 100	21,3 b 100	22,4 b 100	22,9 b 100	5,03
4.1) $Extrakt_{Ethanol}$	22,5 a	37,5 b	40,9ac	40,5ac	42,3 c	4,7
4.2) Rückstand	77,5a	62,5 b	59,1ac	59,5ac	57,3 c	4,7
5) CO_2-Freisetzung aus dem Wurzelraum **(CF_{wr})**	**2,4 a**	**5,0 b**	**13,4 c**	**13,7 c**	**7,3 d**	**2,02**
6) organische Rhizodeposition **(RD_{org})**	0,98 a 100	0,95 a 100	0,65 b 100	0,45 c 100	0,5 c 100	0,14
6.1) Wasser	40,5 a	79 b	25,6 c	80 bd	83,3 d	3,98
6.2) Restsand	59,5 a	21 b	74,4 c	20 bd	16,7 d	3,98
7) Verluste 1-(2+3+4+5+6)	4,2 a	10,2 b	8,8 b	2,9 a	7,1 b	3,4

Tabelle 2: **Stoffklassenfraktionierung von ethanolischem Wurzelextrakt und Wurzelausscheidungen.**

Angaben in % auf der Basis der Radioaktivität in der entsprechenden Fraktion der Kohlenstoffbilanz, Mittel aus 4 Wiederholungen, Tukey-Test, $\alpha \leq 5\%$, gleiche Buchstaben = nicht signifikant verschieden.

Stoffklassenfraktionierung						
	4.1 Wurzelextrakt = 100%					
	Sand	Sand/Boden (5/1)	Sand beimpft (D5/23)	Sand beimpft (Ps I A12)	Sand beimpft (Bodenextrakt)	Grenzdifferenz (Tukey)
Zucker	54 ad	63 b	50 c	51 ac	57 d	3
Aminosäuren	25 a	17 b	23 a	23 a	20 c	2
andere org. Säuren	21 a	20 a	27 b	26 b	23 abc	4
	6.1 Wurzelausscheidungen (Wurzeloberfläche) = 100%					
	Sand	Sand/Boden (5/1)	Sand beimpft (D5/23)	Sand beimpft (Ps I A12)	Sand beimpft (Bodenextrakt)	Grenzdifferenz (Tukey)
Zucker	52 a	58 b	51 a	63 c	54 a	3
Aminosäuren	11 a	12 a	23 b	19 c	24 b	3
andere org. Säuren	38 a	30 b	26 c	18 d	22 e	2
	6.2 Restsand = 100%					
	Sand	Sand/Boden (5/1)	Sand beimpft (D5/23)	Sand beimpft (Ps I A12)	Sand beimpft (Bodenextrakt)	Grenzdifferenz (Tukey)
Zucker	60 ac	62 a	67 b	63 ab	56 c	4
Aminosäuren	16 a	24 b	0 c	13 d	18 a	3
andere org. Säuren	24 a	14 b	33 c	24 a	27 a	4

Impfvarianten gegenüber der Sandvariante ausschließlich auf eine höhere Mikrobenatmung an der Wurzel oder auch auf eine Beeinflussung der Wurzelatmung zurückzuführen ist, bleibt allerdings unklar.
In Tabelle 2 sind die Ergebnisse der Stoffklassenfraktionierung dargestellt. Die Anordnung der C-Fraktionen entspricht dem C-Fluß aus der Wurzel über die Rhizosphäre bis in wurzelferne Bereiche (Restsand). Zunächst fällt auf, daß in allen Varianten und in allen untersuchten Fraktionen die Zucker den höchsten Anteil ausmachen. Darüber hinaus ist der Prozentsatz von Aminosäuren der "Impfvarianten" vergleichsweise hoch, dieser fällt jedoch zum Restsand hin stark ab. In der Impfvariante mit D 5/23 diffundierten Aminosäuren überhaupt nicht von der Wurzel weg, obwohl sie in der Rhizosphäre noch einen hohen Anteil ausmachten. Möglicherweise ist diese Stoffklasse für die Bakterien an der Wurzeloberfläche von besonderer Bedeutung.

Literatur

MERBACH, W., JÄGER, R., MIRUS, E., RIETZ,CH.: C- Bilanzierung im System Pflanze - Boden. in: Ökophysiologie des Wurzelraumes, Vorträge zur 1. wissenschaftlichen Arbeitstagung. S. 13-18 Müncheberg (1990)

SCHULZE, J.: Untersuchungen zur Kohlenstoffbilanz bei Leguminosen und Nichtleguminosen unter besonderer Berücksichtigung der organischen Wurzelausscheidungen. Diss MLU Halle-Wittenberg (1993)

WITTENMAYER, L. und GRANSEE, A.: Untersuchungen zur quantitativen und qualitativen Bestimmung von organischen Wurzelausscheidungen bei Mais und Erbsen. Ökophysiologie des Wurzelraumes. Vorträge zur 3. Wissenschaftlichen Arbeitstagung. S. 81-85 Müncheberg (1992).

Circadiane Rhythmen des Wurzeldrucks und der Exsudationsrate in Wurzelsystemen von *Phaseolus coccineus* L.

Kai-Christian Peters & Ernst Steudle, Lehrstuhl Pflanzenökologie, Universität Bayreuth

Von der Feuerbohne (*Phaseolus coccineus* L.) sind bereits einige endogen gesteuerte Rhythmen mit circadianer Periode dokumentiert, so beispielsweise die Oszillation der stomatären Leitfähigkeit. Dieses periodische Öffnen und Schließen der Stomata mit maximalem Durchlaß in der Mittagszeit bewirkt einen in der Folge ebenfalls rhythmischen Verlauf der Transpirationsrate und damit des Wasserbedarfs an den Stomata. Dadurch wird auch bei guter Nachlieferung aus dem Boden das Wasserpotential im Inneren der Pflanze mitunter deutlich gesenkt. Da die Herabsetzung des Wasserpotentials auch auf das Wurzelsystem rückwirkt, lag es nahe, dort nach weiterer circadianer Periodik zu suchen.

Für unsere Versuche verwandten wir vorwiegend Wurzelsysteme, vereinzelt auch apikale Endsegmente, von 1-4 Wochen alten Pflanzen, welche mit Tag/Nacht-Zyklen von 12/12 Stunden bei 25/15 °C in der Klimakammer aufwuchsen.

Mit Hilfe der etablierten Druckmeßsondentechnik (Abb. 1) war es uns möglich, die bereits von der Sonnenblume (*Helianthus annuus* L.) bekannte circadiane Rhythmik des Wurzeldrucks auch für ungestörte Wurzelsysteme der Feuerbohne kontinuierlich aufzuzeichnen.

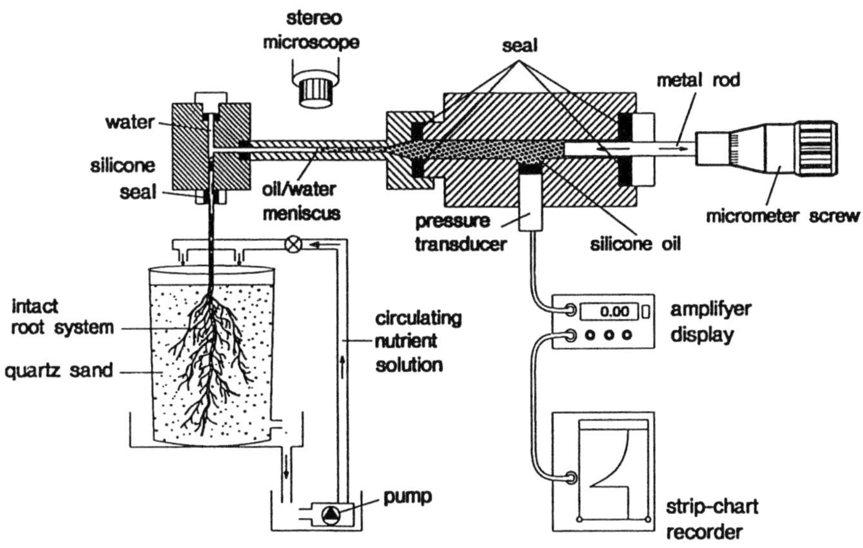

Abb. 1: Schematische Darstellung der Druckmeßsonde für Wurzelsysteme

In Ergänzung dazu untersuchten wir die endogene Rhythmik der in engem Zusammenhang mit dem Wurzeldruck stehenden Exsudation aus dekapitierten Wurzelsystemen. Diesen wurden zur Exsudatgewinnung etwa 4-5 cm lange Silikonschlauchabschnitte aufgesetzt und mittels schnellhärtender Silikonmasse am Sproß fixiert und zugleich gedichtet. Das Exsudat wurde in unterschiedlichen Intervallen entnommen, das Volumen gravimetrisch bestimmt und die Proben zur chemischen Analyse eingefroren.

Die Wurzeldruckmessungen offenbarten unter konstanten Temperatur- und Lichtbedingungen zunächst eine circadiane Oszillation des Wurzeldrucks mit einer Periode von 22-24 Stunden und Druckmaxima in der Mittagszeit. Diese Oszillation unterlag starker Dämpfung, so daß die Amplitude üblicherweise innerhalb von ca. 3-5 Tagen erlosch. Der Druck sank jedoch nicht bis auf 0 ab. Auch apikale Wurzelendsegmente zeigten sich in der Lage, circadian rhythmisch den Wurzeldruck zu verändern.

Neben der reinen Druckmessung erschien zudem interessant, durch welche Umweltparameter die endogene „Uhr" der Wurzel mit ihrer Umgebung synchronisiert werden kann. Da zur Messung in der Wurzeldruckmeßsonde der Sproß der Pflanze kurz oberhalb der Bodenoberfläche abgetrennt wurde, mußten wir uns in derartigen Experimenten auf den Einfluß der Temperatur als Zeitgeber beschränken, zumal ja die vorwiegend in den Blättern anzutreffenden Lichtrezeptoren nicht mehr verfügbar waren.

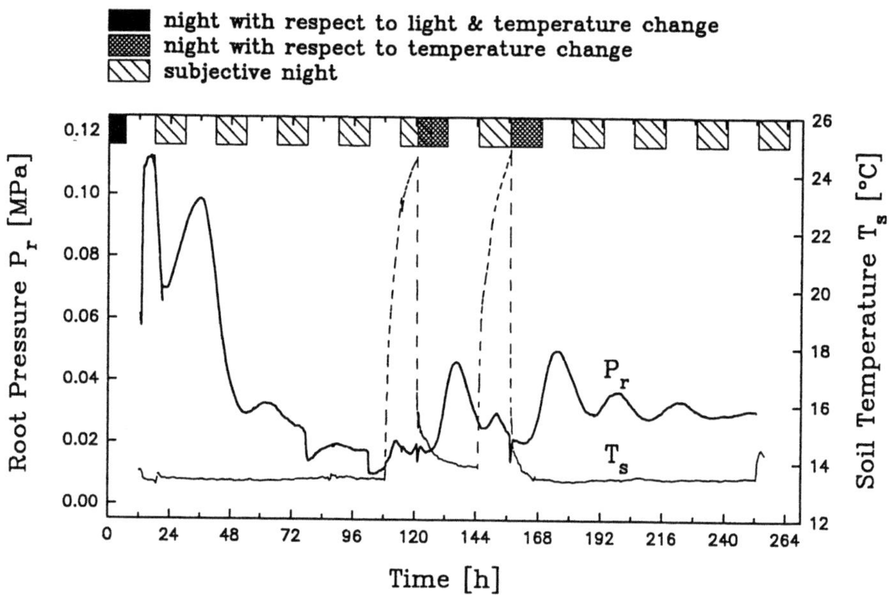

Abb. 2: Wiederbelebung und Phasenverschiebung des circadianen Rhythmus' des Wurzeldrucks

Abbildung 2 zeigt einen Versuch, bei dem es gelang, die abgeklungene Oszillation des Wurzeldrucks mittels Simulation eines „Temperatur-Tages" (Erhöhung der Temperatur für die Dauer von 12 Stunden) wiederzubeleben. Dieser „Temperatur-Tag" erschien nicht in Phase mit der bisherigen Schwingung; dennoch lag das Druckmaximum der folgenden Schwingung wieder etwa dort, wo die Pflanze die Mitte des nächsten „Tages" erwarten sollte. 24 Stunden nach Ende des ersten „Temperatur-Tages" begann ein zweiter, nun um 180° phasenverschoben gegenüber der „inneren Uhr" des Wurzelsystems. Diese Temperaturschwankung war sowohl in der Lage, die Phase der Oszillation des Wurzeldrucks neu einzustellen als auch die Amplitude weiter zu steigern, jedoch nicht bis auf das ursprüngliche Niveau, vermutlich aufgrund von Alterungsprozessen, die nach der Dekapitation einsetzen. Unter den anschließend wieder konstanten Bedingungen klang die Oszillation wiederum innerhalb von 3 Tagen ab. Die Druckmaxima fielen abermals jeweils in die Mittagszeit der von der endogenen „Uhr" der Pflanze erwarteten Tage. Weitere Experimente zeigten, daß die einmalige Änderung der Temperatur in eine Richtung (nur Steigerung oder Senkung) zur Stimulation der Oszillation nicht ausreichend ist.

Sowohl der Wurzeldruck als auch die Exsudation werden gemeinhin auf den durch die aktive Xylembeladung getriebenen Wassertransport zurückgeführt. Im folgenden Falle war die Betrachtung der Exsudationsrate anstelle des Wurzeldrucks vorteilhaft, weil dadurch ein Experiment zur Stimulation des Wurzeldruckes an vielen Pflanzen parallel vorgenommen werden konnte.

In dem in Abbildung 3 wiedergegebenen Exsudationsversuch wurden zu verschiedenen Zeitpunkten im Verlaufe des 11-tägigen Experimentes jeweils 2 Pflanzen von insgesamt 16 gemeinsam in der Meßkammer befindlichen Individuen gleichzeitig abgeschnitten. Die jeweils zuletzt gekappten Pflanzen sollten dem dem Versuchsabschnitt entsprechenden Zustand intakter Pflanzen möglichst nahekommen. Jede Signatur in der Graphik repräsentiert folglich eine von je 2 zugleich dekapitierten Pflanzen.

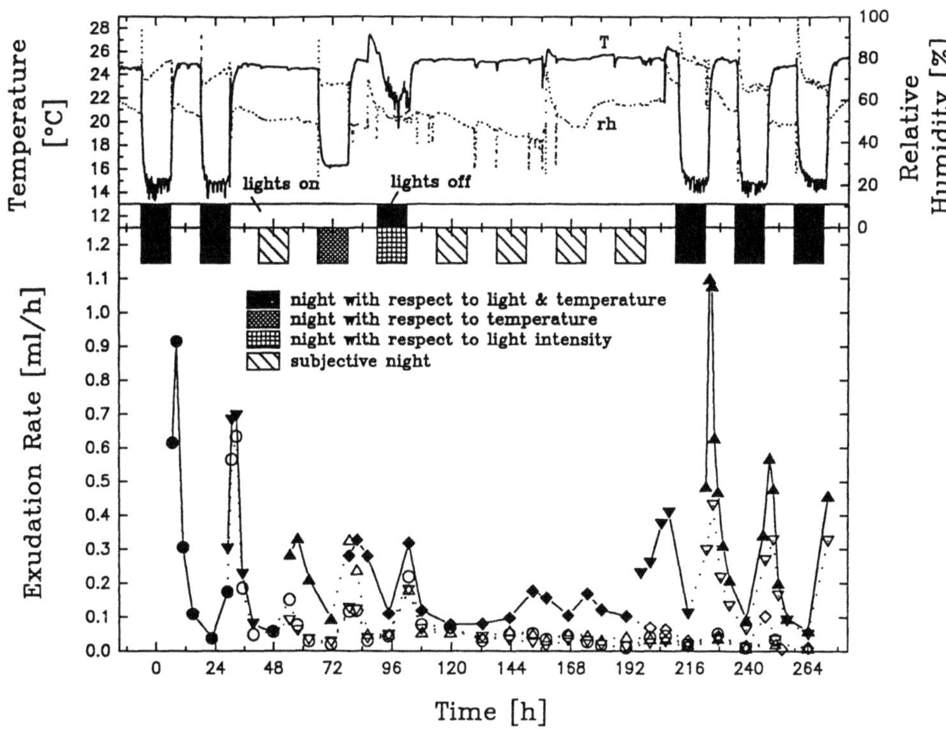

Abb. 3: Die äußeren Bedingungen (oberes Bild) steuern das circadiane Verhalten der Exsudationsrate (unteres Bild). Zu verschiedenen Zeiten wurden jeweils 2 Pflanzen parallel dekapitiert; jede Signatur repräsentiert 2 Pflanzen; die ausgefüllten Symbole zeigen den Verlauf für die jeweils zuletzt abgeschnittene Pflanze.

Der Verlauf der Kurven deutet darauf hin, daß auch die Amplitude der circadianen Schwingung der Exsudationsrate mit Maxima am frühen Morgen kurz nach Beginn der Lichtperiode unter konstanten Bedingungen stark gedämpft ist. Die abwärtsgerichtete Temperaturamplitude in der 4. dargestellten Nacht (Stunde 66-78) kehrt die Dämpfung zwar nicht um, scheint aber in der Lage zu sein, das weitere Absinken der Amplitude aufzuhalten, da die während dieser Nacht abgeschnittene Pflanze eine ebenso hohe Exsudationsrate aufweist, wie das frischeste der zuvor bereits am Versuch beteiligten Individuen. Leider war in der sich anschließenden 5. Nacht die Klimakammer nicht fähig, die angestrebte Temperatur von 25°C bei ausgeschalteter Beleuchtung aufrechtzuerhalten. So kam nicht klar heraus, ob die Dunkelheit alleine, oder aber Dunkelheit und geringe Temperaturamplitude gemeinsam den weiteren Abfall der Amplitude der Exsudationsrate verhinderten (die Kreissignatur stieg sogar wieder ein wenig). Deutlich sichtbar wurde allerdings am Ende des Versuches, daß die gemeinsame phasenrichtige Amplitude von Licht und Temperatur die Schwingung der Exudationsrate am effektivsten zu stimulieren vermochte.

Zusammenfassend illustrieren die hier dargestellten Versuche, daß die Temperatur in Form einer Temperaturamplitude als Zeitgeber für die den Wurzeldruck steuernde endogene „Uhr" fungieren kann. Eine einzige Temperaturamplitude vermag dabei sowohl das Auftreten der circadianen Schwingung zu stimulieren als auch deren Phase einzustellen. Dieses Ergebnis in Verbindung mit dem Umstand, daß auch in apikalen Endsegmenten diese Schwingungen ablaufen, legen die Hypothese nahe, daß innerhalb der Wurzeln eine irgendwie geartete endogene „Uhr" in Verbindung mit einem temperatur-sensitiven Rezeptor lokalisiert ist. Darüber hinaus dient dieses Experiment als Beleg dafür, daß das Abklingen der Oszillation nicht auf Mangel an der für die aktive Xylembeladung notwendigen Energie beruht, zumal die Wiederbelebung der Schwingung möglich ist.

Die Synchronisation der endogenen „Uhr" der Wurzel durch Temperaturamplituden erscheint durchaus sinnvoll, bietet sie der Wurzel doch den Vorteil einer gewissen Unabhängigkeit von der Signaltransduktion vom Sproß. Die Koinzidenz von Maxima der Transpiration an intakten mit Maxima des Wurzeldrucks an dekapitierten Pflanzen in der Mittagszeit ist zumindest bemerkenswert.

GASWECHSELMEẞSYSTEM ZUR ERMITTLUNG DER WIRKUNG PFLANZLICHER WURZELSYSTEME AUF DIE SPURENGASEMISSION AUS BÖDEN

AUGUSTIN, J., BLASINSKI, F., STEFFENS, L., MERBACH, W.

Zentrum für Agrarlandschafts- und Landnutzungsforschung (ZALF)
Institut für Ökophysiologie der Primärproduktion
Eberswalder Str. 84
15374 Müncheberg

Einleitung

Eines der wichtigsten klimarelevanten Spurengase neben dem CO_2 ist das Lachgas (N_2O). Steigende Lachgaskonzentrationen haben erheblichen Anteil an der beginnenden Aufheizung der Erdatmosphäre und der Zerstörung der stratosphärischen Ozonschicht (DUXBURY et al. 1993). Zur Lachgasbildung tragen ganz erheblich die mikrobiellen N-Umsetzungsprozesse der Nitrifikation und Denitrifikation bei. Es liegt daher der Verdacht nahe, daß die mit dem weltweit intensivierten Kulturpflanzenanbau verbundenen Veränderungen im Stickstoffhaushalt der Böden wesentlichen Anteil am Anstieg der Lachgaskonzentration in der Atmosphäre haben. Speziell zum Einfluß der Pflanzen auf die Lachgasemission liegen aber sehr widersprüchliche Befunde vor; sowohl Förderung als auch Hemmung der Emission sind beobachtet worden (STEFANSON 1972, SCAGLIA et al. 1985, HEINEMEYER et al. 1988). Dafür lassen sich zwei Ursachen ausmachen: 1. die außerordentliche Komplexität des Einflusses einer Vielzahl von Faktoren auf die Lachgasemission (d. h. die Pflanzenwirkung kann leicht überdeckt werden - HUTCHINSON und DAVIDSON 1993), 2. meßtechnisch/analytische Probleme bei der exakten Bestimmung der Lachgasemission aufgrund des sehr geringen N_2O-Gehaltes in der Atmosphäre (310 ppb (v) - DENMEAD und RAUPACH 1993).
Es sollte daher ein experimentelles System geschaffen werden, mit dessen Hilfe klare Aussagen zum Einfluß von Pflanzen bzw. deren Wurzeln auf die Spurengasemission gewonnen werden können. Nachfolgend wird der derzeitige Entwicklungsstand des Systems beschrieben und über erste Erfahrungen bei seiner Anwendung, speziell bei der Ermittlung der CO_2- und der N_2O-Freisetzung, berichtet.

Material und Methoden

Gaswechselmeßsystem

Die Anlage (Abb. 1) arbeitet nach dem Prinzip eines offenen Gasmeßsystems, d. h. der Meßraum (Küvette) wird ständig von Gas durchströmt. Die Konzentration der zu analysierenden Gase wird sowohl am Gefäßeingang als auch am Gefäßausgang bestimmt (Differenzmessung). Als Wurzelküvette fungiert ein Doppelkompartimentgefäß (2). Die Küvette wird durch zwei ineinander gestellte PVC-Zylinder und einen nach oben abdichtenden Deckel gebildet. Der innere Zylinder (Höhe 39,5 cm, Durchmesser 8 cm) dient zur Pflanzenanzucht und gewährleistet durch eine permeable Außenwand den ständigen Gasaustausch zwischen Boden und umströmender Luft. Eine Gasförderpumpe (9) saugt Außenluft mit unveränderter CO_2- und N_2O-Konzentration zunächst in ein Vorratsgefäß zur Homogenisation (1), danach nach-

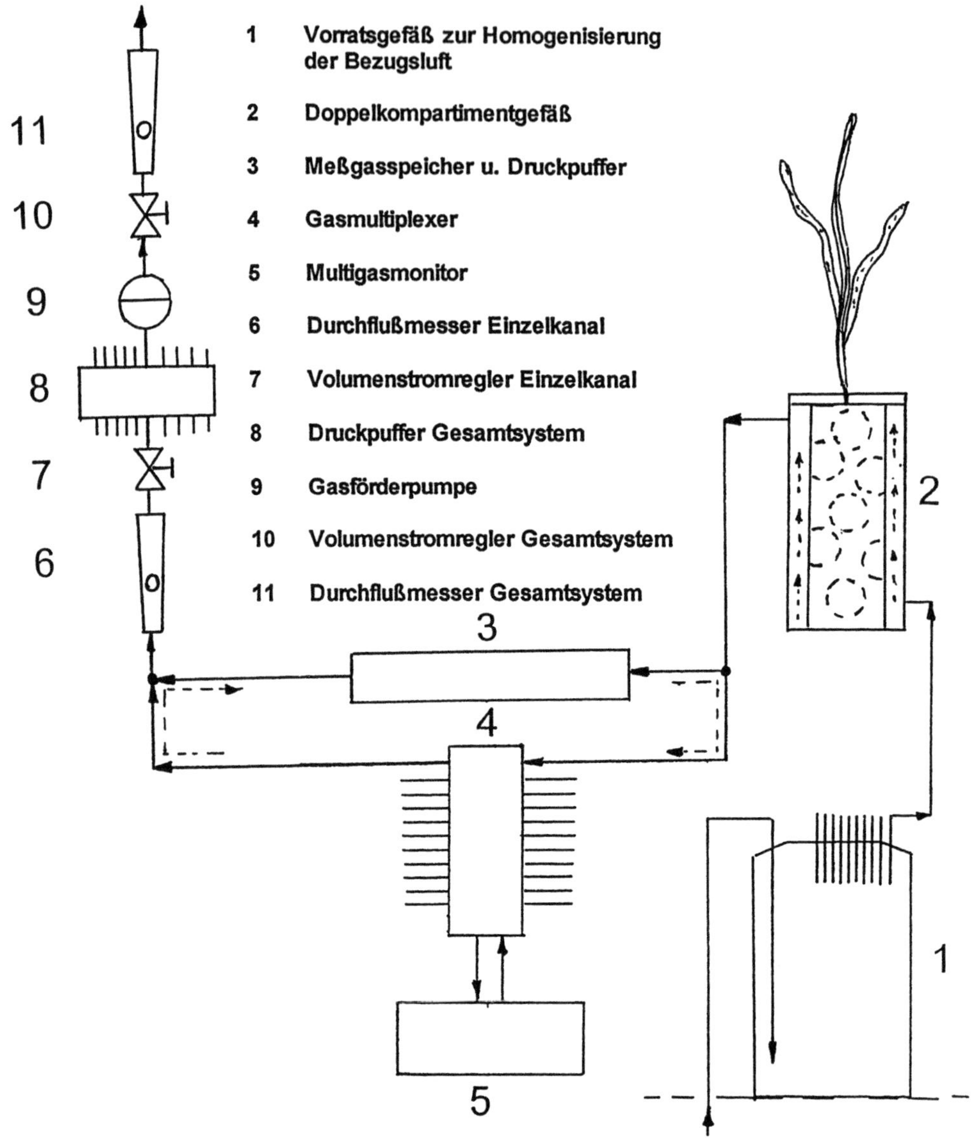

Abb. 1: Aufbau des Gaswechselmeßsystems zur Ermittlung der Spurengasemission aus dem Wurzelraum (Prinzip: Diffenzmessung, offenes System)

einander durch Wurzelküvetten (2), Meßgasspeicher (3), Gasmultiplexer (4) und Druckpuffer (8). Die Regulierung des Luftstromes (0,24 m^3*d^{-1}) erfolgt durch Durchflußmesser (6,11) und Nadelventile (7,10). Das System umfaßt 10 Gaskanäle (8 für Gefäßausgangsluft, 1 für Gefäßeingangsluft, 1 für Prüfgas). Die Umschaltung zwischen den Kanälen besorgt der Gasmultiplexer (4, Eigenbau). Zur Messung der Spurengaskonzentrationen dient ein Multigasmonitor (5) des Typs 1301 der Firma Brüel und Kjaer (photoakustisches Meßprinzip). Die Steuerung der Anlage erfolgt über PC unter Verwendung des Softwareprogrammes "Gasmonitoring" der Firma Tewicon Hightech. Von den insgesamt 16 pro Versuch angesetzten Pflanzgefäßen (Wurzelraumküvetten) werden im täglichen Wechsel jeweils 8 Gefäße auf Spurengasemission untersucht. Die Gasfreisetzungsrate ergibt sich aus der Differenz der Spurengaskonzentrationen zwischen Gefäßeingang und -ausgang, dem Volumenstrom der Meßluft in der Wurzelküvette und der am Gasaustausch beteiligten Gefäßoberfläche.

Pflanzenanzucht

Das Substrat (lehmiger Sand, A_h-Horizont) wurde 7 Tage vor Versuchsbeginn auf 60% der maximalen Wasserkapazität angefeuchtet und in die Gefäße eingefüllt. Das Vorkeimen der Versuchspflanzen (hier: Mais) dauerte 2 Tage, danach gelangten die Keimlinge für 5 Tage in Kleinstgefäße. Nach 7 Tagen erfolgte das Auspflanzen von jeweils 4 ausgewählten Pflanzen in die Gefäße. Drei Tage nach dem Auspflanzen wurde der Wurzelraum mit Hilfe der Bodenplatte und Silikonkautschuk nach oben hin abgedichtet. Zur Aufrechterhaltung einer konstanten Bodenwasserspannung von pF 1,8 dienten modifizierte Saugkerzen, die mit einer hängenden Wassersäule verbunden waren. Sonstige Kulturbedingungen: Beleuchtungszyklus 14 h Tag, 10 h Nacht, Beleuchtungsstärke: ca. 80 $W*m^{-2}$, Temperatur: Tag 20^0 C, Nacht 15^0 C, Anzahl Wiederholungen (Gefäße) pro Variante: 4.

Tastversuche

Die Eignung des Gaswechselsystems wurde anhand zweier Teilversuche überprüft. Im 1. Teilversuch galt es, die Wirkung einer hohen N-Düngergabe (Applikation von 1g N als KNO_3 pro Gefäß in wäßriger Lösung, über 5 Tage verteilt bei 20 Tage alten Pflanzen) und im 2. Teilversuch die Wirkung einer reduzierten N-Gabe (Applikation von 100mg bzw. 500mg N als KNO_3 pro Gefäß in wäßriger Lösung, über 5 Tage verteilt, bei 21 bzw. 33 alten Pflanzen) und des Pflanzenbewuchses auf die CO_2-und N_2O-Emission aus sandigen Böden zu ermitteln. Jeder Teilversuch umfaßte folgende Varianten: 1- Boden ohne Maispflanzen und ohne N-Düngung, 2- Boden ohne Maispflanzen und mit N-Düngung, 3- Boden ohne N-Düngung und mit Maispflanzen (Sorte "Aviso"), 4- Boden mit N-Düngung und mit Maispflanzen.

Ergebnisse und Diskussion

Erwartungsgemäß lag in beiden Teilversuchen die CO_2-Emission vor der Düngung (TO, Abb. 2) in den bepflanzten Gefäßen höher als in den unbepflanzten. Die Verabreichung der sehr hohen N-Gabe im 1. Teilversuch hatte sichtbare Schäden an den Pflanzen zur Folge, die mit einer Verringerung der Wurzelatmung verbunden waren. Im zweiten Teilversuch verursachte dagegen die reduzierte N-Gabe eine beträchtliche Förderung des Pflanzenwachstums und der CO_2-Freisetzung. Ein ganz anderes Bild ergab sich für die Lachgasemission (Abb.3). Im 1. Teilversuch führte das verringerte N-Angebot (BO, PO) zu einer deutlichen Reduktion der Lachgasfreisetzung im späteren Verlauf (TN) des Versuches, während die hohe N-Gabe sowohl im unbepflanzten Substrat, besonders aber im bepflanzten Boden eine drastische Erhöhung der Emission hervorrief. Im Fall der verminderten N-Versorgung waren die Maispflanzen offenbar im Vergleich zu den nitrifizierenden und denitrifizierenden Mikroorga-

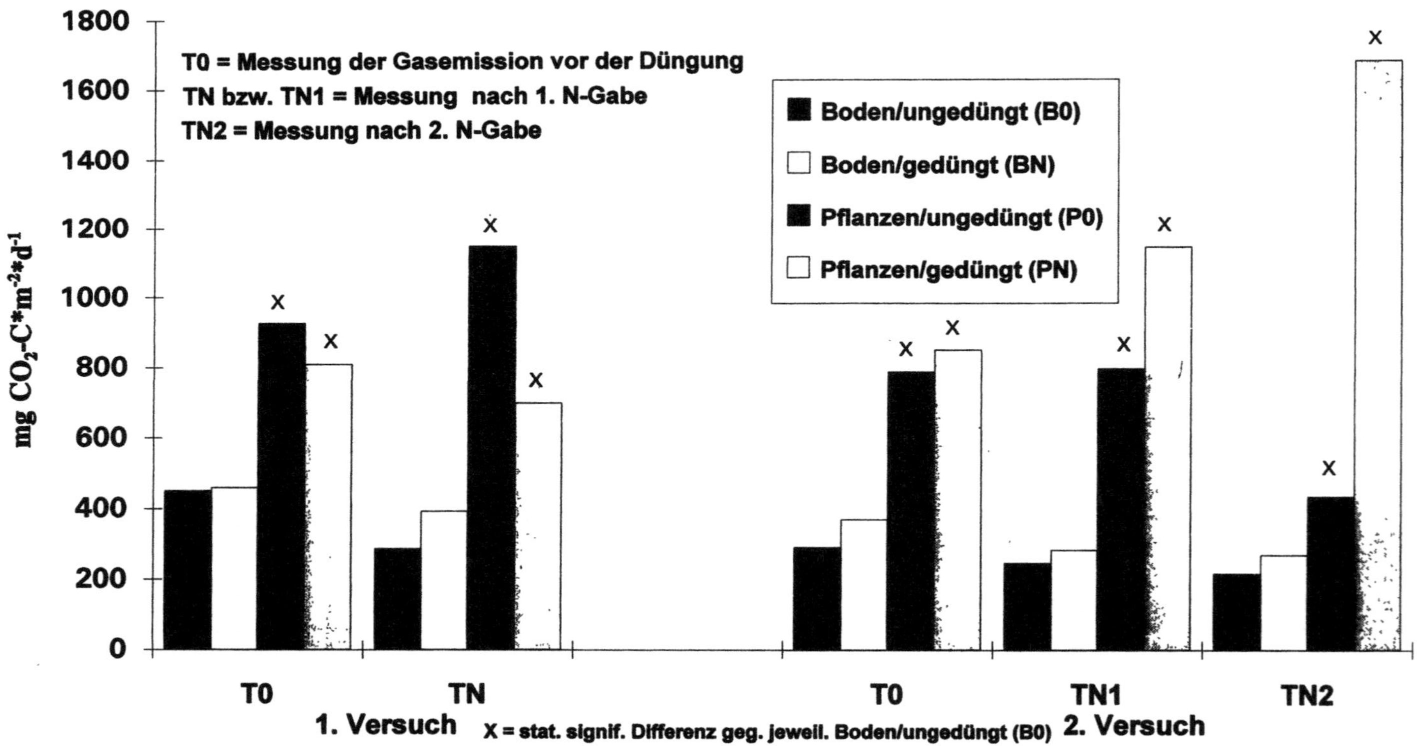

Abb. 2: Einfluß der N-Düngung und von Maispflanzen auf die CO2-Emission aus sandigen Bodensubstraten im Gefäßversuch (1. Versuch: Applikation von 1g N pro Gefäß, 2. Versuch: Applikation von 100 mg + 500 mg N pro Gefäß)

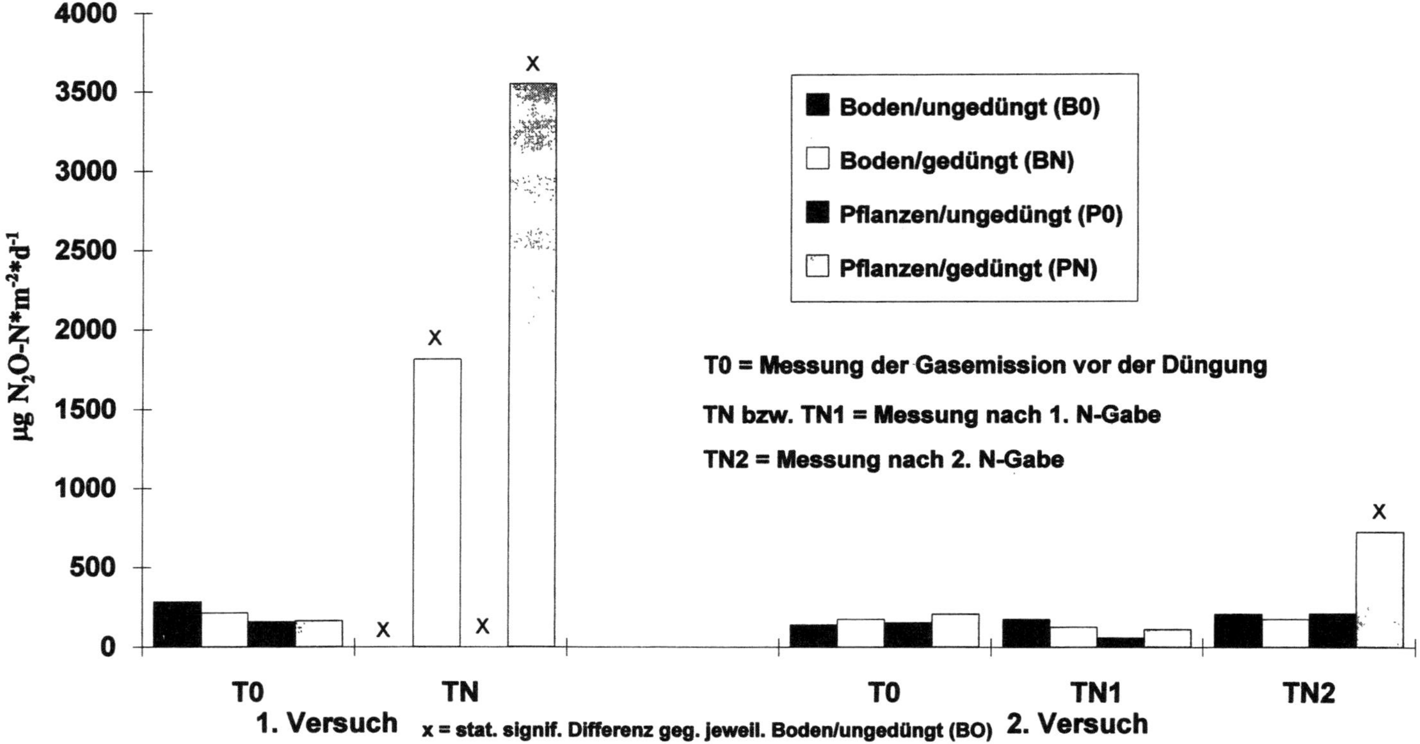

Abb. 3: Einfluß der N-Düngung und von Maispflanzen auf die N2O-Emission aus sandigen Bodensubstraten im Gefäßversuch (1. Versuch: Applikation von 1 g N pro Gefäß, 2. Versuch: Applikation von 100 mg + 500 mg N pro Gefäß)

nismen bei der N-Aneignung konkurrenzstärker.
Aus den Resultaten läßt sich folgendes ableiten:
1. Das vorgestellte Gaswechselmeßsystem erwies sich als geeignet zur Quantifizierung des Einflusses von Pflanzenbewuchs und N-Düngung auf die Spurengasemission (gilt insbesondere für CO_2 und N_2O).
2. Die fördernde oder hemmende Wirkung pflanzlicher Wurzelsysteme auf die Spurengasfreisetzung vollzieht sich in Abhängigkeit vom N-Angebot, wobei die einzelnen Gase offenbar in unterschiedlicher Weise betroffen werden.
Weiterführende Untersuchungen sollen zeigen, inwieweit sich diese Befunde verallgemeinern lassen und welche Mechanismen sich hinter diesen Erscheinungen verbergen.

Literatur

1. DENMEAD, O. T., RAUPACH, M. R. (1993): Methods for measuring atmospheric gas transport in agricultural and forest systems. ASA special publication Nr. 55,
2. HEINEMEYER, O., HAIDER, K., MOSIER, A. (1988): Phytotron studies to compare nitrogen losses from corn-planted soil by the 15-N balance or direct dinitrogen and nitrous oxide measurements. Biol. Fertil. Soils 6, 73-77
3. HUTCHINSON, G. L., DAVIDSON, E. A. (1993): Processes for production and consumption of gaseous nitrogen oxides in soil. ASA special publication Nr. 55, 79-93
4. SCAGLIA, J., LENSI, R., CHALAMET, A. (1985): Relationship between photosynthesis and denitrification in planted soils. Plant and Soil 84, 37-43
5. STEFANSON, R. C. (1972): Soil denitrification in sealed soil-plant systems. 1. Effect of plants. Plant and soil 33, 113-127

Ökophysiologie des Wurzelraumes Nr. 5 (1994)

EINFLUSS VON STOFFWECHSELPRODUKTEN DER LUZERNE AUF DIE KEIMUNG VON WEIZEN, ERBSEN UND RAPS

ROSCHE, I.

Martin-Luther-Universität Halle-Wittenberg, Landwirtschaftliche Fakultät
Institut für Acker- und Pflanzenbau
Ludwig-Wucherer -Str. 2
06015 Halle/S.

Einleitung

Zu den ältesten ackerbaulichen Erfahrungen gehört die Tatsache, daß bestimmte Pflanzen nacheinander gut oder schlecht gedeihen. Als mögliche Ursache wird von KLAPP (1958, S. 251) die gegenseitige Beeinflussung von Pflanzen (Allelopathie) mittels chemischer Substanzen (Allelopathika) in Betracht gezogen: "Denkbar ist, daß die sehr verschiedenen Vorfruchtwirkungen der Pflanzen auf Unterschieden in der Art, der Konzentration und der Dauerhaftigkeit ihrerAusscheidungen beruhen". Der experimentelle Nachweis dafür wurde im Ackerbau bisher nicht erbracht.
Umfangreiches Schrifttum belegt, daß von den Pflanzen zahlreiche Metabolite des primären und sekundären Stoffwechsels in die Umgebung abgegeben bzw. aus Pflanzenmaterial freigesetzt werden. Ökologische Bedeutung kommt vor allem jenen Substanzen zu, die von anderen aufgenommen werden, physiologische Wirkungen auslösen und Veränderungen in Wachstum, Entwicklung, Gesundheit, Stoffproduktion und Reproduktion hervorrufen (SCHLEE, 1986).
Die Beeinflussung von Nachfrüchten durch Stoffwechselprodukte der Vorfrüchte ist nur über den Boden möglich. Der Eintrag von Allelochemikalien in den Boden durch einen Pflanzenbestand kann beträchtlich sein (OLESZEK, 1992). Sie werden hier jedoch teils schnell, teils während längerer Zeiträume und über zahlreiche Zwischenstufen abgebaut, gebunden, wieder freigesetzt und verlagert.
Nachfrüchte sind den Einwirkungen von Allelochemikalien von Beginn ihrer Entwicklung an ausgesetzt. Die Ermittlung von Wirkstoffbeziehungen, die über den Boden realisiert werden, gestaltet sich jedoch äußerst schwierig. In Keimversuchen soll daher geprüft werden, ob die direkte Einwirkung von Stoffwechselprodukten einer Fruchtart auf die Samen anderer Pflanzen die Keimung und Keimpflanzenentwicklung beeinträchtigt und mit welchen Veränderungen die Pflanzen darauf reagieren.
Als Donatorpflanze wurde Luzerne, die als Fruchtart mit hohem allelopathischen Potential charakterisiert wird, sowie Weizen, Erbsen und Raps als Rezipientenpflanzen ausgewählt.

Material und Methoden

Die Untersuchungen wurden mit Pflanzenmaterial aus Luzernebeständen der Lehr- und Versuchsstation Halle der Landwirtschaftlichen Fakultät Halle durchgeführt. Die Luzernewurzeln wurden bei 40 °C getrocknet und gemahlen. Zur Ermittlung des Einflusses von Stoffwechselprodukten auf die Keimung wurden Kaltwasserauszüge aus 200 g TM Wurzelmehl/l Wasser angefertigt und aus dieser Stammlösung 20 Verdünnungen in Konzentrationen im Bereich 10 x 10^{-1} bis 10^{-10} hergestellt. Der Einfluß der Stoffwechselprodukte auf die Keimung der Testfrüchte wurde mittels dieser 20 Verdünnungen in mit Filterpapier ausgelegten Petrischalen an 20 Samen je Schale bei 6facher Wiederholung erfaßt. Als Kriterium für den Beginn der Keimung wurde das Platzen der Samenschalen herangezogen. Die Auszählungen wurden jeweils beim Platzen der ersten Samenschalen begonnen und nach zwei bzw. vier Stunden wiederholt. Bei der letzten Auszählung erfolgten die Messung der Wurzellängen und die Bonitur von Keimschäden.

Ergebnisse

Die Untersuchungsergebnisse zeigen, daß Luzernewurzeln Substanzen enthalten, die bei Einwirkungen auf andere Pflanzen Veränderungen in der Entwicklung und im Wachstum sowie morphologische Veränderungen hervorrufen. Die Beeinflussungen sind konzentrationsabhängig.
Die Einwirkung von Luzernewurzelauszügen in Verdünnungen von 10^{-5} bis 10^{-9} beschleunigt die Quellung und das Keimen. Bei der Behandlung mit höheren, vor allem jedoch mit Ver-

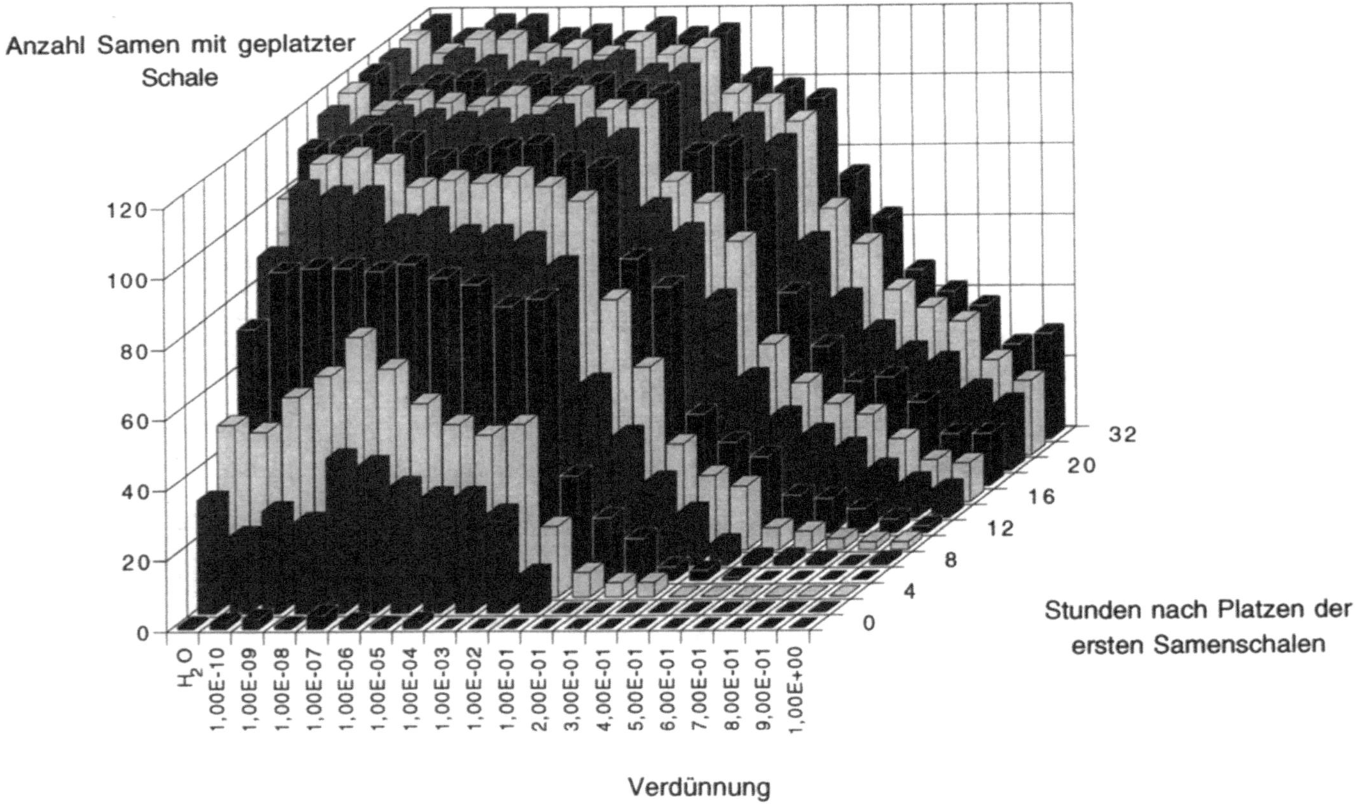

Abb. 1:

Einfluß von Luzernewurzelauszügen auf die Keimung von Weizen, Stammlösung: 200 g Luzernewurzelmehl/l H_2O

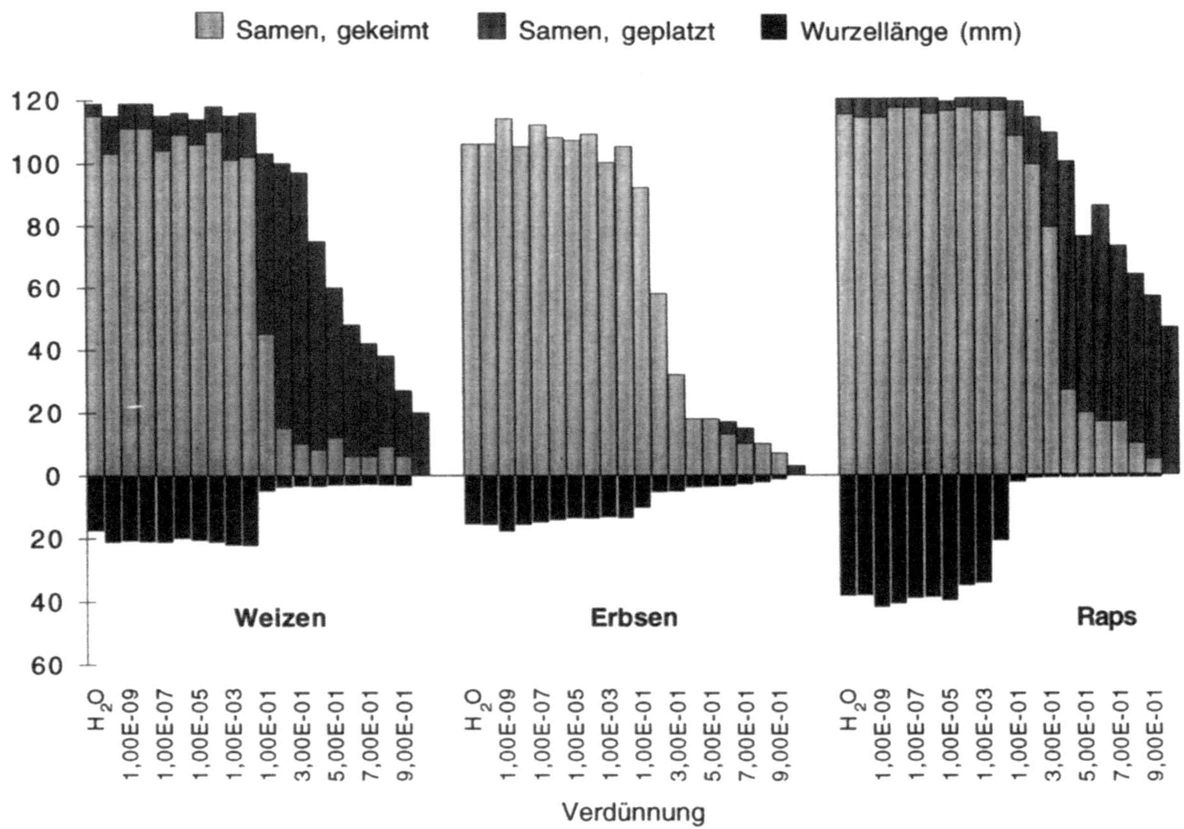

Abb. 2:

Einfluß von Luzernewurzelauszügen auf die Keimung von Weizen, Erbsen und Raps
Stammlösung: 200 g Luzernewurzelmehl/l H_2O

dünnungen unter 10^{-2} werden Quellung und Keimung drastisch verzögert. Die entwicklungsfördernde Wirkung niedriger Wirkstoffkonzentrationen zeichnet sich vor allem zu Beginn der Keimung ab. Die Verzögerung der Keimung bei Verdünnungen unter 5×10^{-1} beträgt mehrere Stunden; sie nimmt mit der Größe der Samen zu.
Nicht aus allen Samen, deren Samenschale geplatzt ist, entwickeln sich Keimlinge. Bei Verdünnungen von 10^{-2} und darüber ist dieser Anteil vergleichsweise gering. Mit steigenden Wirkstoffkonzentrationen in der Testlösung nimmt der Anteil der Samen, aus denen kein Keimling hervorgeht und die faulen, stark zu. Besonders betrifft das kleinere Samen.
Auffällig stark wirken sich Behandlungen mit Luzernewurzelextrakten auf das Längenwachstum der Wurzeln aus. Es wird durch hohe Verdünnungen besonders im Bereich von 10^{-9} - 10^{-7}, gefördert. Bei Verdünnungen unter 10^{-2} sind die Wurzeln extrem verkürzt. Besonders empfindlich reagieren kleinsamige Fruchtarten. Abhängig von der Verdünnung der Luzernewurzelauszüge sind außerdem charakteristische morphologische Veränderungen, Verfärbungen und Deformationen an den Keimlingen zu beobachten. Bei Verdünnungen, die das Wurzellängenwachstum fördern, wird zugleich die Ausbildung von Wurzelhaaren gefördert. Bei abnehmender Verdünnung geht der Besatz mit Wurzelhaaren deutlich zurück. Die Wurzeln sind bräunlich verfärbt. Die Verfärbungen nehmen an Intensität zu. Die Wurzeln platzen auf. Sie sterben von der Spitze her ab. Schäden an der Hauptwurzel werden durch vermehrtes Anlegen von Wurzeln und verstärktes Wachstum der Seitenwurzeln kompensiert. Schließlich unterbleibt auch das. Bei den untersuchten Fruchtarten sind übereinstimmende Reaktionen festzustellen; im Ausmaß der Veränderungen zeichnen sich fruchtarttypische Unterschiede ab.

Diskussion und Folgerungen

Die skizzierten Ergebnisse deuten an, daß die von KLAPP (1958) für möglich gehaltene Beeinflussung der Nachfrucht durch Stoffwechselprodukte der Vorfrucht mit hoher Wahrscheinlichkeit die primäre biologische Ursache von Vorfruchtwirkungen darstellt.
Von den mit landwirtschaftlich bedeutsamen Fruchtarten erzielten Resultaten ist festzuhalten:

- In hohen Konzentrationen toxische Stoffwechselprodukte können in hohen Verdünnungen fördernd wirken.
- Die Pflanzen reagieren auf die Einwirkung von Allelochemikalien mit Veränderungen in der Entwicklung, im Wachstum, aber auch in der Ausbildung einzelner Pflanzenorgane.
- Die Pflanzenarten unterscheiden sich in ihrer Empfindlichkeit; in sehr frühen Entwicklungsstadien sind sie besonders empfindlich.

Diese bei direkter Einwirkung von Stoffwechselprodukten beobachteten Veränderungen sind hinsichtlich der experimentellen Erfassung von Wirkstoffeinwirkungen in Agrarökosystemen von methodischem Interesse. Zur Charakterisierung der biologischen Aktivität von Allelochemikalien (MIERSCH u.a., 1989) wird meist nur die Beeinflussung des Wurzellängenwachstums bestimmter Testpflanzen herangezogen. Zudem werden verbreitet die bei höheren Konzentrationen zu verzeichnenden Hemmungen, selten jedoch die bei sehr niedrigen Konzentrationen festzustellenden Förderungen erfaßt und nur die Wirksamkeit einzelner Substanzen getestet. Auf Feldbedingungen sind solche Befunde daher nur mit Vorbehalt zu übertragen.
Zudem liefern die bei hohen Verdünnungen beobachteten Beschleunigungen der Keimung, Förderungen des Wurzellängenwachstums und der Wurzelhaarausbildung sowie die bei hohen Konzentrationen auftretenden Keimschäden eine einleuchtende Begründung für die in zahlreichen Vorfruchtversuchen beobachteten, je nach Witterungsbedingungen recht unterschiedlichen Feldaufgänge. Nahe liegt ebenfalls, daß schädigende Einwirkungen von Allelochemikalien einem späteren Befall mit bodenbürtigen Schaderregern Vorschub leisten.
Weitere Untersuchungen sind nötig, um die vorliegenden Befunde zu präzisieren, aber auch um die länger anhaltende Wirkung von Allelochemikalien auf die unterschiedlichen Fruchtarten und neben direkten auch indirekte Wirkungen zu erfassen.

Literatur

KLAPP, E. 1958: Lehrbuch des Acker- und Pflanzenbaus, Verlag Paul Parey, Berlin und Hamburg, S. 251.
MIERSCH, J., KRAUSS, G.-J., SCHLEE, D., 1989: Allelochemische Wechselbeziehungen zwischen Pflanzen - eine kritische Wertung. Wiss. Z. Univ. Halle XXXVIII, M, H. 3, S. 59-74.
OLESZEK, W. u.a. 1992: Alfalfa saponins - the allelopathic agents, in : Rizvi, S.J.H. and V. Rizvi, 1992: Allelopathy, Verlag Chapman & Hall, London, New York, Tokyo, Melbourne, Madras, S. 151 - 164.
SCHLEE, D. 1986: Ökologische Biochemie, VEB Gustav Fischer Verlag Jena

Ökophysiologie des Wurzelraumes Nr. 5 (1994)

MIKROLYSIMETRIE UND KAPILLARELEKTROPHORESE - EINE INSTRUMENTELLE KOMBINATION ZUR ERFASSUNG MIKROSKALIGER VARIABILITÄTEN DER BODENLÖSUNGSCHEMIE

GÖTTLEIN, A.; MATZNER, E.

Lehrstuhl f. Bodenökologie
Universität Bayreuth, BITÖK
95440 Bayreuth

Einleitung

Die Bodenlösungschemie ist auf mikroskaligem Niveau vielfältigen Einflüssen unterworfen, die vor allem durch wachsende Wurzeln (Rhizosphäre), Bodenstruktur und Bodenhorizontierung hervorgerufen werden. Die in-situ-Erfassung und Quantifizierung dieser mikroskaligen Variabilitäten wäre für ein besseres Verständnis sowohl von Rückkopplungsbeziehungen zwischen Bodenlösungschemie und Pflanzenernährung, als auch von Transportvorgängen im Boden (z.B. Makroporenfluß) von wesentlicher Bedeutung. Bislang scheiterte eine in-situ-Erfassung mikroskaliger Variabilitäten der Bodenlösungschemie sowohl an fehlenden Probenahmeeinrichtungen als auch an der Schwierigkeit kleinste Probenmengen zu analysieren.

Material und Methoden

Mikrolysimetrie

Zum Bau von Mikro-Saugkerzen wurden keramische P80-Kapillaren der Fa. KPM (Berlin) verwendet, wie sie bereits von Türk et al. (1991) zum Bau von Kleinsttensiometern eingesetzt wurden. Die Länge der wirksamen Zelle beträgt 5 mm, der Außendurchmesser 1 mm. Die Mikrokeramikzellen wurden mit HPLC-Kapillaren mit einem Innendurchmesser von 0.25 mm verklebt, so daß ein nahezu totvolumenfreies und druckstabiles Leitungssystem zur Verfügung steht.

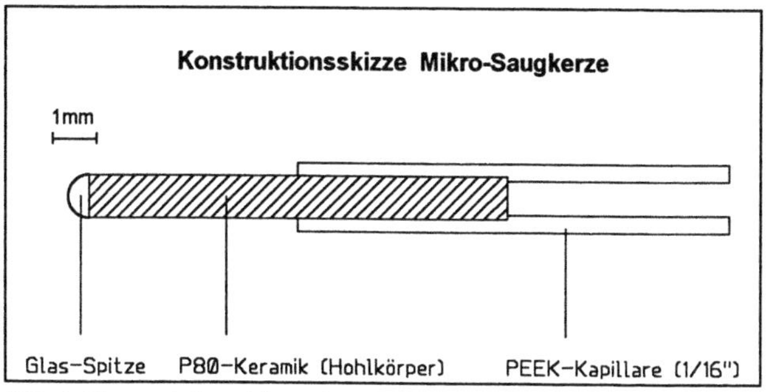

Abb.1: Konstruktionsskizze einer Mikro-Saugkerze

Die verwendeten Mikro-Saugkerzen (vgl. Abb.1) erlauben die Gewinnung von Bodenlösung auf mikroskaligem Niveau, d.h. im Millimeter- und Zentimetermaßstab, und zeichnen sich durch gute Handhabbarkeit, geringe einbaubedingte Gefügestörungen und gutes Ansprechverhalten aus (Göttlein 1993).

Kapillarelektrophorese

Die Kapillarelektrophorese (CE) ist eine relativ neue Technik der analytischen Chemie. Die Auftrennung eines Stoffgemisches erfolgt durch Anlegen einer Hochspannung an eine Fused-silica-Kapillare, wobei die einzelnen Komponenten aufgrund ihres unterschiedlichen Ladungs-Masse-Verhältnisses verschieden schnell im angelegten elektrischen Feld wandern. Durch Einsatz spezieller Puffergemische und chemischer Zusätze kann mit der CE ein weiter Anwendungsbereich abgedeckt werden, wobei auch die quantitative Analyse anorganischer Ionen möglich ist (Jandik et al. 1992, Göttlein 1994). Der Probenbedarf für eine Analyse beträgt bei der CE nur ca. 5-10nl, was bedeutet, daß aus einem einzigen Wassertropfen ca. 100 Einzelanalysen gefahren werden können.

Abb.2 zeigt das Elektropherogramm eines Bodenextraktes (Puffer: 3mM Pyromellitsäure, 7mM NaOH, 2mM Diethylentriamin; Applikation Fa. TSP). Der Nachweis der einzelnen Anionen erfolgt durch indirekte UV-Detektion, d.h. das jeweilige Ion "verdünnt" die Absorption des UV-aktiven Pyromellitsäure-Puffers, woraus sich negative Analysensignale ergeben.

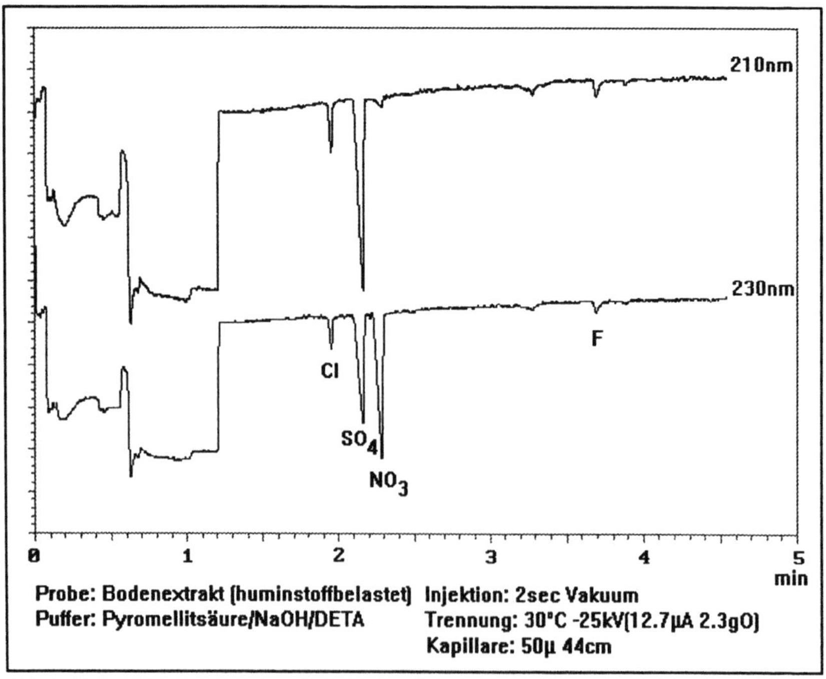

Abb.2: Elektropherogramm eines Anionenstandards

Ergebnisse

Auf der Versuchsfläche Waldstein im Fichtelgebirge (Fichtenaltbestand, podsolige Braunerde aus Granit, Oberhang ca. 780m NN) wurden in einer Profilgrube die Horizonte A_{he}, B_{hs}, B_s und B_v mit einer Matrix aus 5x11 Mikro-Saugkerzen und einem Punktabstand von 1,5cm (entspricht einer Fläche von 6x15cm) bestückt (vgl. Abb.3). Zur Probenahme wurde für 2 Tage ein konstanter Unterdruck von 300hPa an ein speziell konstruiertes Sammelgefäß angelegt, welches erlaubt, jede Mikro-Saugkerze einzeln zu beproben.
Wie entsprechende Laborversuche zeigten, bewirkt eine Mikro-Saugkerze aufgrund des extrem geringen Probenvolumens (< 500µl) keine meßbaren Veränderungen des Wassergehaltes im umgebenden Boden (Göttlein et al. 1994), so daß eine gegenseitige Beeinflussung der in Matrixform angeordneten Mikro-Saugkerzen ausgeschlossen werden kann.

Aus den Meßergebnissen der einzelnen Mikro-Saugkerzen wurden unter Anwendung geostatistischer Methoden Karten der Konzentrationsverteilung erstellt. Dabei spiegelten sich die im Bodenprofil deutlich sichtbaren Horizontgrenzen kaum in den Isolinien der Ionenkonzentrationen wider. Dies gilt auch für Nitrat, wobei gerade bei diesem Ion besonders starke Konzentrationsgradienten beobachtet werden konnten (Abb.3). Auf einer Distanz von 5 Zentimetern ging die Nitratkonzentration von 20 mg/l auf nahezu 0 mg/l zurück.

Insgesamt zeigte sich, daß die mikroskalige Variabilität der Ionenkonzentrationen in der Bodenlösung eine ähnliche Größenordnung besitzt wie die Variabilität, die bei Beprobung der 3ha großen Versuchsfläche mit konventionellen Saugkerzen festgestellt wird.

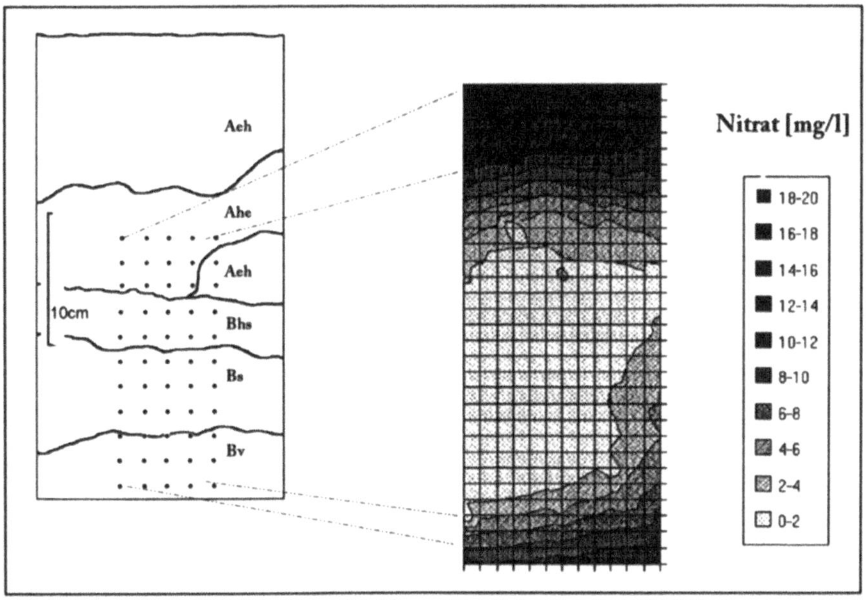

Abb.3: Schema der Mikro-Saugkerzen-Matrix und räumliche Verteilung der Nitratkonzentration

Zusammenfassung

➔ Die vorgestellten Mikrokerzen sind ein brauchbares Instrumentarium zur Gewinnung von Bodenlösungen im mikroskaligen Bereich.

➔ Der Einsatz von Mikro-Saugkerzen ermöglicht eine hochauflösende und selektive Beprobung einzelner Bodenkompartimente. Die geringen erhaltenen Lösungsmengen (typischerweise < 500µl) können mit der Kapillarelektrophorese gut analysiert werden.

➔ Die im Bodenprofil sichtbaren Horizontgrenzen werden von der Chemie der Bodenlösung nur bedingt widergespiegelt

Literatur

Türk, T., Mahr, A., Horn, R. (1991): Tensiometrische Untersuchungen an Aggregaten in homogenisiertem Löß. Z. Pflanzenernähr. Bodenk. **154**, 361-368

Göttlein, A. (1993): Neue Ansätze zur Erfassung der mikroskaligen Variabilität der Bodenlösungschemie - Konstruktion und Eigenschaften von Mikro-Saugkerzen. Mitteilgn. Dtsch. Bodenkundl. Gesellsch. **72**, 353-356

Göttlein, A. (1994): Advantages of multi-wavelength detection when analysing mineral anions with capillary electrophoresis. Fresenius J. Anal. Chem. **349**, 776-778 (1994).

Göttlein, A., Hell, U., Blasek, R. (1994): A system for microscalic tensiometry and lysimetry. Geoderma (im Druck).

Jandik, P., Jones, W.R., Weston, A., Brown, P.R. (1992): Electrophoretic capillary ion analysis: Origins, principles and applications. LC-GC Intl. **5**, 20-27

Die Arbeiten wurden vom BMFT unter Vorhaben Nr. BEO 51-0339476A finanziert.

Ökophysiologie des Wurzelraumes Nr. 5 (1994)

Modelling of ion dynamics in the rhizosphere of forest tree roots

H. NIETFELD

Institute of Soil Science and Forest Nutrition
University of Göttingen, Büsgenweg 2, D–37077 Göttingen, Germany

Key words

Cation exchange reactions Convection Diffusionpotential Dissociation equilibrium of water Diurnal water flow H^+– and OH^-–Excretion Multicomponent–Model Rhizosphere Selective ion absorption Self diffusion

Introduction

For a better understanding of the matter dynamics at the root-soil interface many model approaches of the process dynamics in the rhizosphere have been developed. They usually describe the transport of a special substance (ions, protons, soluble carbon components) by a diffusion–convection equation and go back to the classical model approach of Nye and Marriott (1969) and are extended, in some cases, by source or sink terms to account for simultaneous matter transformations (e.g. due to microbial activity) in combination with root induced uptake or excretion of those substances (Nye and Tinker, 1977; Nye, 1981; Newman and Watson, 1977; Barber, 1984; Darrah, 1991 among others).

For example, in some detail, the fundamental approach has been extended and sophisticated by the following studies. Claasen and Barber (1976) solved the underlying mass balance equation in connection with a nonlinear Michaelis-Menten-uptake kinetic, Cushman (1979a, 1979b) has given analytical solutions and has shown patterns of ion gradients under the influence of inter root competition. In a subsequent study he developed an two region model which describes differences of nutrient transport properties between the rhizosphere and bulk soil matrix, and also he calculated the cumulative uptake rate of a single growing root Cushman, (1982). Barber und Silberbush (1984) parameterized the ion uptake in terms of root hair uptake activity and Cushman, (1984a) extended this previous model concept by including arbitrary spatial and temporal changes in the buffer power, diffusion coefficients and nonlinear sources and sinks of nutrients in the rhizosphere; also, the parameters of the root absorption kinetics were viewed as temporal variables (Cushman, 1984b). DeWilligen und van Noordwijk (1987) expressed the constant or dynamical buffer power in the previous balance equations explicitly by a nonlinear Freundlich or Langmuir adsorption isotherm.

Theoretical models of element dynamics in the rhizosphere could be validated by experimental investigations. Agreements between simulation results and results of measurements could be demonstrated especially for phosphate, nitrate and potassium acquisition by plants (Claasen and Jungk, 1982; Claasen et al. 1986, Barber and Silberbush, 1984). So far research has been done on annual cultivated plants, corresponding investigations on trees have been carried out recently (Kelly and Barber, 1991).

The present investigation and model concepts consider the important question of the conditions under which a plant can secure a sufficient or optimal supply of poorly availabe ions such as phosphate and potassium. The simulation models which have been developed until now provide the physical distribution dynamics of the investigated ion in the rhizosphere and thereby the concentration at the root surface which is needed for uptake by the plant.

Investigations of the physical distribution of minerals in the rhizosphere are also significant for the mineral nutrition of forest trees. However, the problem then becomes more complex as on acid sites toxic substances may occur. The solution chemistry of acid soils of forest ecosystems differs greatly from that of agricultural soils and is characterized by the fact that at pH–values below 5.0 the basicity in the soil solution is very low. In the soil solution anions of strong electrolytes dominate; (NO_3^-, SO_4^{2-}, Cl^-, anions of organic acids); the soil solution is a composition of strong acids (H^+), acid salts (M_a–cations: Al^{3+}, Mn^{2+}, Fe^{3+}) and neutral salts (M_b–cations: Na^+, K^+, Ca^{2+}, Mg^{2+}) (Ulrich, 1988; Ulrich, 1989) .

The complexity of the mineral nutrition of forest trees is reflected there in, that the physical distribution of minerals (especially of M_b–cations) in the rhizosphere is not only a function of their bulk concentration (initial concentration) but in many ways also of aluminium ions and protons which are present in high concentrations. For example, Al may disturb the uptake mechanism at the root surface by competition at adsorption sites in the root apoplast. Furthermore, the influence of Al is not only visible in these rather indirect effects to the uptake rate of M_b-cations but also in the destruction of cell structures responsible for the uptake into the roots. This briefly outlined network of processes is supported by the results of numerous laboratory experiments (Asp et al., 1988; Asp et al., 1991; Godbold, 1991) and could also be shown in field observations (Cronan, 1989; Murach and Ulrich, 1988; Ulrich, 1989).

Therefore, knowledge about the distribution dynamics of Aluminium and H^+ ions is necessary for two reasons, first, in order to describe and represent the individual effects on the mineral uptake rates in relation to the temporal concentrations of these ions at the root surface and second, to gain information about the actual concentration of these ions at the root surface in order to specify their toxicity. For a sitisfactory answer to the problem of rhizotoxicity of aluminium its chemical binding form at the root surface, in the apoplastic space, and at the surface of the plasma membrane of the root cells is a key factor. Due to the known high selectivity of ion uptake by the root (Mohr and Schopfer, 1978) and the resulting pH changes in the rhizosphere may alter the chemical binding form of aluminium (see Taylor, 1989), e.g. Al may occur in an exchangeable form, in a secondary solid phase (e.g. as $Al(OH)_3$ (solid)) or in an ionic (as Al^{3+}) or in a complexed binding form (e.g. mono- or polynuclear Alumium-Hydroxocomplexes, $AlSO_4^+$ or organic Al complexes, (Kinraide, 1991)).

It has to be pointed out that the chemical species present is not detectable with the previously applied methods of investigation. These include measurements of total ion contents of the root (e.g. Murach, 1984) and simulation of the distribution of ions using the one component model approach.

Therefore, in order to elucidate at least partially the briefly outlined relationships a multicomponent approach is necessary, which describes simultaneously the transport of the most important ions in the rhizosphere in combination with the ion uptake rates and simultaneously the transport of the resulting chemical binding form of the ions involved. Furthermore, such an approach also has to include the H^+ or OH^- excretion rate of the root which is implicitly calculable from the cation-anion uptake ratio.

The presented model is an extension of the previous model concepts of Nye and Tinker (1977) and Barber (1984) to a multicomponent model approach. It describes the distribution dynamics of an arbitrary set of ions in the solution as well as in the solid phase of the rhizosphere soil. Thus the approach represents a first step towards a realization of the demands formulated above.

Abstract

A mathematical model has been developed which describes the transport of an arbitrary set of ions in the rhizosphere. The model structure reflects the assumptions that the solution of the rhizosphere soil is an ideal dilute solution and the gradients of the chemical potential (concentration), the diffusion potential gradient, and the transpiration induced water velocity are the driving forces in the system and the electro neutralitiy is maintained. The system of transport equations is connected with algebraic equations describing soil chemical reactions such as the dissociation equilibrium of water and selective cation exchange reactions between the soil solution and the soil solid phase. At the root surface selective flux expressions similar to the Michaelis Menten kinetics are formulated and additionally a H/OH excretion rate is calculated. H/OH exretion is due to unbalanced cation-anion uptake ratio. A numerical algorithm for solving the operational system of the mass balance equations, consisting of a finite element approach in combination with the predictor–corrector method is presented; the changes of the equilibrium of the cation concentrations in both soil phases are calculated seperately by an iteration algorithm.

References

Asp H, Bengsston B and Jensen P 1988 Growth and cation uptake in spruce (Picea abies Karst) grown in sand cultures with various aluminium contents. Plant and Soil 111, 127–133.

Asp H, Bengtsson B Jensen P 1991 Influence of aluminium on phosphorus and calcium localization in roots of beech (*Fagus silvatica*). Physiol. Plant. 83, 41–46.

Barber S A 1984 Soil Nutrient Bioavailability: A mechanistic Approach. Wiley & Sons, New York.

Barber S A and Silberbusch M 1984 Plant root morphology and nutrient uptake. ASA Special Publication 49, pp 65–87. SSSA and ASA, Madison, Wi USA.

Claasen N and Barber S A 1976 Simulation model for nutrient uptake from soil by a growing plant root system. Agron. J. 68, 961–964.

Claasen N and Jungk A 1982 Kaliumdynamik im wurzelnahen Boden in Beziehung zur Kaliumaufnahme von Maispflanzen. Z. Pflanzenernähr. Bodenk. 145, 513–525.

Claasen, N K Syring M and Jungk A 1986 Verification of a mathematical model by simulating potassium uptake from soil. Plant and Soil 95, 209–220.

Cronan C S 1989 Aluminium toxicity in forests exposed to acidic deposition: the albios results. Water, Air, and Soil Pollution 48, 181–192.

Cushman J H 1979a An analytical solution to solute transport near root surfaces for low initial concentration: I. Equations development. Soil Sci. Soc. Am. J. 43, 1087–1090.

Cushman J H 1979b An analytical solution to solute transport near root surfaces for low initial concentration: II. Applications. Soil Sci. Soc. Am. J. 43, 1090–1095.

Cushman J H 1982 Nutrient transport inside and outside the root rhizosphere: Theory. Soil Sci. Soc. Am. J. 46, 704–709.

Cushman J H 1984a Nutrient transport inside and outside the rhizosphere: Generalized model. Soil Sci. 138, 164–171.

Cushman J H 1984b Numerical study of some age–dependent parameters in root nutrient uptake. Plant and Soil 79, 123–141.

Darrah P R 1991 Model of the rhizosphere. I. Microbial population dynamics around a root soluble and unsoluble carbon. Plant and Soil 133, 187–199.

Godbold D L 1991 Aluminium decreases root growth and calcium and magnesium uptake in *Picea abies* seedlings. *In* Plant–Soil Interactions at low pH. Ed. R J Wright. Kluwer Academic Publishers.

Kelly J M and Barber S A Magnesium uptake kinetics in lobally pine seedlings. Plant and Soil 134, 227–232

Kinraide T B 1991 Identity of the rhizotoxi aluminium species. Plant and Soil 134, 167–178

Murach D 1984 Die Reaktion der Feinwurzeln von Fichten (*Picea abies* Karst.) auf zunehmende Bodenversauerung. Göttinger Bodenkundliche Berichte 77, 1–126.

Murach D and Ulrich B 1988 Destabilization of forest ecosystems by acid deposition. Geo Journal 17, 252–260.

Newman E I and Watson A 1977 Microbial abundance in the rhizosphere: A computer model. Plant and Soil 48, 17–56.

Nye P H 1981 Changes of pH across the rhizosphere induced by roots. Plant and Soil 61, 7–26.

Nye P H and F H C Marriott, 1969 A theoretical study of the distribution of substances around roots resulting from simultaneous diffusion and mass flow. Plant and Soil 30, 459–472.

Nye P H and P B Tinker, 1977 Solute Movement in the Soil-Root-System. Studies in Ecology 4, Blackwell Scientific Publications, Oxord, 342 p.

Ulrich B 1988 Ökochemische Kennwerte des Bodens. Z. Pflanzenernährg. Bodenk. 151, 171–176.

Ulrich B 1989 Effects of Acidic Precipitation on Forest Ecosystems in Europe. *In* Acidic Precipitation, Vol2: Biological and Ecological Effects. Ed. D C Adriano and A H Johnson, pp 189–272.

Willigen de P und van Noordwijk M 1987 Roots, plant production and nutrient use effeciency. PhD thesis Agricultural University Wageningen, The Netherlands.

Verzeichnis der Teilnehmer

Dr. J. Augustin, Zentrum für Agrarlandschafts- und Landnutzungsforschung (ZALF), Institut für Ökophysiologie der Primärproduktion,
Eberswalder Str. 84 - 15374 Müncheberg

U. Behrendt, Zentrum für Agrarlandschafts- und Landnutzungsforschung (ZALF), Institut für Mikrobielle Ökologie,
Gutshof 7 - 14641 Paulinenaue

A. Christmann,
Myliusstr. 15 - 26135 Oldenburg

Dr. S. Domey, Friedrich-Schiller-Universität Jena, Institut für Ernährung und Umwelt,
Naumburger Straße 98 - 07743 Jena

Dr. M. Drüge, Institut für Gemüse- und Zierpflanzenbau Großbeeren/Erfurt, Abteilung Zierpflanzen,
Mittelhäuserstraße - 99189 Kühnhausen

Prof. Dr. G. R. Findenegg, Landbauuniversität Wageningen, Institut für Bodenkunde und Pflanzenernährung,
De Dreijen 10 - NL 6700 EC Wageningen, Niederlande

Dr. J. Frensch, Universität Bayreuth, Lehrstuhl für Pflanzenökologie,
95440 Bayreuth

Dr. A. Göttlein, Universität Bayreuth, BITÖK, Lehrstuhl für Bodenökologie,
Dr.-Hans-Frisch-Str. 1-3 - 95440 Bayreuth

Prof. Dr. Ch. Hecht-Buchholz, Humboldt-Universität Berlin, Institut für Grundlagen der Pflanzenbauwissenschaften,
Lentzeallee 55-57- 14195 Berlin

Prof. Dr. A. Kloke,
Marinesteig 6 - 14129 Berlin

Dr. R. Knösche, Brandenburgische Landesuniversität Potsdam, Institut für Ökologie und Naturschutz,
Maulbeerallee 2 - 14469 Potsdam

Prof. Dr. M. Körschens, Umweltforschungszentrum Leipzig/Halle, Sektion Bodenforschung,
Hallesche Straße 44 - 06246 Bad Lauchstädt

U. Krakau, Bundesforschungsanstalt für Forst- und Holzwirtschaft, Institut für Forstökologie und Walderfassung,
Alfred-Möller-Straße 1 - 16225 Eberswalde / Finow

Dr. P. Kuschk, Umweltforschungszentrum Leipzig/Halle,
Sektion Sanierungsforschung,
Permoserstr. 15 - 04318 Leipzig

Dr. C. Latus, Zentrum für Agrarlandschafts- und Landnutzungsforschung (ZALF),
Institut für Ökophysiologie der Primärproduktion,
Eberswalder Str. 84 - 15374 Müncheberg

Dr. J. Lehfeldt, Zentrum für Agrarlandschafts- und Landnutzungsforschung (ZALF),
Institut für Wald- und Forstökologie Eberswalde,
Dr.-Zinn-Weg - 16225 Eberswalde

Dr. B. Lippmann, Friedrich-Schiller-Universität Jena, Institut für Ernährung und Umwelt,
Naumburger Straße 98 - 07743 Jena

Dr. A. Lüttger, Georg-August-Universität Göttingen, Institut für Pflanzenbau und Tierhygiene in den Tropen und Subtropen,
Grisebachstraße 6 - 37077 Göttingen

W. Melchior, Universität Bayreuth, Lehrstuhl für Pflanzenökologie,
95440 Bayreuth

Prof. Dr. W. Merbach, Zentrum für Agrarlandschafts- und Landnutzungsforschung (ZALF), Institut für Ökophysiologie der Primärproduktion,
Eberswalder Str. 84 - 15374 Müncheberg

U. Meyer, Georg-August-Universität Göttingen, Institut für Agrikulturchemie,
Von-Siebold-Str. 6 - 37075 Göttingen

Dr. T. Müller, Zentrum für Agrarlandschafts- und Landnutzungsforschung (ZALF),
Institut für Mikrobielle Ökologie,
Gutshof 7 - 14641 Paulinenaue

Dr. B. Münzenberger, Zentrum für Agrarlandschafts- und Landnutzungsforschung (ZALF), Institut für Wald- und Forstökologie Eberswalde,
Dr.-Zinn-Weg - 16225 Eberswalde

M. Murrmann, Universität Bayreuth, Lehrstuhl für Pflanzenökologie,
95440 Bayreuth

Dr. G. Neumann, Universität Hohenheim, Institut für Pflanzenernährung,
Postfach 700562 - 70593 Stuttgart

Dr. H. Nietfeld, Georg-August-Universität Göttingen, Institut für Bodenkunde und Waldernährung,
Büsgenweg 2 - 37077 Göttingen

Dr. S. Obenauf, Bundesforschungsanstalt für Landwirtschaft Braunschweig, Institut für agrarrelevante Klimaforschung,
Eberswalder Str. 84 - 15374 Müncheberg

Dr. H.-W. Olfs, Rheinische Friedrich-Wilhelms- Universität Bonn, Agrikulturchemisches Institut,
Meckenheimer Allee 176 - 53115 Bonn

K.-C. Peters, Universität Bayreuth, Lehrstuhl für Pflanzenökologie,
95440 Bayreuth

Dr. E. Reining, Zentrum für Agrarlandschafts- und Landnutzungsforschung (ZALF), Institut für Ökophysiologie der Primärproduktion,
Eberswalder Str. 84 - 15374 Müncheberg

Dr. A. Riecken, Justus-Liebig-Universität Gießen, Institut für Pflanzenernährung,
Südanlage 6 - 35390 Gießen

Dr. I. Rosche, Martin-Luther-Universität Halle-Wittenberg, Institut für Allgemeinen Pflanzenbau,
Postfach 1 - 06108 Halle / Saale

M. Rüdinger, Universität Bayreuth, Lehrstuhl für Pflanzenökologie,
95440 Bayreuth

Dr. S. Ruppel, Institut für Gemüse- und Zierpflanzenbau Großbeeren/Erfurt,
Theodor-Echtermeyer-Weg 1 - 14979 Großbeeren

Dr. A. Sandhage-Hofmann, Justus-Liebig-Universität Gießen, Institut für Pflanzenökologie,
Heinrich-Buff-Ring 38 - 35392 Gießen

Dr. H. W. Scherer, Rheinische Friedrich-Wilhelms-Universität Bonn, Agrikulturchemisches Institut,
Meckenheimer Allee 176 - 53115 Bonn

B. Schmincke, Zentrum für Agrarlandschafts- und Landnutzungsforschung (ZALF), Institut für Wald- und Forstökologie Eberswalde,
Dr.-Zinn-Weg - 16225 Eberswalde

Prof. Dr. S. Schubert, Universität Hohenheim, Institut für Pflanzenernährung,
Postfach 70 05 62 - 70593 Stuttgart

Dr. J. Schulze, Martin-Luther-Universität Halle-Wittenberg, Institut für Bodenkunde und Pflanzenernährung,
Adam-Kuckhoff-Straße 17b - 06108 Halle / Saale

Dr. D. Schwarz, Institut für Gemüse- und Zierpflanzenbau Großbeeren/Erfurt,
Theodor-Echtermeyer-Weg 1 - 14979 Großbeeren

I. Sich, Umweltforschungszentrum Leipzig/Halle, Sektion Bodenforschung,
Permoserstr. 15 - 04301 Leipzig

Prof. Dr. E. Steudle, Universität Bayreuth, Lehrstuhl für Pflanzenökologie,
95440 Bayreuth

G. Ströhmer, Martin-Luther-Universität Halle-Wittenberg, Institut für Bodenkunde und Pflanzenernährung,
Adam-Kuckhoff-Straße 17b - 06108 Halle / Saale

Dr. F. Strubelt, Zentrum für Agrarlandschafts- und Landnutzungsforschung (ZALF),
Institut für Wald- und Forstökologie Eberswalde,
Dr.-Zinn-Weg - 16225 Eberswalde

Dr. V. Toussaint, Zentrum für Agrarlandschafts- und Landnutzungsforschung (ZALF),
Institut für Ökophysiologie der Primärproduktion,
Eberswalder Str. 84 - 15374 Müncheberg

Dr. A. Ulrich, Zentrum für Agrarlandschafts- und Landnutzungsforschung (ZALF),
Institut für Ökophysiologie der Primärproduktion,
Eberswalder Str. 84 - 15374 Müncheberg

C. Waschkies, Brandenburgische Technische Universität Cottbus, Lehrstuhl Bodenschutz und Rekultivierung,
Postfach 101344 - 03013 Cottbus

Dr. E. Weber, Brandenburgische Technische Universität Cottbus, Lehrstuhl für Bodenschutz und Rekultivierung,
Postfach 101344 - 03013 Cottbus

Dr. H. Weber, Philipps-Universität Marburg, Fachbereich Biologie,
Lahnberge - 35032 Marburg

Dr. A. Wetzel, Philipps-Universität Marburg, Fachbereich Biologie,
Lahnberge - 35032 Marburg

S. Weykam, Technische Universität München, Lehrstuhl für Pflanzenernährung,
85350 Freising-Weihenstephan

Dr. W. Wiehe, Zentrum für Agrarlandschafts- und Landnutzungsforschung (ZALF),
Institut für Ökophysiologie der Primärproduktion,
Eberswalder Str. 84 - 15374 Müncheberg

Dr. A. Wießner, Umweltforschungszentrum Leipzig/Halle, Sektion Sanierungsforschung,
Permoserstr. 15 - 04318 Leipzig

Dr. B. Zbell, Zentrum für Agrarlandschafts- und Landnutzungsforschung (ZALF),
Institut für Ökophysiologie der Primärproduktion,
Eberswalder Str. 84 - 15374 Müncheberg

Autorenregister

Adgo, E. 51
Ahrens, G. 127
Augustin, J. 155
Azaizeh, H. 38

Behl, R.K. 104
Behrendt, U. 29
Bergmann, H. 123
Blasinski, F. 155

Domey, S. 42
Döring, G. 42

Feuerle, R. 85
Findenegg, G.R. 81
Fisahn, J. 21
Frensch, J. 102

Gerke, J. 137
Gransee, A. 144
Göttlein, A. 165

Hallgren, S.W. 103
Hecht-Buchholz, C. 89
Höflich, G. 25
Höfner, W. 21
Howind, H.S. 85
Hsiao, Th.C. 102
Hüttl, R.F. 17, 61

Kloke, A. 74
Knof, G. 111
Krakau, U. 65
Kuchenbuch, R. 77
Kupietz, A. 51

Lehfeldt, J. 61
Lentzsch, P. 47
Lippmann, B. 123
Lüttger, A.B. 104

Makswitat, E. 33
Manske, G.G.B. 104
Marschner, H. 38
Matzner, E. 165
Melchior, W. 97
Merbach, W. 111, 115, 155

Meyer, U. 137
Müller, T. 29
Münzenberger, B. 13, 17, 61
Murrmann, M. 101

Neumann, G. 38
Nietfeld, H. 168

Obenauf, S. 69
Olfs, H.W. 132

Peters, K.C. 151
Pöschel, G. 144

Reining, E. 111, 115
Ricken, B. 21
Römer, W. 137
Rosche, I. 161
Rüdinger, M. 103
Ruppel, S. 33

Scheidemann, P. 119
Scherer, H.W. 127, 132
Schilling, G. 51, 144
Schmincke, B. 17
Schröder, F.G. 77
Schubert, S. 85
Schulze, J. 51, 144
Schwarz, D. 77
Steffens, L. 155
Steudle, E. 93, 101, 103, 151
Strubelt, F. 17, 61

Toussaint, V. 115

Ulrich, A. 47

Vlek, P.L.G. 104

Werner, D. 119
Wetzel, A. 119
Wiehe, W. 25
Wittenmayer, L. 144

Yan, F. 85

Sachregister

Allelopathie 161
Aluminiumtoxizität 89
Aminoalkohole 123
ATPase 85

Bakterien 25, 29, 33, 42
Bakterienstämme 47
Baumwurzeln 17, 61, 65, 119, 168
Beimpfung 21, 25, 42
Besiedlungsverhalten 42
Bewässerung 33
Biomasse 61
Bodenbedingungen 111, 115, 132, 155
bodenbiologische Aktivität 65
Bodenlösung 165
Bodenphosphate 81
Bodenzonen 115

Cadmium 74
Chlorphenole 42
Circadiane Rhythmen 151
Computersimulation 81, 97, 168

Denitrifikation 33

Ektomykorrhiza 13
Erbse 51, 161
Exsudation 111, 115, 123, 144, 151

Feinwurzeln 61, 65
Feldversuche 104
Fichte 103
Flavonoide 119
Freilandversuche 25
Futtergräser 29

Gaswechselmessungen 51, 155
Genotyp 104
Getreide 69, 104, 111, 115, 155, 161
Gurke 33

Hemmstoffe 13, 161
Hydroponik 77

Inokulation 42
Ionendynamik 168

Kaffee 21
Kallose 89
Kapillarelektrophorese 165
Keimung 38, 161
Keimhemmung 161
Keimzahl 25, 33
klimarelevante Spurengase 69, 155
Kohlenstoffbedarf 51
Kupfer 137

Leguminosen 25
low input-Typen 104
Lupine 137
Luzerne 161

Mais 25, 85, 102, 123, 144
Milchsäurebakterien 29
Mikrobenpopulationen 47
mikrobiell gebundener Stickstoff 132
Mikroorganismen 29, 33, 38, 47, 144
Mikrolysimetrie 165
mikroskalige Variabilität 165
Mykorrhiza 17, 21

Nährstoffaufnahme 21, 77, 104, 137
Nährstoffverfügbarkeit 81, 137
Nekromasse 61

Ökosysteme 17, 61
Osmose 101

PCR-Methode 47
Pflanzenalter 51
Pflanzenwachstum 21
Pflanzensorte 74
Phenole 13

Phosphor 21, 81
Pilze 13
Plasmalemma 85

Raps 161
Rhizobien 47, 51, 119
Rhizosphäre 25, 38, 42, 111, 115, 119, 127, 168
Robinie 119

Saatgutbehandlung 38
Säurestreß 85
Schadstoffe 17, 61
Schwermetall-aufnahme 74
Sojabohne 89
Sommergetreide 69
Sortenspezifität 74, 104
Spurengase 69, 155
Spurengasemission 155

Stickstoffbelastung 65
Stickstoffdüngung 33
Stickstoffixierung 51
Stickstofffreisetzung 111, 115
Stickstoffumsatz 127, 132

Stoffumsatz 144
Streckungswachstum 102
Substrat 144
Symbiose 51, 119

Tomate 77
Trockenstreß 123
Turgor 102

Überlebensfähigkeit 25

VA-Mykorrhiza 21
Vitamine 38

Wachstums-stimulierung 25
Waldbäume 103, 17, 61, 65, 168
Walnuß 101
Wasseraufnahme 77, 97
Wasserhaushalt, Wurzeln 93, 97, 101, 102, 103
Wasserstreß 102
Wassertransport 93
Weidelgras 137
Weizen 104, 111, 115, 155, 161

Wildpflanzen 25
wurzelbürtige organische Verbindungen 111, 115, 144
Wurzeldruck 151
Wurzelexsudate 111, 115, 119, 123, 144, 151

Wurzelhaare 89
Wurzelknöllchen 47, 51
Wurzelsystem 151, 155
Wurzelwachstum 61, 65, 77, 104, 123
Wurzelzellen 85

Zitrat 137
Zink 137

GPSR Compliance

The European Union's (EU) General Product Safety Regulation (GPSR) is a set of rules that requires consumer products to be safe and our obligations to ensure this.

If you have any concerns about our products, you can contact us on ProductSafety@springernature.com

In case Publisher is established outside the EU, the EU authorized representative is:

Springer Nature Customer Service Center GmbH
Europaplatz 3
69115 Heidelberg, Germany

Batch number: 10577936

Printed by Printforce, the Netherlands